高等职业教育"互联网＋"新形态一体化教材

电子与电气 CAD 项目式教程

主　编　张惠丽

副主编　马越超　吕　达

参　编　吕耀文

主　审　王炳艳　范　谦

机械工业出版社

本书主要介绍了用 Protel 99 SE 绘制设计电路图,用 Protel 99 SE 设计和制作 PCB、组装电子产品,用 AutoCAD 绘制电气工程图和平面图。

本书内容全面、实例丰富、易学易懂,将知识点融入到训练任务当中,使理论知识与训练任务融于一体,便于实施"教学做一体化",使学生在做中学,在学中做。

本书内容既能满足高等职业院校电类各专业学生学用 Protel 99 SE 软件绘制电子电路图、学用 AutoCAD 软件绘制电气工程图的基本需求,还能满足电子爱好者学习电子产品的设计与制作的需求。

为方便教学,本书配有相应的文档、视频、动画、习题库等数字化资源,凡选用本书的读者均可登录数字化资源网址 https://mooc.icve.com.cn/course.html?cid=EDABT001722,注册进入 EDA 技术课程,进行在线学习,同时,选取了部分视频制作了相应的二维码,放入文前,教师可利用数字化资源实施线上线下混合式教学。

图书在版编目(CIP)数据

电子与电气 CAD 项目式教程 / 张惠丽主编. —北京:机械工业出版社,2022.3(2024.9 重印)

高等职业教育"互联网 +"新形态一体化教材

ISBN 978-7-111-70216-0

Ⅰ. ①电⋯ Ⅱ. ①张⋯ Ⅲ. ①电气制图 –AutoCAD 软件 – 高等职业教育 – 教材 Ⅳ. ① TM02–39

中国版本图书馆 CIP 数据核字(2022)第 031602 号

机械工业出版社(北京市百万庄大街 22 号 邮政编码 100037)

策划编辑:于 宁 责任编辑:于 宁 郭 维
责任校对:张 征 刘雅娜 封面设计:鞠 杨
责任印制:刘 媛
涿州市殷润文化传播有限公司印刷
2024 年 9 月第 1 版第 2 次印刷
184mm × 260mm • 17 印张 • 421 千字
标准书号:ISBN 978-7-111-70216-0
定价:49.90 元

电话服务 网络服务
客服电话:010-88361066 机 工 官 网:www.cmpbook.com
　　　　　010-88379833 机 工 官 博:weibo.com/cmp1952
　　　　　010-68326294 金 书 网:www.golden-book.com
封底无防伪标均为盗版 机工教育服务网:www.cmpedu.com

前　言

随着信息技术的进一步发展，以计算机为主要工具进行辅助设计已经在多个领域的各个环节得到了广泛应用。计算机辅助绘制电子电路图、电气工程图和平面结构图是国内各大中、高等职业院校电气自动化等各个电类专业学生要学习的主要技能之一。

目前，用于绘制各类图的软件种类及版本众多，我们选择经典的、适度的、够用的。绘制电子电路图，我们选用的是占用内存小、功能强大、界面简洁、易学易懂的 Protel 99 SE 软件，该软件较早就在国内开始使用，普及率高，很多电子公司都要用到它。绘制电气工程图和平面图，我们选用绘制功能完善、编辑功能强大、可进行多种图形格式转换、具有较强的数据交换能力，同时支持多种硬件设备和操作平台的 AutoCAD 2014，该软件广泛应用于建筑工程、电子机械、服务制版、城市规划等领域。

本书遵循高职教学"以服务为宗旨、以就业为导向、以能力为本位"的指导思想，以培养具备职业化特征的高素质技能型人才为目标，内容以学生为主体、以任务为载体、以任务实施过程为主线，使学生"在学中做、在做中学"。本书内容涵盖电子产品的设计、制作的主要知识、技能，以及 AutoCAD 绘制平面图的基本知识。书中的任务具有代表性、通用性及可实施性。

本书的特色为：

1）将各个知识点重新拆分重组，融入到每个训练任务当中，理论知识与实训任务融于一体，实现"教学做一体化"。

2）把握"度"，以"适度、够用"为原则，编排了典型的任务内容。

3）选取简单、直观、可实现、典型、可操作性强的任务作为训练载体。

本书中元器件符号及电路图采用的是 Protel 99 SE 软件的符号，以便读者对照学习，但其中有些与国家标准不符，特请读者注意。

本书由包头职业技术学院张惠丽任主编，马越超、吕达任副主编。吕耀文参加编写。王炳艳、范谦主审。张惠丽负责编写项目 3、4 及附录 A ～ C，马越超负责编写项目 1、2，吕耀文负责编写项目 5、吕达负责编写项目 6 及附录 D。由于编者水平有限，书中难免有疏漏之处，请使用本教材的师生和读者批评指正。

　　本书配备了大量的数字化教学资源，吕达负责项目1、3的制作，马越超负责项目2的制作、张惠丽负责项目4的制作、刘慧和吕耀文负责项目5的制作、邢砚田负责项目6的制作。学习者可以结合学习内容，登录EDA技术课程网址：https : //mooc.icve.com.cn/course.html?cid=EDABT001722，或扫描下方二维码进行线上学习。

编　者

部分二维码清单

名称	图形	名称	图形
01 EDA 课程宣传片		06 基于 EDA 技术的数字电路系统设计与创新实践	
02 认识印制电路板		07 单极放大电路的绘制与实践	
03 电子产品设计与制作流程		08 单相半控整流电路的绘制与实践	
04 PCB 自动布线流程		09 图层的建立和应用	
05 循环彩灯的设计与制作（微课动画）		10 修改工具栏的应用和提高	

印制电路板制作步骤二维码

名称	图形	名称	图形
步骤 01 电路图的打印		步骤 08 感光油墨的脱模	
步骤 02 裁切电路板		步骤 09 覆铜电路板的蚀刻	
步骤 03 数控钻孔		步骤 10 覆铜电路板的退锡	
步骤 04 金属化过孔		步骤 11 阻焊油墨的制作	
步骤 05 感光油墨的印刷		步骤 12 字符油墨的印制	
步骤 06 感光油墨的曝光和显影		步骤 13 电路板元件的安装与调试	
步骤 07 覆铜电路板镀锡		步骤 14 胶片的制作	

目　录

项目 1

用 Protel 99 SE 绘制电路元器件符号

▶▶ 项目描述 ◀◀

Protel 99 SE 拥有庞大的元器件库系统，但随着新型元器件的不断涌现，在进行原理图设计时，经常会用到一些 Protel 99 SE 中没有提供的元器件符号。这就需要设计者自己来绘制新元器件，Protel 99 SE 提供了一个功能强大的创建原理图元器件的工具，即原理图元器件库编辑程序，设计者也可以到 Protel 公司的网站下载最新的元器件库（Library）。

任务 1.1 绘制分立元器件符号

任务目标 ◎

1）熟悉 Protel 99 SE 软件的安装与启动方法。
2）熟悉 Protel 99 SE 建库、建文件的方法。
3）熟悉 Protel 99 SE 各种编辑器的使用方法。

1.1.1 安装与启动 Protel 99 SE

1. Protel 99 SE 的安装

Protel 99 SE 的安装非常简单，只需按照安装向导的指引操作即可，安装步骤如下：

1）将 Protel 99 SE 安装包复制到计算机驱动器中。

2）打开 Protel 99 SE 文件夹，运行其中的"setup.exe"文件，出现图 1-1 所示的欢迎对话框，进入安装程序。

3）单击 Next 按钮，弹出用户注册对话框，如图 1-2 所示，提示输入用户信息及序列号，正确输入文件夹

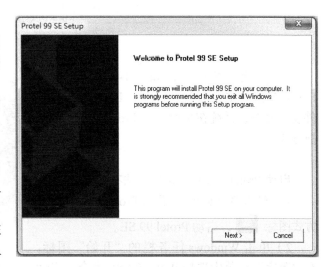

图 1-1　欢迎对话框

中提供的序列号后，单击 Next 按钮进入下一步。

4）选择安装路径，如图 1-3 所示，安装路径一般不做修改，再次单击 Next 按钮即可。

图 1-2　用户注册对话框　　　　　　　　　　　图 1-3　安装路径对话框

5）选择安装模式，如图 1-4 所示，一般选择典型安装（Typical）模式，继续单击 Next 按钮，接下来安装程序会要求指定存放图标文件的程序组位置。

6）设置好程序组，单击 Next 按钮，如图 1-5 所示，系统开始复制文件。

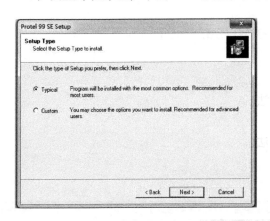

图 1-4　选择安装模式　　　　　　　　　　　图 1-5　设置程序组

7）系统安装结束，如图 1-6 所示，单击 Finish 按钮，结束安装。至此，Protel 99 SE 软件安装完毕，系统在桌面产生 Protel 99 SE 的快捷方式。

2. Protel 99 SE 的启动

启动 Protel 99 SE 的常用方法有如下两种：

1）双击 Windows 桌面的 Protel 99 SE 快捷方式图标　，启动 Protel 99 SE。

2）单击 Windows 任务栏的"开始"图标，在"程序"菜单中选择 Protel 99 SE 命令，启动

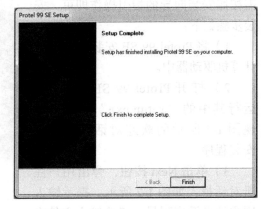

图 1-6　安装结束

Protel 99 SE。

3. Protel 99 SE 的各种编辑器

进入图 1-7 所示的项目设计管理窗口后，双击 Documents 文件夹确定文件存放位置，然后执行菜单 File → New，屏幕弹出 New Document 对话框，如图 1-8 所示，双击所需的文件类型，进入相应的编辑器。

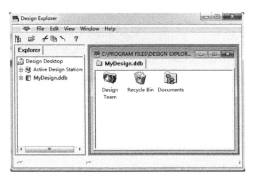
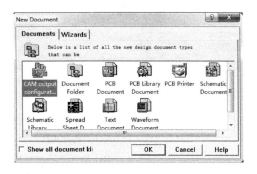

图 1-7　项目设计管理窗口　　　　　　　　　图 1-8　New Document 对话框

在图 1-8 中文件类型图标共有 10 个，每一个图标代表了不同的文件类型。表 1-1 中给出了各个图标所代表的文件类型。

表 1-1　文件类型

图标	文件类型	图标	文件类型
CAM output configurat...	生成 CAM 制造输出配置文件	Schematic Document	原理图文件
Document Folder	文件夹	Schematic Library ...	元器件库文件
PCB Document	PCB 文件	Spread Sheet D...	表格文件
PCB Library Document	PCB 元器件封装库文件	Text Document	文本文件
PCB Printer	PCB 打印文件	Waveform Document	波形文件

4. Protel 99 SE 的主界面

Protel 99 SE 启动后，出现图 1-9 所示的启动界面，几秒钟后，系统进入 Protel 99 SE 主窗口，如图 1-10 所示。

执行菜单 File → New 可以建立一个新的设计数据库，屏幕弹出图 1-11 所示的 New Design Database（新建设计数据库文件）对话框。在 Database File Name 框中可以输入新的数据库文件名，系统默认为 "MyDesign.ddb"，单击 Browse 按钮可以修改数据库文件的保存位置；单击 Password 选项卡可进行密码设置。所有内容设置完毕，单击 OK 按钮进入项目设计管理窗口，如图 1-7 所示。

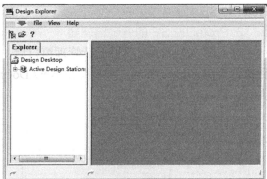

图 1-9 启动界面 图 1-10 主窗口

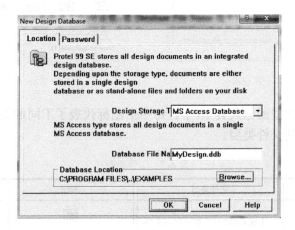

图 1-11 新建设计数据库文件对话框

1.1.2 新建电路原理图元器件库文件

新建元器件库的方法与新建原理图的方法相似，只是将文件类型变为元器件库。执行菜单命令 File→New，系统弹出图 1-12 所示的新建文件对话框，单击 Schematic Library Document（元器件库文档），然后单击 OK 按钮确认选择。系统创建了一个元器件库文件，默认文件名为 Schlib 1，并且会直接启动元器件库编辑器，如图 1-13 所示。

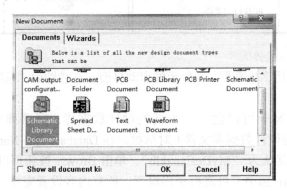

图 1-12 新建一个元器件库文件

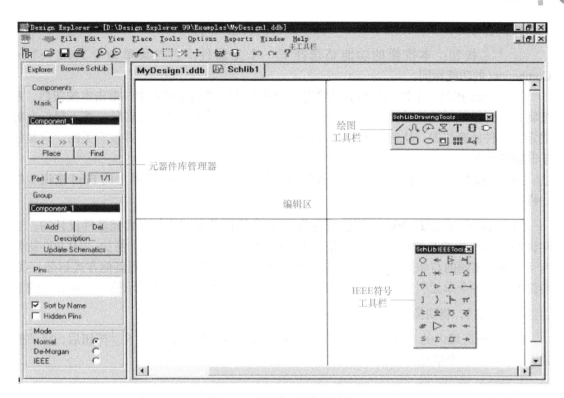

图 1-13 元器件库编辑器主界面

1.1.3 认识元器件编辑器界面

元器件编辑环境与原理图编辑环境相似，许多操作方法也差不多。但是，与编辑元器件密切相关的元器件库浏览选项卡（Browse Sch Lib）与原理图编辑界面中的元件浏览选项卡（Browse Sch）差别较大，需要特别说明。

1. Components 选项区域

本选项区域的作用是选择所要浏览、查看或编辑的元器件，如图 1-14 所示。

（1）Mask（元器件过滤）文本框 在该文本框中输入过滤条件，可以过滤掉那些不需要显示的元器件，可以使用通配符"*"和"?"设置过滤条件。

 << 按钮：本按钮的功能是选择元器件库的第一个元器件，它与菜单命令Tools→Fist Component 的功能相同。

 >> 按钮：本按钮的功能是选择元器件库的最后一个元器件，它与菜单命令Tools→Last Component 的功能相同。

 < 按钮：本按钮的功能是选择上一个

图 1-14 Components 选项区域

元器件，它与菜单命令 Tools → Prev Component 的功能相同。

　　 > 按钮：本按钮的功能是选择下一个元器件，它与菜单命令 Tools → Next Component 的功能相同。

　　（2）Place 按钮　本按钮的功能是将选定的元器件放置到原理图中，单击本按钮后，系统将切换到原理图编辑器，指针变成十字形状并附带有浮动的选定元器件，按下鼠标左键固定元器件放置位置。从选项卡上可以看到，此时原元器件库编辑器并没有关闭，只是处于非激活状态。

　　（3）Find 按钮　本按钮的功能是查找元器件，它与原理图编辑器上的 Find 按钮功能一样。

　　（4）Part 选项区域　Part 选项区域内的 > 按钮是专门为复合式元器件设计的。通常说的元器件指的是物理元器件，有的元器件中含有几个功能单元。例如，74LS00 就含有 4 个完全相同的与非门，一般可将其划为 4 个单元（当然也可以按照其他方式划分），需要说明的是各个单元引脚号是完全不同的。当选择元器件时，默认显示第一个单元。按下 > 按钮后，将切换到元器件的下一个单元。

　　Part 选项区域内的 < 按钮也是用于复合式元器件的，按下 < 按钮后，将切换到元器件的上一个单元。

2. Group 选项区域

　　本选项区域如图 1-15 所示，其作用是显示在元器件浏览选项区域中所选元器件的成组列表显示。所谓成组元器件，是指它们的物理外形相同、引脚也相同，也可完成相同的逻辑功能，只是元器件的名称不同，其原因可能是它们的生产厂家不同，或者性能差异。例如，民用与非门除了 74LS00 外，还有 74S00、7400。因为它们的功能完全相同，并且引脚也完全相同。所以将它们列为一组。而同样是与非门的 74LS01，由于引脚不相同，所以就不能将其与 74LS00 视为一组。

　　现将 Group 选项区域内的 4 个功能按钮说明如下：

　　（1）Add 按钮　本按钮的功能是在元器件组中增加一个元器件。单击此按钮后，将弹出图 1-16 所示的 New Component Name（增加元器件名称）对话框，要求输入元器件名称，完成后单击 OK 按钮。Group 选项区域将增加刚刚输入的元器件，除了元器件名称不同外，元器件组内所有元器件的功能、物理引脚完全相同。本按钮与菜单命令 Tools → Add Component Name 的功能相同。

图 1-15　Group 对话框

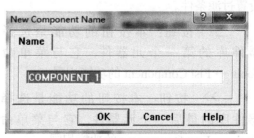

图 1-16　增加元器件名称对话框

（2）Del 按钮 本按钮的功能是删除组内元器件。删除的元器件不只是将此元器件与元器件组脱离，而且还将它完全从元器件库中删除。本按钮与菜单命令 Tools → Remove Component Name 的功能相同。

（3）Description…按钮 本按钮的功能是编辑组内选择元器件的描述。本按钮与菜单命令 Tools → Description 的功能相同。选中准备编辑的元器件并单击此按钮后，将出现图 1-17 所示的 Component Text Fields（元器件文字描述）对话框。其中有如下几个选项卡：

1）Designator 选项卡：如图 1-17 所示，本选项卡的作用是编辑元器件的一般属性，如默认编号、功能说明、封装形式等。

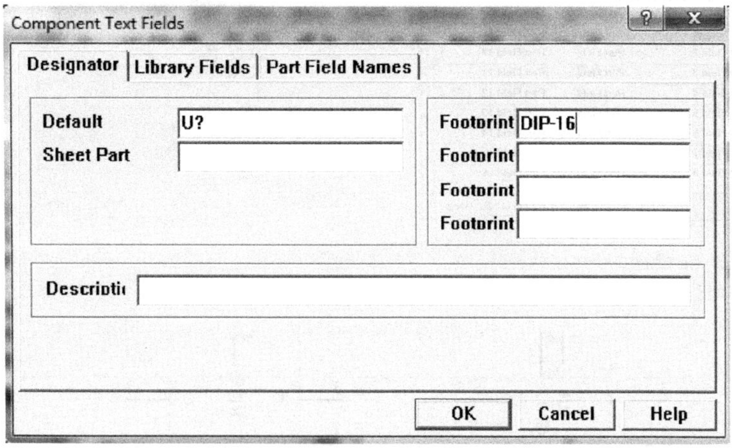

图 1-17　Designator 选项卡

2）Library Fields 选项卡：如图 1-18 所示，本选项卡的作用是编辑用户定义的元器件文字属性。

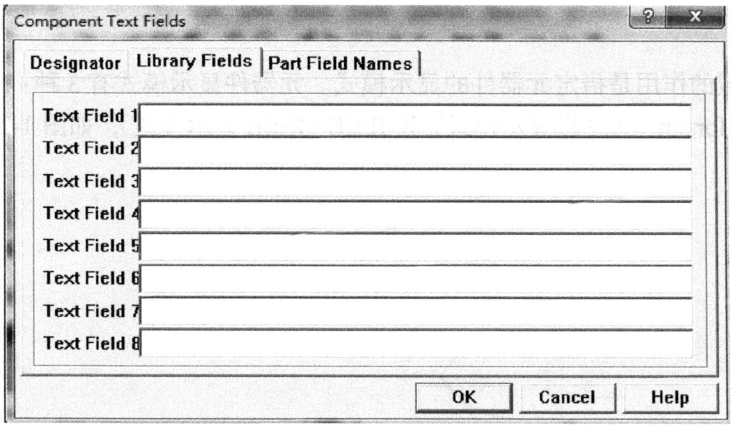

图 1-18　Library Fields 选项卡

3）Part Field Names 选项卡：如图 1-19 所示，本选项卡的作用是定义 16 个元器件文字的名称，其最大长度为 255 个字符。

（4）Update Schematics 按钮　本按钮的功能是更新原理图。当更改了某些元器件后，为了让原理图及时跟上元器件库的变化，可以用此按钮。单击此按钮后，系统将更新打开的所有原理图。本按钮与菜单命令 Tools → Update Schematics 的功能相同。

1）Pins 选项区域：本选项区域的作用是显示选中元器件的指定单元的引脚信息，如图 1-20 所示。

2）Sort by Name 选项：本选项的功能是确定是否按引脚名称排序显示。

3）Hidden Pins 选项：本选项的功能是确定是否显示隐藏引脚，如图 1-21 所示。

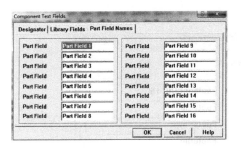

图 1-19　Part Field Names 选项卡

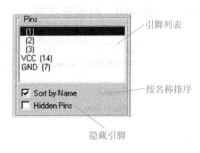

图 1-20　Pins 选项区域

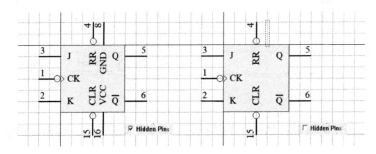

图 1-21　显示 / 隐藏引脚

3. Mode 选项区域

本选项区域的作用是指定元器件的显示模式。元器件显示模式有 3 种：Normal（正常显示模式）、De. Morgan（狄摩根显示模式）和 IEEE（IEEE 显示模式），如图 1-22 所示。

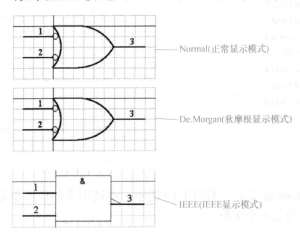

图 1-22　元器件显示模式

1.1.4 认识绘图工具栏

执行菜单命令 View → Toolsbar → Drawing Toolsbar，或单击主工具栏上的 🖉 按钮，可以打开或关闭绘图工具栏（SchLib Drawing Tools）。绘图工具栏的按钮功能见表1-2。

表1-2 绘图工具栏（SchLib Drawing Tools）的按钮功能

按钮	功能
（Place → Line）	画直线
（Place → Beziers）	画曲线
（Place → Elliptical Arcs）	画椭圆曲线
（Place → Polygons）	画多边形
T（Place → Text）	文字标注
（Place → New Components）	新建元器件
（Place → New Part）	添加复合式元器件的新单元
（Place → Rectangle）	绘制直角矩形
（Place → Round Rectangle）	绘制圆角矩形
（Place → Ellipses）	绘制椭圆
（Place → Graphic）	插入图片
（Place → Paste Array）	将剪贴板的内容阵列粘贴
（Place → Pins）	放置引脚

1.1.5 认识 IEEE 电气符号工具栏

Protel 99 SE 提供了 IEEE 电气符号工具栏（SchLib IEEE Tools），用来放置有关的工程符号。执行菜单命令 View → Toolbars → IEEE Toolbar，或单击主工具栏上的 🕮 按钮，可以打开或关闭 IEEE 电气符号工具栏，工具栏的按钮功能见表1-3。

表1-3 IEEE 电气符号工具栏按钮功能

按钮	功能
○（Dot）	放置低态触发符号
←（Right Left Signal Flow）	放置信号左向流动符号

（续）

按钮	功能
▷ （Clock）	放置上升沿触发时序脉冲符号
⊣ （Active Low Input）	放置低态触发输入信号
⌐ （Analog Signal In）	放置模拟信号输入符号
✳ （Not Logic Connection）	放置无逻辑性连接符号
⌐ （Postponed Output）	放置具有延迟输出特性的符号
⌂ （Open Collector）	放置集电极开路符号
▽ （Hiz）	放置高阻状态符号
▷ （High Current）	放置具有大输出电流符号
⊓ （pulse）	放置脉冲符号
⊢⊣ （Delay）	放置延迟符号
] （Group Line）	放置多条输入和输出线的组合符号
} （Group Binary）	放置多位二进制符号
⊣ （Active Low Output）	放置输出低有效符号
π （Pi Symbol）	放置 π 符号
≥ （Greater Equal）	放置大于或等于符号
⊖ （Open Collector Pull Up）	放置具有上拉电阻的集电极开路符号
◇ （Open Emitter）	放置发射极开路符号
⊖ （Open Emitter Pull Up）	放置具有下拉电阻的射极开路符号
# （Digital Signal In）	放置数字输入信号符号
▷ （Inverter）	放置反相器符号

（续）

按钮	功能
◁▷ （Input Output）	放置双向输入 / 输出符号
◁─ （Shift Left）	放置左移符号
≤ （Less Equal）	放置小于等于符号
Σ （Sigma）	放置求和符号
⊓ （Schmitt）	放置具有施密特功能的符号
─▷ （Shift Right）	放置右移符号

1.1.6　绘制分立元器件实例

1. 绘制七段数码管

以创建一个七段数码管为例，讲解一个新元器件绘制流程。

1）选择 File → New 命令，打开 New Document 对话框。单击新建元器件库文档按钮，再单击 OK 按钮确定。

2）选择元器件库编辑器主菜单中的 Tools → New Component 命令，单击 Component_1 元器件，然后按 <Del> 键，将该元器件删除。输入新元器件名称"LED"，然后单击 OK 按钮确定，如图 1-23 所示。

3）选择 Options → Document Options 命令，出现 Library Editor Workspace 对话框，如图 1-24 所示。在此可对新元器件绘图区进行修改，如无修改，则单击 OK 按钮。

4）单击画图工具栏中的 ▢ 图标，调整图形大小，双击确定，如图 1-25 所示。注意：图形要画在中央。值得注意的是，由于对话框显示尺寸所限，对话框中的一些文字可能有显示不全的现象，如图 1-24 中的部分文字。对类似现象，本书后文中将给出相应的完整文字，实际使用中可拉伸调整对话框解决。

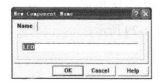

图 1-23　新元器件命名

图 1-24　Library Editor Workspace 对话框

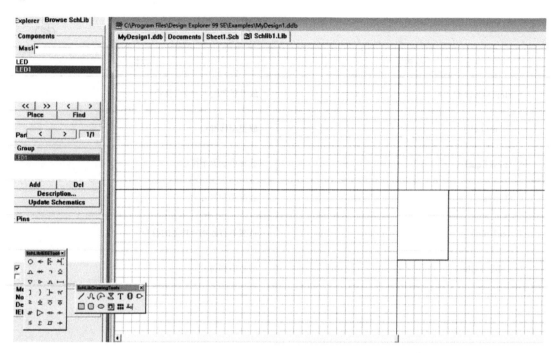

图 1-25　绘制元器件大小

5）单击画图工具栏中的 图标，按 <Tab> 键选择直线的粗细及线型，单击 OK 按钮确定。如图 1-26 所示。

6）画出 LED 的形状，如图 1-27 所示。

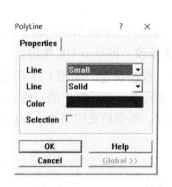

图 1-26　粗细及线型选择

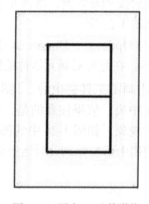

图 1-27　画出 LED 的形状

7）单击画图工具栏中的 图标，画出小数点，如图 1-28 所示。

8）单击画图工具栏中的 图标，画出引脚，如图 1-29 所示。

9）保存即可完成分立元器件的绘制。

2. 绘制电感器

下面以创建一个电感为例，讲解一个分立新元器件绘制流程。该流程前三步与绘制七段数码管的步骤相同，并将元器件的名字改为"inductor"。剩下操作步骤如下：

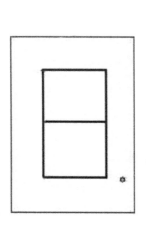

图 1-28 画出小数点

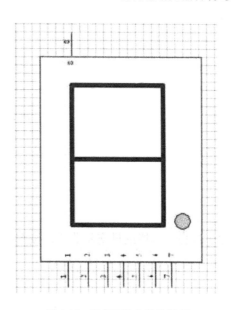

图 1-29 绘制好的七段数码管

1）放置两个引脚，如图 1-30 所示。

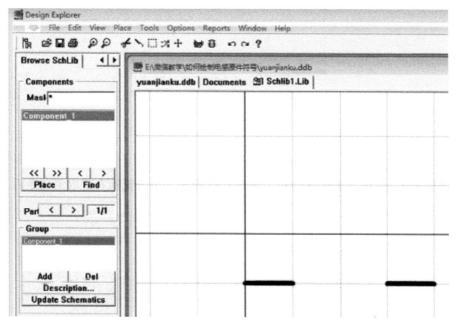

图 1-30 放置电感引脚

2）在元器件编辑器界面单击鼠标右键，在弹出的菜单栏中单击 Document Options 选项后，可进行文档参数编辑，如图 1-31 所示，单击 OK 按钮完成设置。

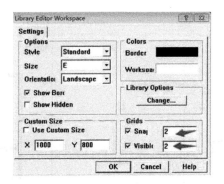

图 1-31　文档参数设置

3）选择工具栏的贝塞尔曲线，按图 1-32 中的顺序绘制。

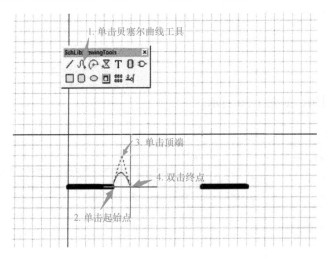

图 1-32　绘制电感的半弧

4）按照第 3）步的方法连续绘制，如图 1-33 所示。单击鼠标右键取消命令后，完成电感绘制。

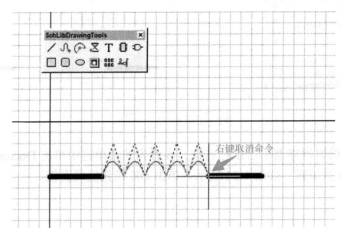

图 1-33　绘制整个电感

任务 1.2　绘制复合元器件符号

任务目标

1）熟悉绘制复合元器件符号的过程。
2）熟练绘制元器件外形。
3）熟练设置复合元器件引脚。
4）熟练生成相关网络报表。

图 1-34　74LS112（双 JK 触发器）的一个单元

这里以绘制 74LS112（双 JK 触发器）的一个单元为例，如图 1-34 所示，介绍绘制复合元器件的全过程。

1.2.1　新建元器件库

启动 Protel 99 SE，打开一个设计数据库文件，执行菜单命令 File → New，新建原理图元器件库文件，如 Schlib1.Lib，就可以进入原理图元器件库编辑器。在元器件库中，系统会自动新建一个名为 Component_1 的元器件，执行菜单 Tool → Re-name Component，将其改名为 74LS112。

1.2.2　设置工作参数

执行菜单命令 Options → Document Options，系统弹出 Library Editor Workspace 对话框，如图 1-35 所示。在这个对话框中，用户可以设置元器件库编辑器界面的样式、大小、方向、颜色等参数。具体设置方法与原理图文件的参数设置类似，这里采用默认设置。

1.2.3　绘制元器件外形

按下键盘上的 <Page Up> 键，放大屏幕，直到屏幕上出现栅格。单击工具栏上的 ▢ 按钮，在十字坐标第四象限靠近中心的位置，绘制元器件外形，这里选择尺寸为 6 格 ×6 格，画完的矩形如图 1-36 所示。

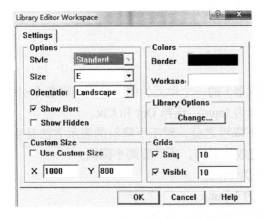

图 1-35　Library Editor Workspace 对话框

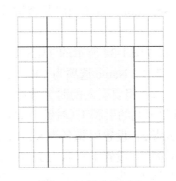

图 1-36　画完的矩形

1.2.4　放置并编辑元器件引脚

1. 放置引脚

单击绘图工具栏（SchLib Drawing Tools）中的 按钮，指针变成一个十字还带着一个引脚（短线），将指针移动到该放置引脚的地方，单击鼠标左键将引脚一个接一个地放置，注意用 <Space> 键调整引脚的方向，如图 1-37 所示。

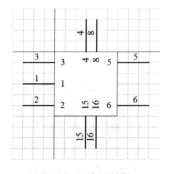

图 1-37　放置引脚

2. 引脚属性

双击想要编辑的引脚，系统弹出 Pin 属性设置对话框，如图 1-38 所示。

Pin 属性设置对话框中各选项含义如下：

1）Name：设置引脚名。

2）Number：设置引脚号。

3）X-Location、Y-Location：设置引脚的位置。

4）Orientation：设置引脚方向。共有 0 Degrees（0°）、90 Degrees（90°）、180 Degrees（180°）、270 Degrees（270°）4 个方向。

5）Color：设置引脚颜色。

6）Dot：设置引脚是否具有反相标志。选中则表示显示反相标志。

7）Clk：设置引脚是否具有时钟标志。选中则表示显示时钟标志。

8）Electrical：设置引脚的电气性质。其中有 Input（输入引脚）、I/O（输入 / 输出双向引脚）、Output（输出引脚）、Open Collector(集电极开路型引脚)、Passive(无源引脚)、HiZ(高阻引脚)、Open Emitter（射极输出）、Power（电源 VCC 或接地 GND）。

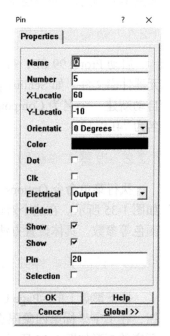

图 1-38　Pin 属性设置对话框

9）Hidden：设置引脚是否被隐藏，选中表示隐藏。

10）Show Name：设置是否显示引脚名，选中则表示显示。

11）Show Number：设置是否显示引脚号，选中则表示显示。

12）Pin：设置引脚的长度。

13）Selection：设置引脚是否被选中。

3. 编辑引脚名称

下面就以图 1-34 所示的 74LS112（双 JK 触发器）的一个单元为例，分别编辑各个引脚。

1）引脚 1：Name 选项为 CK，Electrical 选项为 Input，选择 Dot 和 Clk。

2）引脚 1 将要引入的时钟脉冲有上升沿和下降沿之分，对于下降沿的表示方法是用小圆圈。这里要画的引脚 1（时钟引脚）是下降沿有效的引脚，所以要画小圆圈。

3）引脚 2：设置引脚名为 K，Electrical 选项为 Input。

4）引脚 3：设置引脚名为 J，Electrical 选项为 Input。

5）引脚 4：设置引脚名为 PR，Electrical 选项为 Input，选择 Dot。

6）引脚 5：设置引脚名为 Q，Electrical 选项为 Output。

7）引脚6：设置引脚名为 $\overline{Q}$，Electrical 选项为 Output，非号用 <\> 键输入，如果是长非号，每个字母后面输入一个"\"。

8）引脚8：设置引脚名为 GND，Electrical 选项为 Power。

9）引脚15：设置引脚名为 CLR，Electrical 选项为 Input，选择 Dot。

10）引脚16：设置引脚名为 VCC，Electrical 选项为 Power。

经过以上对引脚的设置，得到如图 1-39 所示的未完成的 74LS112（双 JK 触发器）的一个单元。

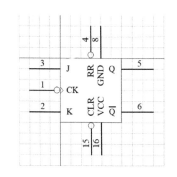

图 1-39　未完成的 74LS112 的一个单元

4. 编辑引脚长短

放置引脚时，系统默认的引脚长度为30mil（1mil=0.0254mm），但现在要求引脚长度均为 20mil，要缩短所有引脚的长度，需要进入全局编辑状态。双击任意一个引脚，进入 Pin 属性设置对话框。在 Pin 输入框中输入 20，然后单击属性窗口中的 Global 按钮，进入全局编辑状态，如图 1-40 所示。由于 Change Scope 框中是 Change Matching Item In Current Document，所以只要单击 OK 按钮，就可以看到所有引脚长度都变为 20mil 了。

5. 隐藏电源和地线引脚

一般情况下，电源和地线引脚是不显示的，需要将它们隐藏，所以应该选择引脚 8 和引脚 16 属性的 Hidden 选项，将这两个引脚隐藏。

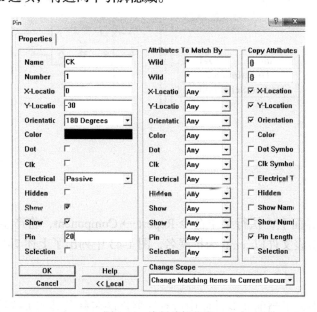

图 1-40　全局编辑状态

6. 编辑元器件信息

单击元器件管理器中的 **Description...** 按钮，编辑元器件信息，如图 1-41 所示。

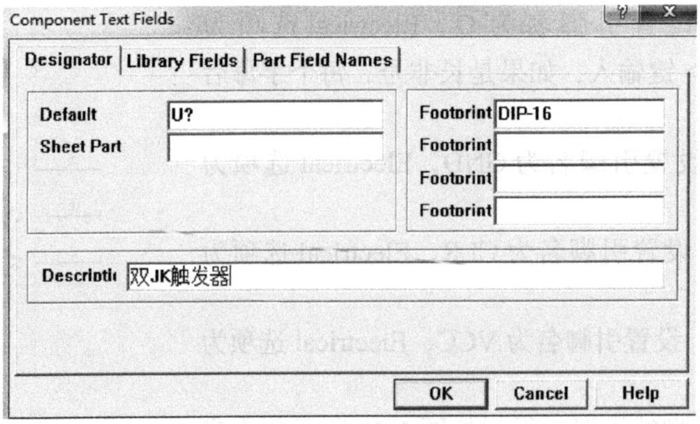

图 1-41   74LS112 元件信息

7. 元器件保存

当元器件设计完成后，单击保存按钮 🖫 ，将元器件存入元器件库。最后完成的 74LS112（双 JK 触发器）的一个单元如图 1-34 所示。

8. 绘制其余部分元器件

由于一个 74LS112 芯片中集合了两个触发器，所以单击菜单栏中的 Tools → New Part 按照上述步骤，可绘制其他部分元器件，如图 1-42 所示。

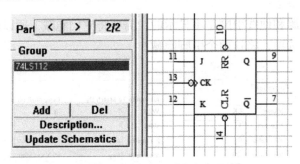

图 1-42   74LS112 中的另一个触发器

1.2.5   生成有关元器件报表

1. 元器件报表

在元器件编辑界面上，执行菜单命令 Report → Component，将产生当前编辑窗口的元器件报表。元器件报表文件以 .cmp 为扩展名，图 1-43 中列出了上述 74LS112（双 JK 触发器）报表信息。

2. 元器件库报表

元器件库报表中列了当前元器件库中所有元器件的名称及其相关描述，元器件库报表的扩展名为 .rep。在元器件编辑界面上，执行菜单命令 Report → Library，将对元器件编辑器当前的元器件库产生元器件库报表，如图 1-44 所示。

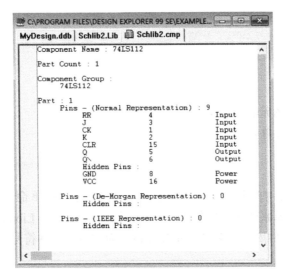

图 1-43　74LS112 的报表信息

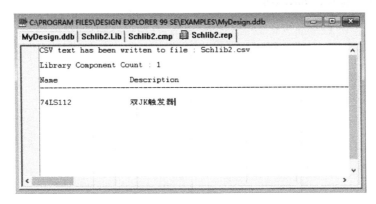

图 1-44　元器件库报表

3. 元器件规则检查报表

元器件规则检查主要是帮助设计者进一步的检查和验证工作，例如检查元器件库中的元器件是否有错，并指出错误的原因。

在元器件编辑界面中，执行菜单命令 Report → Component，将出现图 1-45 所示的元器件件检查规则设置对话框。图 1-46 列出了上述 74LS112（双 JK 触发器）的规则检查报表。报表中指出的错误是遗漏了引脚 7、9、10、11、12、13 和 14。

图 1-45　元器件检查规则设置对话框

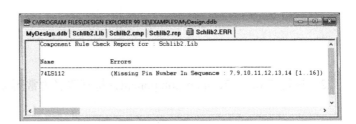

图 1-46　元器件规则检查报表

任务 1.3 绘制电气元件符号

任务目标

1）熟练建立原理图元器件库文件。

2）熟练绘制电气元件符号。

1.3.1 建立元器件库文件

启动 Protel 99 SE，打开一个设计数据库文件，执行菜单命令 File→New，在 New Document 对话框中选择原理图元器件库文件的图标"Schematic Library Document"，然后单击 OK 按钮。修改元器件库文件名"Schlib1.Lib"为"电气元件符号元器件库 .lib"。

1.3.2 绘制电气元件符号

绘制电气元件符号，如图 1-47 所示。

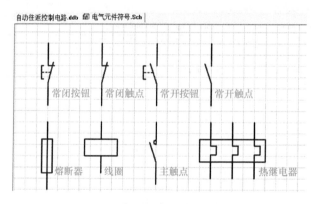

图 1-47　自动往返控制电气元件符号

1）双击"电气元件符号元器件库 .lib"进入元器件库编辑器，如图 1-48 所示。此时元器件库里有一个默认名称为 Component-1 的空文件。

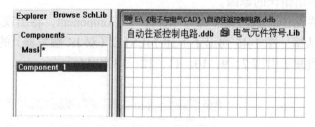

图 1-48　元器件库编辑器

2）执行 Tool→Rename Component，将其改名为常闭按钮，如图 1-49 所示。

图1-49　重命名常闭按钮

3）在元器件编辑器界面十字中心的右下角位置绘制常闭按钮符号。如图1-50所示。

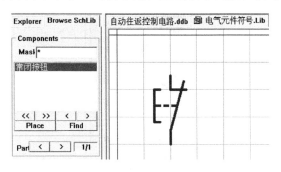

图1-50　绘制常闭按钮符号

4）用绘制引脚工具绘制引脚，放上引脚后，双击引脚对引脚进行编辑，分别对两个引脚进行编号，一个为1，一个为2，再把引脚编号进行隐藏，如图1-51所示。绘制完成后保存，即完成常闭按钮的绘制。

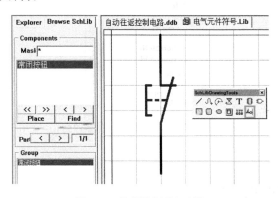

图1-51　绘制常闭按钮引脚

5）绘制完一个元器件后，即可绘制下一个元器件。执行Tool→New Component，改名为常闭触点，如图1-52所示。绘制其他元器件的步骤与常闭按钮绘制过程相同，这里不再一一赘述。在绘图过程中，将需要新绘制的元器件一一绘制完成后，保存在元器件库中，以备后用。绘制完成的元器件将会全部显示在新建元器件库中，如图1-53所示。

图 1-52 新建常闭触点

图 1-53 新建元器件库的元器件列表

➤➤项目小结◄◄

本项目主要介绍了以下内容。

1）Protel 99 SE 的安装与启动过程。

2）Protel 99 SE 中利用原理图元器件库编辑程序制作新元器件和生成有关元器件报表。

3）Protel 99 SE 元器件库编辑提供了两个绘制元器件的工具栏，即绘图工具栏和 IEEE 电气符号工具栏，用工具栏命令来完成元器件的绘制。

4）通过绘制 74LS112，详细介绍了新元器件和生成有关元器件报表的全过程。

项目巩固

1）简述制作一个新元器件的步骤。

2）试建立一个元器件库，并画出图1-54所示的元器件。

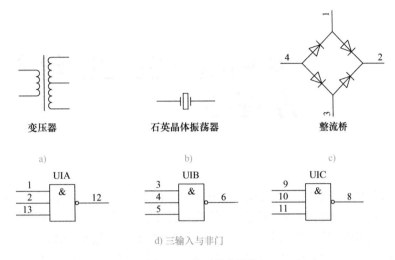

变压器　　　　　石英晶体振荡器　　　　　整流桥

a)　　　　　　　　　b)　　　　　　　　　c)

d) 三输入与非门

图 1-54　待画的元器件

3）绘制图 1-55 所示的 8D 触发器。

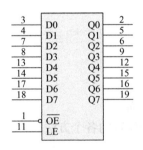

图 1-55　8D 触发器

项目 2

用 Protel 99 SE 绘制电路原理图

▶▶▶ **项目描述** ◀◀◀

Protel 99 SE 中电路原理图的绘制是 Protel 99 SE 软件操作中最为基础及至关重要的一环。其主要是在新建元器件库和原理图文件的基础上，根据已有电路图，完成电路图中相关元器件的绘制和图纸的设置工作。本项目以绘制单级放大电路、绘制单片机控制的循环彩灯电路、绘制信号发生器电路、绘制单片机实时时钟电路、绘制单向桥式半控整流电路和绘制自动往返控制电路为载体，介绍电路原理图绘制的基础知识、电气规则（ERC）、元器件清单及原理图复制、打印等内容。

任务 2.1　绘制单级放大电路

任务目标 ◢

1）熟悉 Protel 99 SE 编辑器界面。
2）熟练掌握 Protel 99 SE 图纸设置的各个方法。
3）熟练掌握导线的连接方法。
4）熟练掌握元器件的各种编辑操作。
5）熟练掌握常用热键的使用方法。
6）能够利用所学知识绘制单级放大电路。

2.1.1　绘图流程

电路原理图设计是整个电路设计的基础，它决定了后面的工作进展。一般设计一个电路原理图的工作包括：设置电路图图纸大小、在图纸上放置元器件、进行原理图布线、调整布线、最后存盘打印图纸，电路原理图设计流程如图 2-1 所示。

Protel 99 SE 是以设计为单位进行管理的，一个设计就是以设计数据库文件形式进行保存。一个设计数据库可以包括多个项目。Protel 99 SE 形成的原理图并不单独保存为一个文件，它是以设计数据库中的一个文档的形式存在的。

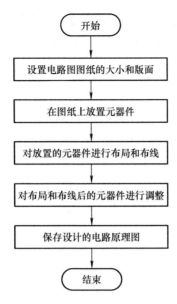

图 2-1　电路原理图设计流程

2.1.2　新建原理图

新建原理图必须首先建立或打开一个设计。打开前面建立的设计数据库 My design.ddb，如图 2-2 所示。

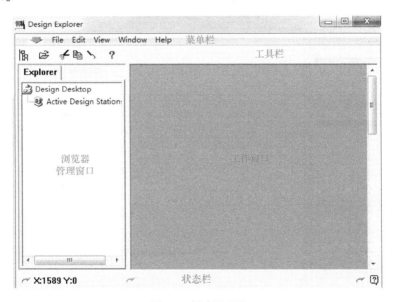

图 2-2　新建原理图

从图 2-2 中可以看出，新建设计数据库的 Documents 文件夹中没有任何文档。一般来说，设计时都是在 Documents 文件夹中建立文档。

新建原理图文档的具体步骤如下：

1）打开 Documents 文件夹，使其处于活动状态。

2）执行菜单命令 File → New，系统弹出图 2-3 所示的 New Document（新建文档）对话框，单击 Schematic Document（原理图文档），然后单击 OK 按钮确认选择。

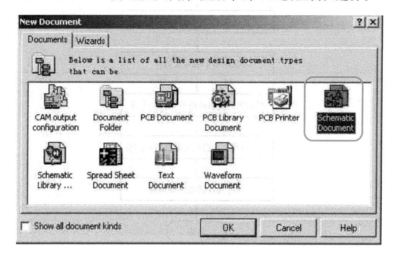

图 2-3   New Document 对话框

这样，系统就新建了一个原理图文档，默认文件名为 Sheet 1.Sch，并且会在直接启动原理图编辑器后出现新的原理图显示界面，如图 2-4 所示。这时，就可以编辑刚刚建立的原理图文档 Sheet 1.Sch 了。

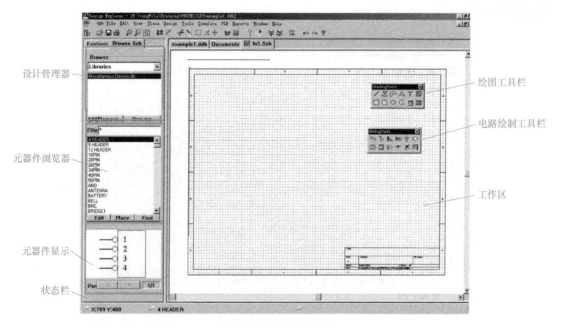

图 2-4   原理图显示界面

2.1.3   认识原理图编辑器界面

打开新建的原理图文档 Sheet 1.Sch，编辑器界面即如图 2-5 所示。图 2-5 中已打开了绘制原理图的所有工具栏，现对编辑器界面的主要部分予以说明。

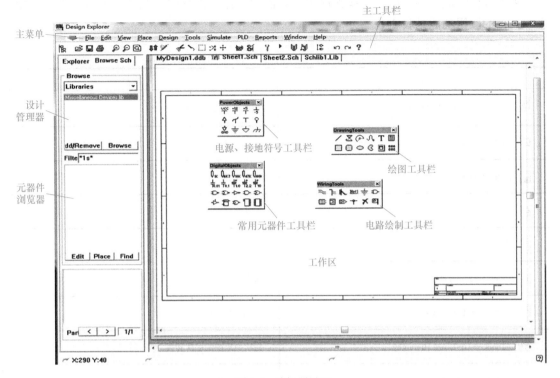

图 2-5 编辑器界面

1. 主菜单

利用主菜单的各种命令能够完成 Protel 99 SE 提供的所有功能。

Protel 99 SE 的各种菜单命令如下：

1）File：完成文件方面的操作，如新建、打开、关闭、打印等功能。

2）Edit：完成编辑方面的操作，如取消、重做、复制、剪切、粘贴、移动、拖动、查找替换、跳转等功能。

3）View：完成显示方面的操作，如编辑窗口的放大与缩小、工具栏的显示与关闭、状态栏的显示与关闭等功能。

4）Place：完成在原理图编辑窗口中放置各种各样的电气对象和非电气对象。

5）Design：完成元器件库的管理、网络表的生成、电路图的设置、多张电路图操作等。

6）Tools：完成电气规则检查（ERC），原理图元器件的编号以及原理图编辑器环境和默认设置。

7）Simulate：完成与模拟仿真有关的操作。

8）PLD：如果电路中使用了可编程逻辑器件（PLD），它可实现可编程逻辑方面的功能。

9）Reports：生成原理图的各种报表，如元器件清单、网络比较报表、项目层次表等。

10）Window：完成窗口管理功能。

11）Help：启动帮助信息。

2. 主工具栏

主工具栏完成常用功能。它操作简单，只需用鼠标单击其中的某按钮就能实现其功能，主工具栏的按钮功能见表 2-1。

表 2-1　主工具栏的按钮功能

按钮	功能
（View → Design Manager）	切换显示文档管理器
（File → Open）	打开文档
（File → Save）	保存文档
（File → Print）	打印文档
（View → Zoom In）	画面放大
（View → Zoom Out）	画面缩小
（View → Fit Document）	显示整个文档
（Tools → Up/Down Hierarchy）	层次原理图的层次转换
（Place → Directives → Probe）	放置交叉探测点
（Edit → Cut）	剪切选中对象
（Edit → paste）	粘贴操作
（Edit → Select → Inside）	选择选项区域内的对象
（Edit → Deselect → All）	撤销选择
（Edit → Move → Move Selection）	移动选中对象
（View → Toolbar → Drawing Tools）	打开或关闭绘图工具栏
（View → Toolbar → Wiring Tools）	打开或关闭布线工具栏
（Simulate → Setup）	仿真分析设置
（Simulate → Run）	运行仿真器
（Design → Add/Remove）	加载或移去元器件库
（Design → Browse Library）	浏览已加载的元器件库

（续）

按钮	功能
↕⛭ （Edit → Increment part）	增加元器件的单元号
↶ （Edit → Undo）	取消上次操作
↷ （Edit → Redo）	恢复取消的操作
？	激活帮助

3. 状态栏

状态栏内显示了指针的当前位置，当前的命令等状态。

4. 设计管理器

设计管理器用于显示设计导航树、浏览设计内容、项目层次关系。当打开一个电路图时，设计管理器会增加一个 Browse Sch（原理图浏览选项卡），单击原理图浏览选项卡标签 Browse Sch，即可进入原理图浏览选项卡。

下面介绍原理图浏览选项卡中的操作项。

（1）选择浏览项目　原理图浏览选项卡 Browse 下面的下拉列表框用于选择浏览，单击此列表框旁的下拉按钮，选择想要浏览的项目，如图 2-6 所示，其中：

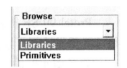

图 2-6　Browse 下面的下拉列表框

1）Libraries：浏览选中的元器件数据库内容。

2）Primitives：浏览当前或整个项目原理图的内容。

（2）浏览元器件库　将 Browse 下面的浏览项目选择为 Libraries，设计管理器显示的内容即为选中的元器件数据库的内容，如图 2-7 所示。它的内容由 3 个选项区域组成：元器件库选择选项区域、元器件过滤选项区域和元器件浏览选项区域。

1）元器件库选择选项区域：本选项区域的功能是管理元器件库。也就是查看已装入的元器件库以及新增或删除元器件库。

拖动元器件库列表框的滚动条，可以浏览装入的所有元器件库，单击准备浏览的元器件库，此元器件库的背景变为深蓝色高亮显示，下面的元器件浏览选项区域将显示所选中的元器件库中的元器件。

元器件库选择选项区域的另外一个重要功能是新增或删除元器件库。如果需要的元器件没有在已经装入的元器件库中，或者装入了多余的元器件库，单击 Add 或 Remove 按钮，系统将弹出如图 2-8 所示的 Change Library File List 对话框。

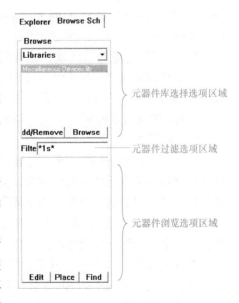

图 2-7　元器件数据库

图 2-8　Change Library File List 对话框

Protel 99 SE 提供的元器件数据库的默认目录为 Design Explorer 99/Library/Sch 文件夹，图 2-8 就是选择了默认的文件夹。

要新增元器件库或数据库，首先选择元器件库所在的文件夹，单击元器件库文件列表中准备装入的元器件库，然后单击 Add 按钮，选中的元器件库文件会增加到元器件库选择选项区域中。

要删除元器件库或数据库，可单击选择的元器件库文件列表中准备移去的元器件库，然后单击 Remove 按钮。

2）元器件过滤选项区域：此选项区域的功能是设置元器件浏览选项区域中元器件列表显示条件，可以使用通配符"*"和"?"设置过滤条件。例如，如果只使用带有 LS 的标准集成电路器件，可以输入"*ls*"，如图 2-9 所示。

3）元器件浏览选项区域：它显示了选择的元器件库通过过滤条件后的元器件列表。此选项区域更重要的功能是可以编辑、放置、查找元器件。编辑元器件和放置元器件的具体操作将在后续内容中详细介绍，这里重点介绍查找元器件的方法。

图 2-9　元器件过滤选项（仅输入完成，尚未过滤）

查找元器件：如果不知道需要的元器件在哪一个元器件库中，或者不知道元器件的确切名称，就要用 Protel 99 SE 查找元器件的功能。例如，要放置编号为"1558"的元器件，但不清楚其确切名称，可以利用 Protel 99 SE 的查找功能，找出所有含有"1558"的元器件库。若知道元器件确切名称，则可单击 Find 按钮，系统弹出图 2-10 所示的 Find Schematic Component（查找原理图元器件）对话框。

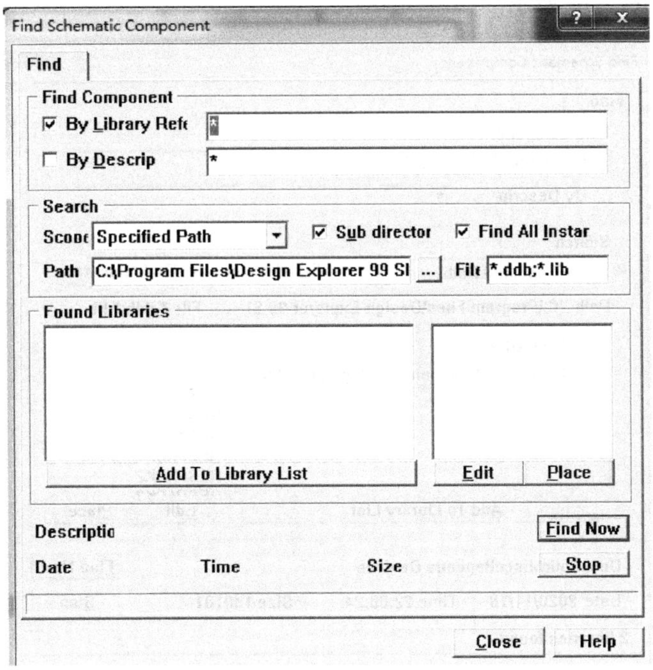

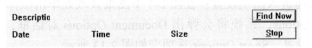

图 2-10　Find Schematic Component 对话框

原理图元器件查找的操作步骤如下：

1）首先设置需要查找的元器件。在 Find Component 选项区域中选取 By Library Reference 选项，在其右边的文本框中输入要查找的元器件名称；也可选取 By Description 选项，并在右边的文本框中输入要查找的元器件描述。

2）然后设置查找范围。在 Search 选项区域中的 Scope 下拉列表框中指定查找的范围，有 3 个选项：Listed Libraries、Specified Path 及 All Drives。Listed Libraries 选项是从所载入的元器件库中查找。Specified Path 选项则是按指定的路径去查找，如选中此项，就需要在其下的 Path 栏中输入要求查找的路径。如果同时选中 Subdirectories 复选框，则指定路径下的子目录都会被查找。All Drives 选项是指在所有的驱动器元器件库中查找。如果选中 Find All Instances 复选框，则会在设置的所有元器件库中查找所有符合条件的元器件，否则，查找到第一个符合条件的元器件后就会停止查找。Files 文本框中可指明元器件库的文件类型。

3）设置完成后，单击 Find Now 按钮，即开始查找。若没有找到指定的元器件，则在对话框中的 Searching Library 选项区域将显示图 2-11 所示的信息。

图 2-11　未查找到指定元器件的信息

若找到符合条件的元器件，那么 Found Libraries 选项区域的右边将显示所有符合查找要求的元器件，左边将显示元器件所在的元器件库或元器件数据库名称。以查找电阻"res"为例，显示结果如图 2-12 所示。

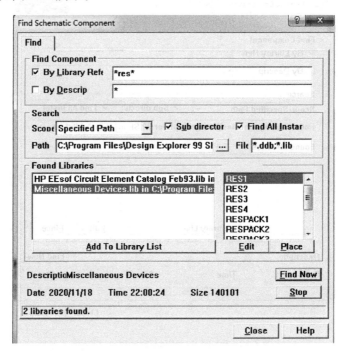

图 2-12　查找到指定电阻"res"后的显示结果

程序查找出符合条件的元器件后，可以执行如下操作：

1）装入原理图编辑器。单击 Add To Library List 按钮，将元器件装入 Found Libraries 选项区域指示的元器件库或元器件数据库。

2）编辑元器件。首先在 Found Libraries 选项区域指定元器件库，Component 选项区域列出此元器件库符合条件的所有元器件。再选择一个元器件，单击 Edit 按钮，将启动元器件编辑器并编辑此元器件。

3）放置元器件。将指定的元器件放置在原理图中。与编辑元器件一样，先选中元器件库及元器件，然后单击 Place 按钮，系统将处于放置元器件状态，移动十字指针到合适位置，单击鼠标左键或按 <Enter> 键便完成放置元器件。

5. 图纸的设置

（1）进入图纸设置　在精心设计并绘制电路原理图前，必须根据实际电路图的复杂程度来选择合适的图纸。Protel 99 SE 可将图纸设置成标准的 A4、A5、B5 等格式，还可根据用户的特殊需要自定义图纸大小。

1）右键功能快速进入图纸设置：在图 2-5 中图纸区域处单击鼠标右键后在其下拉菜单中选择 Document Options，系统将会弹出 Document Options 对话框，并在其中选择 Sheet Options 选项卡进行设置。Sheet Options 选项卡如图 2-13 所示。

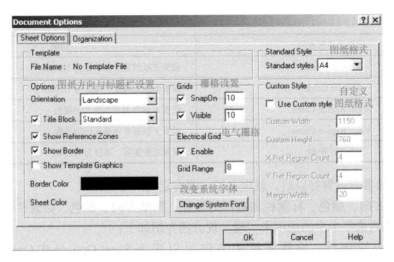

图 2-13　图纸设置

2）通过菜单进行图纸设置：进入图纸设置也可以使用菜单命令 Design → Options，执行该命令后，系统也会弹出如图 2-13 所示的选项卡。

（2）图纸选择

1）标准图纸选择：Protel 99 SE 提供了多种广泛使用的英制和米制图纸尺寸以供选择。各个标准的图纸尺寸见表 2-2。

表 2-2　Protel 99 SE 提供的标准图纸尺寸

尺寸名	尺寸 / in（宽度 × 高度）	尺寸 / mm（宽度 × 高度）	尺寸名	尺寸 / in（宽度 × 高度）	尺寸 / mm（宽度 × 高度）
A	11.00 × 8.50	279.42 × 215.90	A0	46.80 × 33.07	1180 × 840
B	17.00 × 11.00	431.80 × 279.40	ORCAD A	9.90 × 7.90	251.15 × 200.66
C	22.00 × 17.00	558.80 × 431.80	ORCAD B	15.40 × 9.90	391.16 × 251.15
D	34.00 × 22.00	863.60 × 558.80	ORCAD C	20.60 × 15.60	523.24 × 396.24
E	44.00 × 34.00	1078.00 × 863.60	ORCAD D	32.60 × 20.60	828.04 × 523.24
A4	11.69 × 8.27	297 × 210	ORCAD E	42.80 × 32.80	1087.12 × 833.12
A3	16.54 × 11.69	420 × 297	Letter	11.00 × 8.50	279.4 × 215.9
A2	23.39 × 16.54	594 × 420	Legal	14.00 × 8.50	355.6 × 215.9
A1	33.07 × 23.39	840 × 594	Tabloid	17.00 × 11.00	431.8 × 279.4

注：1in=25.4mm

2）自定义图纸大小：如果表 2-2 的标准图纸满足不了要求的话，可自定义图纸的大小。自定义图纸的大小可以在 Sheet Options 选项卡中的 Custom Style 中进行设置。

首先，必须在图 2-13 中选中 Use Custom Style 复选框，以激活自定义图纸功能。否则，系统将采用 Standard Style 内设置的图纸。

Custom Style 栏内各项设置的含义见表 2-3。

表 2-3   Custom Style 各项设置的定义

信息选择列表项	功能
Custom Width	设置图纸的宽度，单位为 1/100in
Custom Height	设置图纸的高度，单位为 1/100in
X Ref Region Count	设置 X 轴框参考坐标的刻度数
Y Ref Region Count	设置 Y 轴框参考坐标的刻度数
Margin Width	设置边框宽度，单位为 1/100in

表 2-3 中的参数设置好以后，就定义了一张自定义尺寸的图纸。

（3）图纸方向、颜色、标题栏和边框的设置   图纸方向、颜色、标题栏和边框的设置，可通过图 2-13 内选项卡中的选项来实现。现分别介绍如下：

1）标准图纸选择。设置图纸的方向可以单击 Sheet Options 中 Options 区域内的 Orientation 右侧的下拉式按钮，出现下拉式选择按钮，有两个选择项，即 Landscape 选择项和 Portrait 选择项。Landscape 表示图纸水平放置，Portrait 表示图纸垂直放置。

2）图纸颜色设置。图纸颜色的设置包括对图纸边框（Border）和图纸底色（Sheet）的设置。Border 选择项默认为黑色。单击 Border 右边的颜色框，系统将弹出一个要求选择边框颜色的对话框，如图 2-14 所示。系统共提供了 238 种基本颜色，也可以单击 Define Custom Colors… 按钮来自定义边框颜色。图纸底色（Sheet）的设置与图纸边框颜色的设置基本一致，这里不再介绍。在系统默认状态下为浅黄色。图纸颜色设置后，一般不需要再修改。

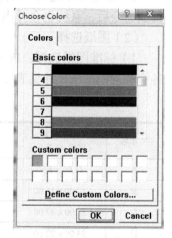

3）图纸标题栏的设置。选择 Title Block 项后，单击 Title Block 右边的下拉式按钮，将出现一个下拉式列表。下拉式列表有两个选择项，即 Standard 选择项和 ANSI 选择项。Standard 为标准型模式，ANSI 为美国国家标准协会模式。

4）边框的设置。边框的设置主要涉及图 2-13 中的 Show Reference Zone 和 Show Border 两个选项。Show Reference Zone

图 2-14   图纸颜色设置

为显示参考边框选项，如果选中该选项，则显示参考坐标，否则不显示。Show Border 为显示图纸边框选项，如果选中则显示图纸边框，否则不显示。但是，在显示图纸边框时，可用的绘图工作区将会比较小，若要使图纸有最大的可用工作区，可将边框加以隐藏。

（4）图纸信息设置   在图 2-13 中选中 Organization 选项卡，设置图纸信息，如图 2-15 所示。

1）Organization 栏用于填写设计者公司或单位的名称。

2）Address 栏用于填写设计者公司或单位的地址。

3）Sheet 栏中的 No. 用于设置电路原理图的编号，Total 用于设置电路原理图总数。

4）Document 栏中的 Title 用于设置本张电路图的名称，No. 用于设置图纸编号。

5）Revision 用于设置电路设计的版本和日期。

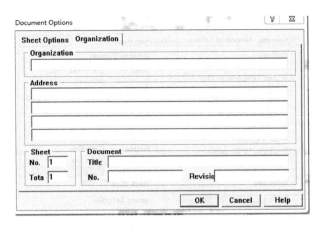

图 2-15　图纸信息设置

6. 设置栅格

（1）栅格尺寸设置　在图 2-13 所示的 Sheet Options（图纸设置）选项卡中，Grids 区域用于图纸栅格尺寸设置。在 Protel 99 SE 中栅格类型主要有 3 种，即捕捉栅格、可视栅格和电气栅格。

1）Snap Grid：捕捉栅格，元器件和线等图形对象只能放置在栅格上。此种栅格默认值 10mil。

2）Visible Grid：可视栅格，屏幕显示的栅格。此种栅格默认值 10mil。

3）Electrical Grid：电气栅格，它可以使连线的线端和元器件引脚自动对齐，画图时非常方便。连线一旦进入电气栅格捕捉的范围时，连线就自动地与元器件引脚对齐，并显示一个大黑点，该黑点又称为电气热点。

3 种栅格之间，可视栅格主要用于显示，帮助画图人员认定元器件的位置；捕捉栅格用于将元器件、连线等放置在栅格上，使图形对齐好看，容易画图；而电气栅格用于连线，一般要求捕捉栅格的距离大于电气栅格的距离，如果捕捉栅格为 10mil，则电气栅格设置为 8mil。

有时放置文字时，由于位置的随意性，不需要把文字放在栅格上，就应该去掉捕捉栅格。栅格的关闭方法有以下三种：

可以使用 View → Visible Grid 菜单打开或关闭可视栅格。

可以使用 View → Snap Grid 菜单打开或关闭捕捉栅格。

可以使用 View → Electrical Grid 菜单打开或关闭电气栅格。

（2）栅格形状和指针设置

1）栅格形状设置：Protel 99 SE 提供了两种不同形状的栅格，线状栅格（Line Grid）和点状栅格（Dot Grid）。

执行菜单命令 Tools → Preferences，系统弹出 Preferences 对话框。在 Graphical Editing 选项卡中单击 Cursor/Grid Options 区域中 Visible 选项的下拉箭头，从中选择栅格的类型，如图 2-16 所示。设置完毕单击 OK 按钮。系统的默认设置是线状栅格。

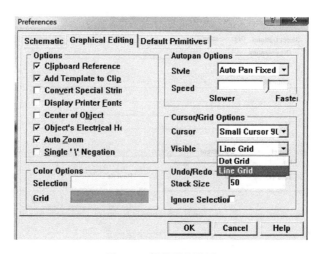

图 2-16　栅格形状设置

2）指针设置：Protel 99 SE 可以设置指针在画图、连线和放置元器件时的形状。

在图 2-16 的 Graphical Editing 选项卡中单击 Cursor/Grid Options 区域中 Cursor 选项的下拉箭头，从中选择指针形状，如图 2-17 所示，共有 3 项。

① Large Cursor 90：大十字指针。

② Small Cursor 90：小十字指针。

③ Small Cursor45：小 45° 十字指针。

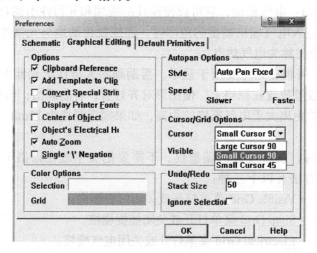

图 2-17　指针设置

7. 放置元器件

元器件是原理图的核心对象，原理图就是以元器件为中心而相互连接构成的。

由于元器件在原理图中的重要性、使用的频繁性和多样性，Protel 99 SE 把一些常用元器件单独作为一个工具栏。如果系统没有打开常用元器件工具栏，在执行菜单命令 View Toolbars → Digital

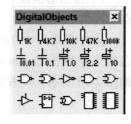

图 2-18　常用元器件工具栏

Objects 后，屏幕窗口将出现 Digital Object（常用元器件）工具栏，如图 2-18 所示。再执行一次菜单命令 View → Toolbars → Digital Objects，系统将关闭常用元器件工具栏，单击工具栏上的关闭按钮也可完成相同的功能。

（1）元器件的放置　在 Protel 99 SE 中放置元器件的操作非常简单。

放置一般元器件的步骤如下：

1）首先单击 Browse 选项区域下的 Add/Remove 按钮，增加所要使用的元器件库，如图 2-19 所示。Protel 99 SE 提供的元器件数据库的默认目录为 Design Explorer 99、Library、Sch 文件夹，图 2-19 就选择了默认的文件夹。要新增元器件库或数据库，首先选择元器件库所在的文件夹，单击元器件库文件列表中准备装入的元器件库，然后单击 Add 按钮，选中的元器件库文件会增加到元器件库选择选项区域中。

图 2-19　添加元器件库对话框

2）单击电路绘图工具栏 Place Part（放置元器件）按钮或执行菜单命令 Place Part，或按下 <Alt+P> 键，即进入放置元器件状态，如图 2-20 所示。

3）系统弹出图 2-20 所示的 Place Part 属性对话框后，就可在 Lib Ref 文本框中输入确切的元器件名（不能包含通配符，如星号"*"和问号"?"），例如输入单级放大电路中的 RES2，则会在原理图中出现对应的电阻符号。Designator（元器件编号）栏中的"U?"为默认编号。一般地说，集成电路的默认编号为"U?"，电阻的默认编号为"R?"，电容的默认编号为"C?"。如果使用系统编号，就不用更改它，系统会自动按放置顺序进行编号，然后在 Part Type（元器件的类型）栏中

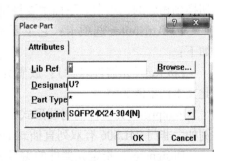

图 2-20　放置元器件对话框

输入 RES，Footprint（元器件的封装）栏中输入 AXIAL0.3，然后单击 OK 按钮即可完成放置元器件的相关设置。

4）如果不知道元器件的属性参数，可单击 Browse 按钮，在弹出的 Browse Libraries 对话框中选择元器件相关的库后再选择对应元器件即可。

5）设置好元器件属性后，此时的指针也从箭头变成了十字，并附带有浮动元器件，按下 <Space> 键使浮动元器件以指针为中心进行 90° 旋转。

6）移动鼠标到适当位置，单击鼠标左键或按 <Enter> 键，确定元器件放置位置。

7）此时系统仍然处于放置元器件状态，并弹出图 2-20 所示的输入元器件名对话框，这时便可继续放置其他元器件。

按照以上方法，放置四个电阻、一个晶体管（器件名为 NPN，器件封装为 TO-46）和三个电容（元件名为 CAP，元件封装为 RB-.2/.4），如图 2-21 所示。

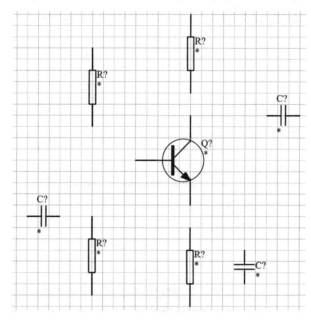

图 2-21　单级放大电路元器件放置

（2）元器件属性设置　当元器件处于浮动状态时，按下 <Tab> 键将弹出 Part（元器件）属性对话框，如图 2-22 所示。元器件属性对话框包含 4 个选项卡，可单击选项卡上的标签切换到相应的选项卡。下面主要说明 Attributes 和 Graphical Attrs 选项卡。

1）Attributes 选项卡：它主要是确定元器件的电气属性。现将每个选项区域加以说明如下：

Lib Ref（元器件名称）：放置元器件时输入的元器件名即是在元器件库中的元器件名。此文本框不能为空。

Footprint（元器件的封装形式）：也就是元器件的外形名称。有的元器件有几种封装形式。例如，非门 74LS06 有双列直插式 DIP14 和表面贴装式 SMD14A。

Designator：指定元器件的编号。

Part Type：元器件的显示名称，一般与元器件名称相同。但是，与元器件名称没有任何关系。

Sheet Path：元器件的内部电路文件的名称，此项用得较少，也不显示在原理图中。

Part：元器件的单元号。此选项区域是针对复合式元器件设置的，它指定使用复合式元器件的哪个单元。通常放置的元器件为功能单元，代表物理元器件的一部分，如非门74LS06是由14个引脚组成的集成电路芯片。它包含6个等同的非门，将其分为功能相同的6个单元，每个单元功能都一样，都由不同的引脚组合来完成。如将此选项区域设置为1，则表示使用第一个功能单元，其输入引脚为3、输出引脚为2，原理图此引脚的编号是在 Designator 的后面加上 A，如 U1A。如将此选项区域设置为2，则表示使用第二个功能单元，其输入引脚为5、输出引脚为4，原理图此引脚的编号是在 Designator 的后面加上 B，如 U1B。

Selection：确定元器件是否处于选中状态。处于选中状态的对象可以用于编辑处理。此项也可用菜单命令 Edit → Select 来实现。

Hidden Pins：确定是否显示引脚。打钩表示显示。

Hidden Fields：是否显示标注选项区域内容。打钩表示显示，每个元器件都有16个标注，可输入有关元器件的任何信息，如生产厂家。如果标注中没有输入信息，显示结果则为"*"。

Field Names：是否显示标注的名称。如在复选框打上钩，将显示16个标注选项区域名称 Part Field 1 ～ Part Field 16。

2）Graphical Attrs 选项卡：它主要确定元器件的图形显示属性，如图 2-23 所示。现将每个选项区域加以说明如下：

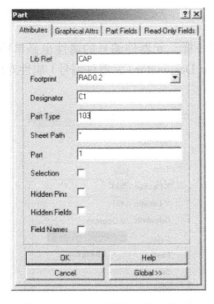

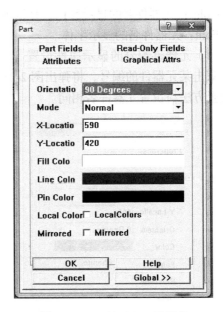

图 2-22　Part（元器件）属性对话框　　　　　　　图 2-23　Graphical Attrs 选项卡

Orientation：设置元器件的摆放方向。单击右边的下拉按钮，将出现方向选择列表框，分别为0°、90°、180°、270° 共4个方向。

Mode：设置元器件的图形显示模式。一般来说，元器件有3种显示模式：正常模式

（Normal）、狄摩根模式（De. Morgan）及 IEEE 模式。其中，每个元器件必定有正常模式，而不一定有其他两种模式。

X-Location、Y-Location：元器件的位置，即元器件参考点的坐标。

Fill Color：设置电路方块图式元器件的填充颜色，默认设置为黄色。

Line Color：设置元器件边框颜色，默认设置为棕色。

Pin Color：设置元器件引脚颜色，包括引脚线、引脚的电气特性符号、引脚号的颜色，默认为黑色。

Local Colors：此复选框设置是否使用 Fill Color、Line Color、Pin Color 选项区域所设置的颜色。打钩则表示使用其设置的颜色。

Mirrored：此复选框设置元器件是否要左右翻转。

（3）元器件名显示属性设置　从上面的叙述可知，元器件属性对话框没有元器件名的属性设置，原因是它们可以单独设置。在放置过程中是不能设置元器件属性的，只有已经放置的元器件才能更改其名称的显示属性。

双击元器件名，将弹出图 2-24 所示的 Part Type（元器件类型）属性对话框。

现将其中的每项设置加以说明如下：

Type：设置元器件的显示名称，它与放置元器件时输入元器件库引用名无关，但是二者一般是相同的。

X-Location、Y-Location：设置元器件名的显示位置，可以把元器件名显示在离元器件很远的地方。

Orientation：元器件名的显示方向，与元器件的显示方向设置相同。

Color：元器件名的显示颜色，默认为深蓝色。

Font：元器件名的显示字体。

（4）元器件编号的显示属性设置　与元器件名一样，元器件编号的属性也是单独设置的。双击某元器件的编号，将弹出图 2-25 所示的 Part Designator（元器件编号）属性对话框，其设置方法与设置元器件名相同。

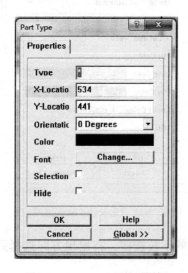

图 2-24　Part Type 属性对话框

图 2-25　Part Designator 属性对话框

8. 放置导线

（1）电路绘制工具栏的打开与关闭 要打开电路绘制工具栏，可执行菜单命令 View → Toolbars Wiring Tools，该工具栏如图2-26所示。电路绘制工具栏的显示和关闭是切换式操作的。如要关闭已经打开的电路绘制工具栏，只需再次单击主工具栏上的按钮或执行菜单命令 View → Toolbars → Wiring Tools 即可。

图2-26 电路绘制工具栏

（2）电路绘制工具栏介绍 电路绘制工具栏各按钮的功能见表2-4。

表2-4 电路绘制工具栏（Wiring Tools）的按钮及功能

按钮	功能
≋ （Place → Wire）	画导线
⊩ （Place → Bus）	画总线
⊮ （Place → Bus Entry）	画总线分支
Net1 （Place → Net Label）	放置网络标号
⏚ （Place → Power Port）	放置地线 / 电源符号
⊶ （Place → Part）	放置元器件
⊞⊦ （Place → Sheet Symbol）	画电路符号
▨ （Place → Add Sheet Entry）	画电路符号中的端口
D1▷ （Place → Port）	放置电路端口
⊤ （Place → Junction）	放置电路节点
✖ （Place → Directives → No ERC）	放置忽略电气检查规则（ERC）标记
℗ （Place → Directives → PCB Layout）	放置 PCB 布线指示符号

（3）菜单命令的使用 电路绘制工具栏的每个按钮命令都可以用菜单命令实现。单击主菜单的 Place 菜单，相应菜单命令的功能如图2-27所示。

（4）使用快捷键 主菜单的每个菜单项都有一个带下划线的字母，按住 <Alt> 键不放，然后按下带下划线的字母键就激活了该菜单项。例如，按下 <Alt+P> 后将激活 Place 下拉菜单。之后再按下菜单命令中带下划线的字母就选择了该命令。例如，按下 <Alt+P+W> 将选择 Wire 命令，即可进入画导线状态。

提示：在原理图中直接按下 <P> 键，将在当前指针处弹出 Place 快捷菜单。

（5）画导线 导线是画原理图最常用的对象，电路的连接主要由导线来实现。

画导线的具体步骤如下：

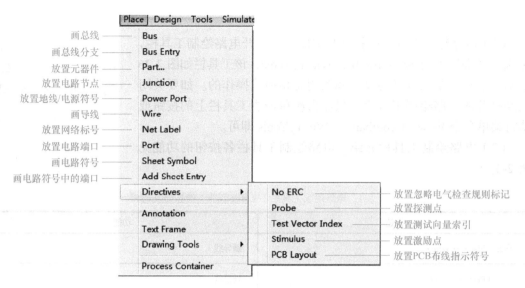

图 2-27 使用菜单命令绘制电路

1）单击电路绘制工具栏的相应按钮，或执行菜单命令 Place → Wire，或按下 <Alt+P+W> 键，即进入画导线状态，工作窗口下部的状态栏指示当前的命令执行状态为画导线以及画导线的方式，可用快捷键及指针设置。此时的指针也从箭头变成了十字光标。

2）退出画导线状态。单击鼠标右键或按 <Esc> 键，系统将退出画导线状态回到待命状态。

导线属性设置步骤如下：

当系统处于画导线方式时，按下 <Tab> 键将弹出 Wire（导线）属性设置对话框，如图 2-28 所示。现将对话框中的设置的介绍如下：

1）Wire 下拉列表框：它用于设置导线宽度，单击列表框右边的下拉按钮，将出现选择导线宽度的列表框，有 Smallest（最小）、Small（小）、Medium（中）和 Large（大）等 4 种类型可供选择。

2）Color 颜色设置框：单击它可设置导线的显示颜色。

3）Selection 复选框：它用于确定对象是否处于选择状态。处于选择状态的对象可以用于编辑。

图 2-28 Wire 属性设置对话框

注意： 双击已经画好的导线也可以更改导线属性。

9. 导线连接

元器件的位置调整好后，下一步是对各元器件进行线路连线。在 Protel 99 SE 中导线具有电气性能，不同于一般的直线，这一点要特别注意。元器件的位置调整好后，下一步是对各元器件进行线路连线。

（1）元器件的导线连接　单击电路绘制工具栏 Wiring Tools 中的画导线按钮 ～ 或执行菜单命令 Place → Wire，指针变为十字状，系统处在画导线状态，按下 <Tab> 键，弹出

图2-29所示的Wire（导线）属性对话框，可以修改连线粗细和颜色。

元器件的导线连接的步骤如下：

1）将指针移至所需位置，单击鼠标左键，定义导线起点。

2）在导线的终点处单击鼠标左键确定终点。

3）单击鼠标右键，则完成了一段导线的绘制。

4）此时仍为绘制状态，将指针移到新导线的起点，单击鼠标左键，按前面的步骤可绘制另一条导线，最后单击鼠标右键两次退出绘制状态。

5）绘制折线：在导线拐弯处单击鼠标左键确定拐点，其后继续绘制即可。

在指针处于画线状态时，按下 <Shift+Space> 键可自动切换导线的拐弯样式。

在导线连接中，当指针接近引脚时，出现一个大的黑点，如图2-30所示。这是由于设置了电气栅格（Electrical Grid）这一选项。这个大的黑点代表电气连接的意义，此时单击左键，这条导线就与引脚之间建立了电气连接。有了电气栅格可以很方便地使导线与引脚连接。

图2-29　Wire属性对话框

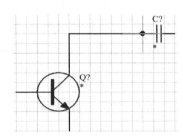

图2-30　导线与引脚间的电链接

（2）放置电路节点　电路节点表示两条导线相交时的状况。在电路原理图中两条相交的导线，如果有节点，则认为两条导线在电气上相连接，若没有节点，则在电气上不相连。

放置电路节点步骤如下：首先单击 ✝ 图标，或执行菜单命令 Place → Junction，在两条导线的交叉点处单击鼠标左键，则放置好一个节点，此时仍为放置状态，可继续放置，单击鼠标右键，退出放置状态。

在放置过程中按下 <Tab> 键，系统弹出 Junction（电路节点）属性设置对话框，如图2-31所示，可设置电路节点大小。其中，X-Location、Y-Location文本框为设置节点坐标。Size下拉列表框为设置节点的大小。有4种大小的节点可供设置。Color选择框为设置节点的显示颜色。Selection复选框为确定节点是否处于选中状态。对于选中状态的对象可以用于编辑。此项也可用菜单命令 Edit → Select 来实现。对于 Locked 复选框，如果选中 Locked 属性，则导线的连接特性移去后，节点将继续存在，即使节点是多余的也不自动删除。如果不选中此属性，只要导线间的连接不存在，节点将自动删除。

关于电路节点的放置，用户也可通过原理图文件的设置实现自动连接，具体设置如下：

1）执行菜单命令 Tools → Preferences，系统弹出 Preferences 对话框，如图2-32所示。

图 2-31 节点属性设置对话框

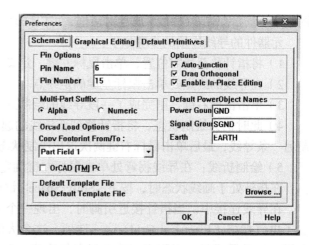

图 2-32 Preferences 对话框

2）选择 Schematic 选项卡。

3）在 Options 区域中选中 Auto-Junction，单击 OK 按钮。

选中此项后，在绘制导线时，系统将在"T"字连接处自动产生节点。如果没有选择此项，系统不会在"T"字连接处自动产生节点，但对于呈"十"字交叉的导线，不会自动放置节点，必须手动放置。选中状态是默认状态，如图 2-33 所示。

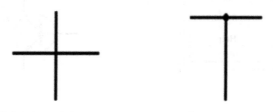

a)"十"字相交处不会自动放置节点   b)"T"字相交处自动放置节点

图 2-33 "T"字和"十"字相交处的处理

10. 元器件的编辑操作

放置元器件后，可对元器件进行一些选中、复制、剪切、粘贴、阵列式粘贴、移动、旋转、删除等编辑操作。

（1）元器件的选中　在对元器件进行编辑操作前，首先要选中元器件，选中元器件的方法有以下几种：

1）直接用鼠标选中对象。元器件最简单、最常用的选中方法是直接在图纸上拖出一个矩形框，框内的元件全部被选中。具体方法是在图纸的合适位置，按住鼠标左键，指针变成十字状，拖动指针至合适位置，松开鼠标，即可将矩形区域内所有的元器件选中。要注意在拖动的过程中，不可将鼠标松开。在拖动过程中，指针一直为十字状。另外，按住\<Shift\> 键，单击元器件，也可实现选中元器件的功能。

2）利用主工具栏按钮选中元器件。单击主工具栏上的 ⬚ 按钮。它与前面介绍的方法基本相同，唯一的区别是单击主工具栏里的 ⬚ 按钮后，指针就变为十字状，在形成选择区域的过程中，不需要一直按住鼠标。

3）通过菜单 Edit → Select。用鼠标单击下拉列表框可以进行 5 种选择：Inside Area（框内的元器件）、Outside Area（框外的元器件）、All（所有元器件）、Net（同一网络的元器件）和 Connection（引脚之间实际的连接的元器件）。

4）通过菜单 Edit → Toggle Selection。该命令实际上是一个开关命令，当元器件处于未选中状态时，使用该命令可选中元器件；元器件处于选中状态时，使用该命令可以取消选中状态。

（2）元器件的取消选中　一般执行所需的操作后，必须取消元器件的选中状态，取消的方法有以下 3 种。

1）单击主工具栏上的 ⚡ 按钮，取消所有的选中状态。

2）通过菜单 Edit → Deselect。该菜单的作用是取消元器件的选中状态，有 3 个选项：Inside Area（框内区域）、Outside Area（框外区域）和 All（所有）。根据需要选择。

3）通过菜单 Edit → Toggle Selection。执行该命令后，用鼠标单击对应元器件取消选中状态。

（3）元器件的复制与剪切

1）元器件的复制：选中要复制的对象，执行菜单命令 Edit → Copy，指针变成十字形在选中的对象上单击鼠标左键，确定参考点。参考点的作用是在进行粘贴时以参考点为基准。此时选中的内容便可被复制到剪贴板上。

2）元器件的剪切：选中要剪切的对象，执行菜单命令 Edit → Cut，指针变成十字形，在选中的对象上单击鼠标左键，确定参考点。此时选中的内容被复制到剪贴板上，与复制不同的是此时选中的对象也随之消失。

（4）元器件的粘贴　承接上面元器件的复制或剪切操作，单击主工具栏上的 ✎ 图标，或执行菜单命令 Edit → Paste，指针变成十字形，且被粘贴对象处于浮动状态粘在指针上，在适当位置单击鼠标左键，完成粘贴。

（5）元器件的阵列粘贴　阵列式粘贴可以完成同时粘贴多次剪贴板内容的操作。承接上面元器件的复制或剪切操作，单击绘图工具栏 Drawing → Tools 上的 ⊞ 按钮，或执行菜单命令 Edit → Paste Array，系统弹出 Setup Paste Array 设置对话框，如图 2-34 所示。设置好对话框的参数后，单击 OK 按钮，此时指针变成十字形，在适当位置单击鼠标左键，则完成粘贴。

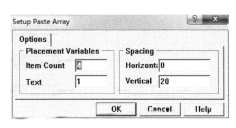

图 2-34　元器件的阵列粘贴

Setup Paste Array 设置对话框中各选项含义如下：

1）Item Count：要粘贴的对象个数。

2）Text：元器件序号的增长步长。

3）Horizontal：粘贴对象的水平间距。

4）Vertical：粘贴对象的垂直间距。

图 2-35 所示为对象阵列式粘贴 4 个对象后的结果。

（6）元器件的移动　元器件的移动有以下几种常用的方法：

1）用鼠标单击要移动的元器件，并按住鼠标左键不放，将元器件拖到要放置的位置。

2）单击主工具栏上的 ✛ 按钮，可以移动已选中的对象。

3）执行菜单 Edit → Move → Drag，可以拖动元器件，拖动时与元器件相连的导线也跟着移动，不会断线。

4）执行菜单 Edit → Move → Move，只可以移动元器件，与元器件相连的导线不会随之移动。

（7）元器件的旋转　用鼠标左键点住要旋转的元器件不放，在元器件处于浮动状态时，按 <Space> 键可以进行逆时针 90° 旋转，按 <X> 键可使元器件水平翻转、按 <Y> 键可使元器件垂直翻转。

（8）元器件的删除　Edit 菜单里有两个删除命令，即 Clear 和 Delete 命令。

Clear 命令的功能是删除已选中的元器件。启动 Clear 命令之前需要选中元器件，启动 Clear 命令后，已选中的元器件立刻被删除。

Delete 命令的功能也是删除元器件，只是启动 Delete 命令之前不需要选中元器件；启动 Delete 命令后，指针变成十字状，将指针移到所要删除的元器件上单击鼠标，即可删除该元器件。另外，使用 <Delete> 键也可实现元器件的删除，但是在用此键删除元器件之前，需要点取元器件，点取元器件后，元器件周围出现虚框，按 <Delete> 键即可实现该元器件的删除。

注意：点取与选中是不同的，点取元器件的方法是在元器件图的中央，单击一下鼠标，元器件即被点中，点中的元器件周围出现虚框，而用选中方法选中的元器件周围出现的是黄框，如图 2-36 所示。

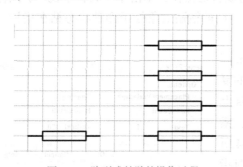

图 2-35　阵列式粘贴的操作过程

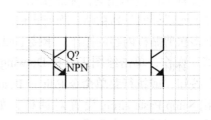

图 2-36　元器件的点取和选中

11. 放置电源接地符号

（1）放置电源符号　在 Protel 99 SE 中，电源和接地用单独的符号表示，具体是电源还是接地则用网络标号进行区分。放置电源符号的方法，除了利用电路绘制工具栏和菜单命令外，Protel 99 SE 还提供了 Power Objects（电源符号）工具栏。

如果系统没有打开电源符号工具栏，可执行菜单命令 View → Toolbars → Power Object，屏幕窗口将弹出电源、接地符号工具栏，如图 2-37 所示。再执行一次菜单命令 View → Toolbars → Power Objects，系统便关闭电源、接地符号工具栏。当然单击电源、接地符号工具栏上的关闭按钮，同样也可关闭工具栏。

利用电源、接地符号工具栏放置电源符号，比较快捷方便。

放置电源符号的具体步骤如下：

1）单击电路绘制工具栏的 Place Power Port 按钮，或执行菜单命令 Place → Power Port，或按下 <Alt+P+O> 键，或单击电源符号工具栏需要的电源符号按钮，即进入电源符号放置状态。

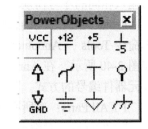

图 2-37　电源、接地符号工具栏

2）执行命令后，指针形状变成了十字，并附上了浮动的电源符号，按下 <Space> 键可改变电源符号的放置方向。

3）移动十字指针到适当位置，单击鼠标左键或按下 <Enter> 键放置一个电源符号。如图 2-38 所示。

（2）电源符号属性设置　电源符号的属性很重要，它决定了电源符号的显示形式和网络标号。电源和接地一般都有默认形式。系统认为相同网络标号的电源符号是连接在一起的。当电源符号处于浮动状态时，按下 <Tab> 键将弹出 Power Port（电源符号）属性对话框，如图 2-39 所示。对话框中的各项设置如下：

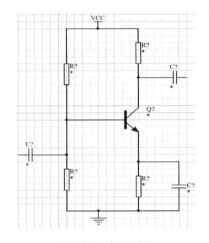

图 2-38　放置电源

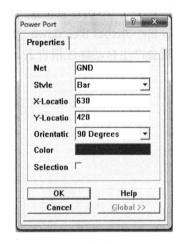

图 2-39　电源符号属性对话框

1）Net：此选项区域决定着电源符号的网络标号，可以定义为任何网络标号。在整个项目中，相同网络标号的电源符号将自动连接在一起。

2）Style：电源的显示类型，有 Circle（圆圈形）、Arrow（箭头形）、Bar（T 形条）、Wave（波形）、Power Ground（电源地）、Signal Ground（信号地）和 Earth（大地）等类型可供选择。

3）X-Location、Y-Location 文本框：用于设置电源符号的位置。

4）Orientation 下拉列表框：电源符号的方向。有 0 Degrees（0°）、90 Degrees（90°）、180 Degrees（180°）和 270 Degrees（270°）等 4 种方向可供选择。

5）Color 选择框：设置电源符号的显示颜色。

6）Selection 复选框：确定电源符号是否处于选中状态。

12. 文件标号的自动标注

在放置元器件时，Protel 99 SE 给出一个未标注的元器件，例如 U ?、R?、C? 等，其中的问号是等待输入元器件的序号，如图 2-38 所示，这是一个未标注的单级放大器电路，当然可以一个一个地输入，但是效率很低，而且时常会为输入相同的序号而烦恼。

Protel 99 SE 提供自动标注编号的功能。执行菜单命令 Tools → Annotate，系统弹出 Annotate 对话框，如图 2-40 所示，在 Annotate 对话框的 Options 区域选择元器件编号的方式，其中各选项含义如下：

1）All Parts：对所有元器件重新编号。

2）? Parts：对编号为"?"的元器件进行编号，即对标号为 U?、R? 等的元器件进行编号。

3）Reset Designators：将所有编号设置为初始状态，即设置为 U?、R? 状态。

4）Update Sheets Number Only：重新编排原理图的图号。如果选择了对元器件自动编号，还要在 Re-annotate Method 区域中选择元器件标号的排列方向，共有4个方向：Up then across、Down then across、Across then up、Across then down。选择完毕单击 OK 按钮。系统会产生自动标注报告表，如图 2-41 所示。图 2-42 所示为自动标注后的单级放大电路。

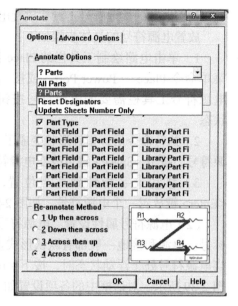

图 2-40　Annotate 对话框

图 2-41　自动标注报告表

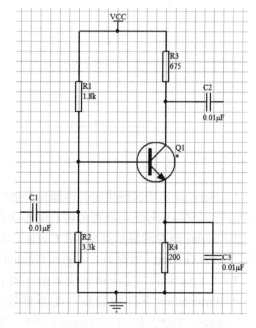

图 2-42　自动标注后的单级放大电路

2.1.4　常用热键

Protel 99 SE 提供了一些常用热键，如果在设计中熟练使用这些热键是非常有用的，常用热键包括：

　　1）PgUp：放大视图。

　　2）PgDn：缩小视图。

　　3）End：刷新画面。

　　4）Tab：在元器件处于浮动状态时，编辑元器件属性。

　　5）Space bar：旋转元器件或变更走线方式。

　　6）X：元器件水平镜像。

　　7）Y：元器件垂直镜像。

　　8）Esc：结束当前操作。

任务 2.2　绘制单片机控制的循环彩灯电路

任务目标

　　1）熟悉原理图元器件库的加载方法。

　　2）熟悉总线及网络标号的放置方法。

　　3）会进行对象属性的全局性修改。

　　4）能利用所学知识绘制单片机控制的循环彩灯电路图。

2.2.1　加载及删除原理图元器件库

　　元器件库的加载方法已在任务 2.1 中介绍过，这里重点介绍元器件库的删除。如果需要的元器件没有在已经装入的元器件库中，或者装入了多余的元器件库，单击 Add/Remove 按钮，系统将弹出图 2-19 所示的 Change Library File List 对话框。

　　要删除元器件库或数据库，可用鼠标单击选择的元器件库文件列表中准备移去的元器件库，然后单击 Remove 按钮即可。

2.2.2　全局性修改对象属性

　　在电路原理图设计中，所有的元器件对象都拥有一套相关的属性。

1. 更改对象属性

　　在元器件放置好后，叮对对象进行全局属性的更改，从而提高编辑的效率。进入对象属性编辑的方法有以下几种：执行菜单命令 Edit → Change，双击要更改属性的对象，在待命状态下按 <Alt+E+H> 键，或在要更改属性的对象上单击鼠标右键并在弹出菜单中选择 Properties 命令，系统都将弹出属性设置对话框以供用户设置。

2. 元器件属性的编辑

　　下面以循环彩灯的 8 个发光二极管（LED）电路为例进行说明，如图 2-43 所示。

　　双击图 2-43 中 LED0，弹出图 2-44 所示的 Part（元器件）属性对话框。

　　单击 Global 按钮，弹出图 2-45 所示的元器件全局修改属性设置对话框，可对原理图中符合要求的所有相同元器件的属性进行编辑。

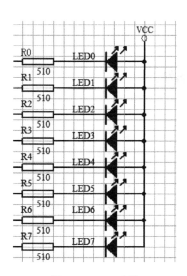

图 2-43　LED 电路

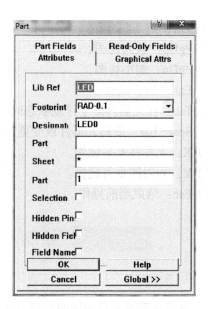

图 2-44　Part 属性对话框

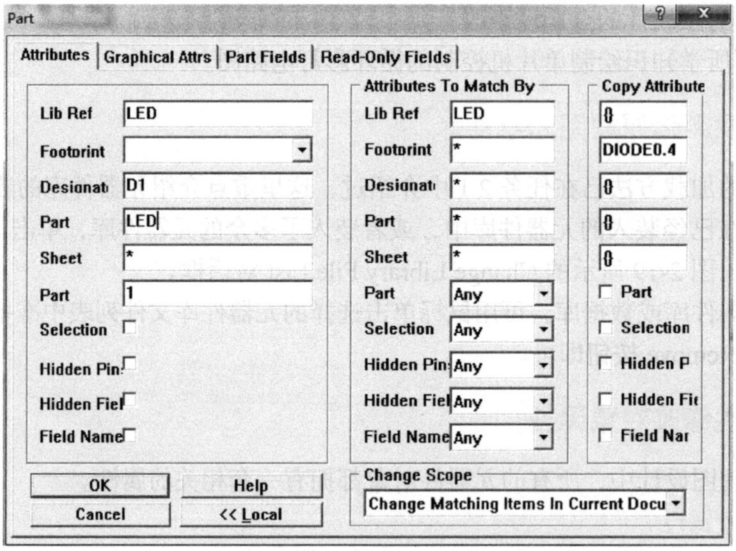

图 2-45　全局修改属性设置对话框

图 2-45 与图 2-44 相比，多了 3 个选项区域：Attributes To Match By（更改条件）、Copy Attributes（更改属性）和 Change Scope（更改作用范围）。图 2-44 对话框中的每一项在图 2-45 的 Attributes To Match By 和 Copy Attributes 选项区域中都有一项与之对应。

下面介绍增加的选项区域的功能。

（1）Attributes To Match By 选项区域　该区域用于确定更改条件，设置修改对象的条件。如果选项区域内的某一项是字符串，可以使用通配符"?"和"*"，"?"表示任何的单个字符，"*"表示任何字符串，如图 2-45 中的"*"就表示所有对象。例如，要更改所有编号为 U1、U2、U3 的元器件，在 Designator（编号）选项区域中输入"U?"。如果某项是非字符串的，则每个选项区域都由下拉式列表框组成，单击其右边的下拉按钮，系统即提供了3种匹配条件如下：

1）Same：只有与选择对象的属性值相同的对象才受到影响。

2）Different：只有与选择对象的属性值不同的对象才受到影响。

3）Any：不使用此选项区域作为更改条件，也就是说此选项区域为任何值都符合更改条件。

更改条件选项区域中各项设置的条件是逻辑"与"的，即要满足设置的所有条件的对象才受到影响。

（2）Copy Attributes选项区域　该区域用于确定复制哪些属性。如果该选项区域内某项所对应的左边一列的项为下拉列表框，则此项相应的是复选框形式，如图2-45中的Part、Selection。如果勾选本选项区域内某项复选框，则表示所有符合更改条件的对象的此项的值都会变成与左边对应项的值。如果该选项区域内某项所对应的左边一列为文本框，则此项内的值将输入到所有符合条件对象的相应项中。

（3）Change Scope选项区域　该区域用于设定全局修改的范围，其中包括3项，如图2-46所示。

1）Change This Item Only：仅限本元器件修改。

2）Change Matching Items In Current Document：设定的全局修改为正在编辑的元器件图中所有同类元器件。

3）Change Matching Items In All Documents：设定全局修改的范围为目前所有已经打开的元器件图。

需要指出的是，每个对象属性都不相同，各有各的特点，一般需要修改的只是基本属性。当要把循环彩灯中6个LED的封装都修改为DIODE0.4，就需要在Copy Attribute区域的Footprint项目中输入DIODE0.4，注意去掉大括号。然后在Attributes To Match By区域中的Lib Ref项目中输入LED，单击OK按钮，弹出如图2-47所示的Confirm对话框，单击Yes按钮，这样循环彩灯中的所有LED的封装都会被修改为DIODE0.4。

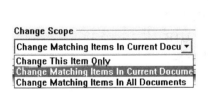

图2-46　Change Scope中的下拉框

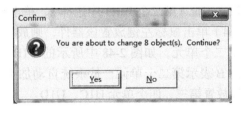

图2-47　Confirm对话框

任务2.3　绘制信号发生器电路（层次电路）

任务目标

1）会放置复合式元器件。

2）会放置电路的I/O端口，并会对端口进行属性设置。

3）熟悉层次电路图的设计方法。

4）会对信号发生器原理图进行层次电路设计。

2.3.1　放置复合式元器件

对于集成电路，在一个芯片上往往有多个相同的单元电路。如运算放大器（简称运放）芯片 LM324，它有 14 个引脚，在一个芯片上包含 4 个运算放大器，这 4 个运放名称一样，只是引脚号不同，如图 2-48 所示的 U1A、U1B、U1C、U1D。其中引脚为 1、2、3 的图形称为第一单元，对于第一单元系统会在标号的后面自动加上 A；引脚为 5、6、7 的图形称为第二单元，对于第二单元系统会在标号的后面自动加上 B；其余同理。

在放置复合式元器件时，默认的是放置第一单元，下面介绍放置其他单元的两种方法。

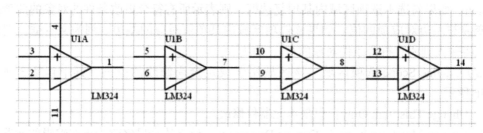

图 2-48　运算放大器芯片 LM324

1. 利用元器件属性放置

1）在元器件库中找到运算放大器芯片 LM324，并单击 Place 按钮，默认的是放置第一单元 U1A。

2）再单击 Place 按钮，此时元器件处于浮动状态，附着在指针上，按 <Tab> 键弹出 Part 属性对话框，如图 2-49 所示。

3）在 Designator 文本框中输入器件标号 U1，在 Part 下拉文本框（第二个 Part）中选择 2，单击 OK 按钮。

4）单击鼠标左键放置该器件，则放置的是 LM324 中的第二个单元，如图 2-48 中所示的 U1B，器件标号 U1B 中的 B 表示第二个单元，是系统自动加上的，依此类推，可以放置第三、四个单元 U1C、U1D。

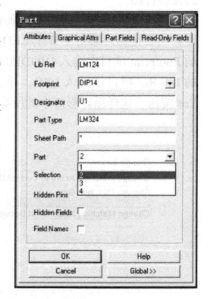

图 2-49　Part 属性对话框

2. 利用 Increment Part Number 菜单命令放置

在元器件库中找到运算放大器芯片 LM324，并单击 Place 按钮，默认的是放置第一单元 U1A。执行菜单命令 Edit → Increment Part Number，指针变成十字，然后单击鼠标左键，默认的是放置第一单元 U1A。该器件的单元编号将随着单击的次数不断地循环变化，即在 U1A、U1B、U1C 和 U1D 之间循环，需要哪一个单元编号，就在哪一个单元编号出现后停止单击。

2.3.2　放置电路的 I/O 端口

在多张电路图的设计中，经常使用端口来表示各原理图之间的连接关系。

1. 放置端口的步骤

1）执行菜单命令 Place → Port，或单击电路绘制工具栏的 ⬚ 按钮，或按下 <Alt+P+R> 键，即进入放置端口的状态，如图 2-50 所示。

2）确定端口的左边界。执行命令后，指针变成了十字形状，并带上了一个浮动的端口；移动指针到适当位置，单击鼠标左键或按下 <Enter> 键，即可确定端口的左边界。

3）确定端口的右边界。端口左边界确定后，其右边界随着指针的移动而移动，单击鼠标左键或按下 <Enter> 键，即可确定端口的右边界。

4）此时系统仍然处于放置端口状态，可以继续放置其他端口。单击鼠标右键，或按下 <Esc> 键退出放置端口状态。

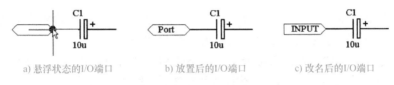

　　a) 悬浮状态的I/O端口　　　　b) 放置后的I/O端口　　　　c) 改名后的I/O端口

图 2-50　放置 I/O 端口

2. 端口属性设置

在放置端口的过程中，按下 <Tab> 键启动端口属性设置对话框，如图 2-51 所示。利用它即可设置端口的电气特性和显示特性。现将对话框的各选项区域说明如下：

1）Name：端口名，它显示在端口内，与网络名相似。通过项目菜单参数设置，可以使项目中相同端口名相互连接。在多层次电路设计中，它一般可与电路框图配合使用，电路框图中的出入口与表示的电路图中的对应端口是有电气连接的。设置 I/O 端口的名称，若要输入的名称上有上画线，如 $\overline{RD}$，则输入方式为 R\D\。

注意：端口名与网络名是独立的，相同名称的端口与网络标号不具有连通性。

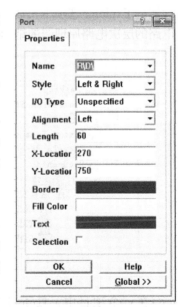

图 2-51　端口属性设置

2）Style：端口的显示类型。共有 None、Left、Right 和 Left&Right 4 种端口类型可供选择，每种端口类型的显示如图 2-52 所示。

3）I/O Type：说明此端口为何种 I/O 类型，它表征了端口的电气特性。有 Unspecified（无端口）、Output（输出端口）、Input（输入端口）和 Bidirectional（双向端口）4 种类型。

4）Alignment：指明端口名在端口框中的显示位置，有 Center（中心对齐）、Left（对齐）和 Right（右对齐）3 种对齐方式。

5）Length：端口的左边界到右边界的距离。

6）X-Location、Y-Location：端口左下角位置。

7）Border：端口边缘颜色，默认设置为深棕色。

8）Fill Color：端口内的填充颜色，默认设置为黄色。

9）Text：端口中文字显示颜色，默认设置为深棕色。

10）Selection 复选框：指示和设置端口是否处于选中状态，勾选此项表示处于选中状态。

图 2-52　I/O 端口形状

注意：用鼠标双击已放置的端口（Port），也可以编辑端口属性。

2.3.3　设计层次电路原理图

对于比较复杂的电路，一张电路原理图无法完成设计，需要多张电路原理图，这就是层次电路原理图出现的缘由。

1. 层次电路原理图结构

层次电路原理图是将一个大的电路分成几个功能块，再对每个功能块里的电路进行细分，还可以再建立下一层模块，如此下去，形成树状结构。

层次电路原理图主要包括两大部分：主电路图和子电路图。其中主电路与子电路的关系是父电路与子电路的关系，在子电路图中仍可包含下一级子电路图。

层次电路图按照电路的功能区分，在其中的子电路图模块中代表某个特定的功能，类似于自定义的元器件。层次电路原理图的结构与操作系统的文件目录结构相似，选择设计管理器的 Explorer 选项卡可以观察到层次电路原理图的结构。图 2-53 所示为一个信号发生器电路的层次电路原理图的结构。

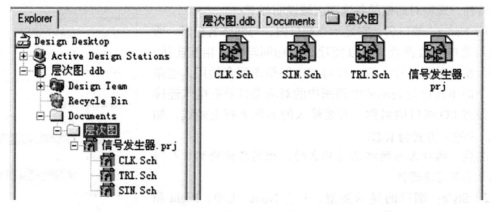

图 2-53　层次电路原理图的结构举例

在一个项目中，处于最上方的为主电路图（见图 2-53），一个项目只有一个主电路图，扩展名为 .prj，即为项目文件。在主电路图下方所有的电路图均为子电路图，扩展名为 .Sch。该信号发生器原理图的主电路图有 3 个一级子电路图（见图 2-54），分别为 CLK.Sch（方波形成电路，如图 2-55 所示）、TRI.Sch（三角波形成电路，如图 2-56 所示）和 SIN.Sch（正弦波形成电路，如图 2-57 所示）。

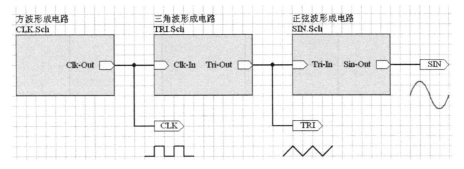

图 2-54　主电路图

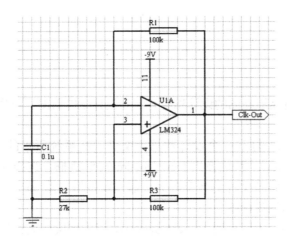

图 2-55　方波形成电路

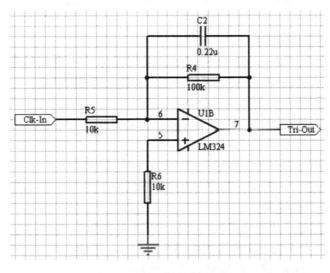

图 2-56　三角波形成电路

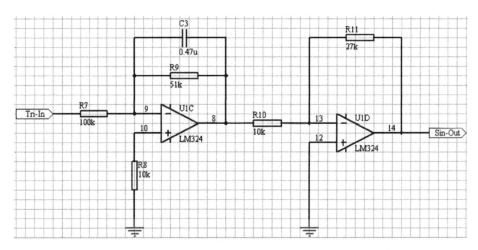

图 2-57　正弦波形成电路

2. 自上向下的层次电路原理图设计

自上向下的层次电路原理图的设计思想是：先设计主电路图，再根据主电路图设计子电路图。

（1）建立主电路图　打开一个设计数据库文件，在系统所带的文件夹 Documents 内，执行菜单命令 File → New，系统弹出 New Document 对话框，选择 Schematic Document 图标，单击 OK 按钮，并将该文件的名字改为"信号发生器电路 .prj"，作为主电路图，双击文件名进入电路原理图编辑状态。

（2）绘制电路框图　电路框图（Sheet Symbol）用于多层次电路设计。主电路图中的电路框图代表了一个子电路图，子电路图是一个独立的电路，故电路框图具有原理图文件名属性。在进行 ERC 和生成网络表时，利用原理图文件名属性表示主电路图和子电路图之间的连接关系。

放置电路框图的具体步骤如下：

1）执行菜单命令 Place → Sheet Symbol，或用鼠标单击电路绘制工具栏 Place Sheet Symbol 按钮，或按下 <Alt+P+S> 键，系统即进入放置电路框图状态。

2）确定电路框图的左上角。执行命令后，指针变成了十字形状，并附带上了一个默认大小的电路框图；移动指针到适当位置，单击鼠标左键或按下 <Enter> 键即可确定电路框图的左上角。

3）确定电路框图的右下角。再移动指针到另一个适当位置，单击鼠标左键或按下 <Enter> 键确定电路框图的右下角，从而完成一个电路框图的绘制。

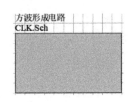

图 2-58　方波形成电路的电路框图

4）此时系统仍然处于放置电路框图状态，可继续放置其他电路框图。其默认大小为上次放置的电路框图大小，连续单击鼠标左键或按 <Enter> 键，将以默认的大小放置电路框图。单击鼠标右键，或按 <Esc> 键，可退出放置电路框图状态，如图 2-58 所示。

（3）电路框图属性设置　在放置电路框图的过程中，按下 <Tab> 键将弹出电路框图的属性对话框，如图 2-59 所示，利用属性对话框可以设置电路框图的大小、位置和代表的电路框原理图文件名等。

现将每个选项区域加以说明如下：

1）X-Location、Y-Location：电路框图左上角位置。

2）X-Size、Y-Size：电路框图的长度和高度。

3）Border Style：电路框图的边框宽度。

4）Border Color：边框颜色，默认为黑色。用鼠标单击 Border Color 右边的颜色框，在弹出的颜色选择对话框进行选择，或自定义适当的颜色。

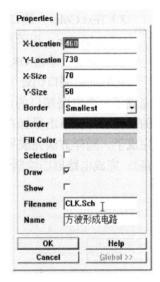

图 2-59　属性对话框

5）Fill Color：电路框图填充颜色，默认为绿色。用与设置边框颜色相同的方法设置。

6）Selection：指示和设置电路框图是否处于选中状态。勾选表示处于选中状态。

7）Draw：是否绘制电路框图的填充区，勾选表示需要填充。

8）Show：是否显示电路框图名称和所代表的原理图文件名，勾选表示显示它们。

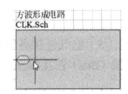

图 2-60　浮动的电路端口图形

9）Filename：电路框图所代表的电路原理图文件名，显示的文件名可单独编辑。

10）Name：电路框图名称，也可以单独编辑。

（4）放置子电路图符号的 I/O 端口　执行菜单 Place → Add Sheet Entry，或单击工具栏上按钮，将指针移至图 2-60 子电路图符号内部，在其边界上单击鼠标左键，此时指针上出现一个悬浮的 I/O 端口，该 I/O 端口被限制在子电路图符号的边界上，指针移至合适位置后，再次单击鼠标左键，放置 I/O 端口。

双击 I/O 端口，系统即弹出 Sheet Entry（电路端口）属性对话框，如图 2-61 所示。

1）Name：电路端口名称，系统用此名称与子电路图端口的名称找出连接关系。

2）I/O Type：说明此端口为何种 I/O 类型，表示了端口的电气特性。它的类型与主电路端口的 I/O Type 的设置相同。

3）Side：决定电路端口放置在电路框图的哪一侧，是 Left（左侧）或 Right（右侧）。

4）Style：电路出入口的显示类型。意义同前端口设置。

5）Position：表示端口在框图中的位置，从上往下计数。

6）Border Color：边框颜色，默认设置为深棕色。用鼠标单击 Border Color 右边的颜色框，在弹出的颜色选择对话框中选择或自定义适当的颜色。

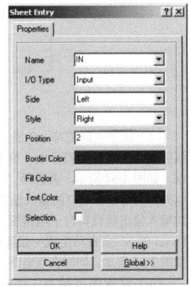

图 2-61　Sheet Entry 属性对话框

7）Fill Color：端口填充颜色，默认为黄色。与设置边框颜色相同的方法设置其颜色。

8）Text Color：端口名颜色，默认为深棕色。与设置边框颜色相同的方法设置其颜色。

9）Selection：指示和设置电路图端口是否处于选中状态，勾选表示处于选中状态。

设置完毕，单击 OK 按钮确定。

此时电路端口仍处于浮动状态，并随指针的移动而移动，在合适位置单击鼠标左键，则完成了一个电路端口的设置。系统仍处于放置电路端口的状态，重复以上步骤可放置电路的其他端口，单击鼠标右键，可退出放置状态。这样 CLK.Sch（方波形成电路）电路框图就完成了，同样方法完成另外两个电路 TRI.Sch（三角波形成电路）和 SIN.Sch（正弦波形成电路）。完成电路框图绘制的电路原理图如图 2-62 所示。

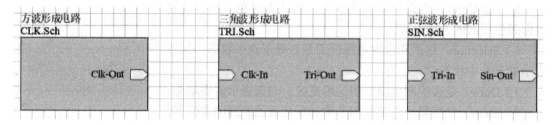

图 2-62　完成电路框图绘制的电路原理图

（5）电气连接各电路框图　在所有的电路框图及端口都放置好以后，用导线（Wire）或总线（Bus）连接成图 2-63 所示的层次电路原理图的主电路图。

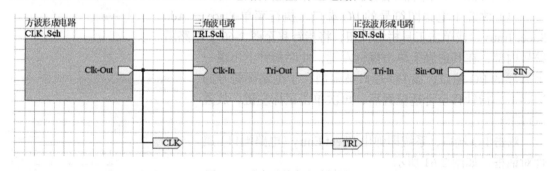

图 2-63　电气连接各电路框图

（6）由子电路图符号生成子图文件　执行菜单 Design → Create Sheet From Symbol，将指针移到子电路图符号上，单击鼠标左键，屏幕弹出是否颠倒 I/O 端口的电气特性的对话框，如图 2-64 所示。若选择"Yes"，则生成的电路图中的 I/O 端口的输入输出特性将与子电路图符号 I/O 端口的输入输出特性相反；若选择"No"，则生成的电路图中的 I/O 端口的输入输出特性将与子电路图符号 I/O 端口的输入输出特性相同，一般选择"No"。此时 Protel 99 SE 会自动生成一张新电路图，电路图的文件名与子电路图符号中的文件名相同，如图 2-65 所示。同时在新电路图中，已自动生成对应的 I/O 端口。

（7）设置图纸信息　主电路图和子电路图绘制完毕，必须添加图纸信息。执行 Design → Options，屏幕出现文档参数设置对话框，选中 Organization 选项卡，设置图纸信息，特别是 Sheet 栏中的 No.（设置原理图的编号）和 Total（设置电路图总数）必须设置好。

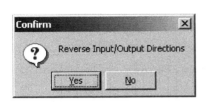

图 2-64　I/O 端口特性转换对话框　　　　图 2-65　自动生成的 CLK.sch 子电路图

（8）保存所有文件　执行菜单 File → Save all 保存所有文件。

3. 不同层次电路原理图的切换

在层次电路中，经常要在各层电路图之间相互切换，切换的方法主要有两种。

1）利用设计管理器，鼠标单击所需文档，便可在右边工作区中显示该电路图。

2）执行菜单 Tools → Up/Down Hierarchy 或单击主工具栏上按钮 ⬇⬆，将指针移至需要切换的子电路图符号上，单击鼠标左键，即可将上层电路图切换至下层的电路；若是从下层电路图切换至上层电路图，则是将指针移至下层电路图的 I/O 端口上，单击鼠标左键进行切换。

任务 2.4　绘制单片机实时时钟电路

任务目标

1）熟练掌握新建元器件的方法。

2）会对绘制完毕的电路图进行电气规则检查。

3）会对绘制完毕的电路图生成网络表和元器件清单。

4）能利用所学知识绘制单片机实时时钟电路。

2.4.1　放置总线和网络标号

1. 画总线

总线代表了多条并行导线的集合，合理组织总线会使原理图更加明晰。并且总线也可以赋予网络标号。

画总线的具体步骤如下：

1）单击电路绘图工具栏 Place Bus 按钮，或执行菜单命令 Place → Bus，或按下 <Alt+P+B> 键，即进入画总线状态。画总线方法与画导线相同，移动十字指针到总线起点位置，单击鼠标左键或按 <Enter>，即可确定总线起点。

2）按 <Space> 键改变总线放置方式。与画导线一样，总线也有 6 种放置方式：斜线方式、自动画总线方式、垂直总线开始方式、垂直总线结束方式、45° 总线开始方式、45° 总线结束方式。当十字指针移动到总线的终点后，单击鼠标左键就可确认总线终点。此时单击鼠标右键就完成绘制一条总线，如图 2-66 所示。

3）此时系统仍处于画总线状态，重复上面的步骤可以继续绘制其他总线。

4）单击鼠标右键或按 <Esc> 键，退出画总线状态。

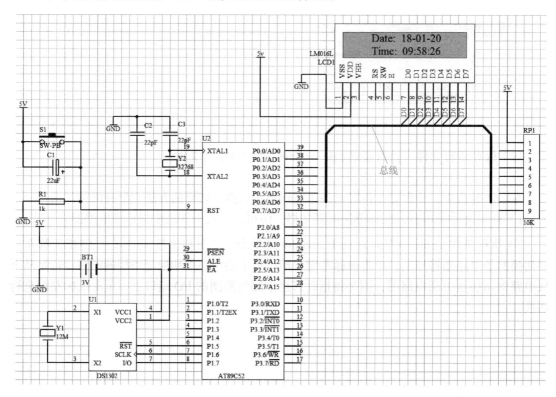

图 2-66　单片机实时时钟电路中画出的一条总线

2. 总线属性设置

在放置总线过程中按下 <Tab> 键，将弹出 Bus（总线）属性设置对话框。它与导线属性对话框的设置基本相同，如图 2-67 所示。

1）Bus 下拉列表框：设置总线宽度，有 Smallest、Small、Medium 和 Large 四种类型可供选择。

2）Color 选择框：设置总线显示颜色。

3）Selection 复选框：确定对象是否处于选择状态，处于选择状态的对象可以用于编辑。

注意：双击已经画好的总线（Bus），也可以更改总线属性。

图 2-67　总线属性设置

3. 画总线分支

总线分支是总线和导线的连接线，画总线分支的具体步骤如下：

1）执行菜单命令 Place → Bus Entry，或单击电路绘制工具栏 Place Bus Entry 按钮，或按下 <Alt+P+U> 键，即进入放置总线分支状态。

2）执行命令后，指针从箭头变成了十字形状并带上浮动的总线分支。单击 <Space> 键，总线分支将顺时针方向旋转 90°，或按 <X> 键将绕水平线翻转，或按 <Y> 键将绕垂直线翻转。

3）移动浮动总线分支到适当位置后，单击鼠标左键或按 <Enter> 键放置一条总线分支。

4）此时系统仍处于放置总线分支状态，十字指针仍带着浮动的总线分支，单击鼠标左键可继续放置其他分支。

5）单击鼠标右键或按 <Esc> 键，即退出绘制总线分支。总线分支如图 2-68 所示。

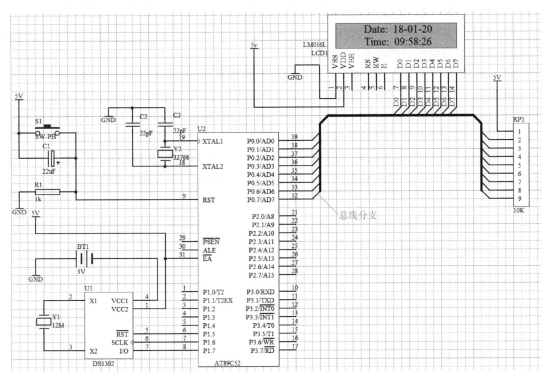

图 2-68　总线分支

4. 总线分支属性设置

当总线分支处于浮动状态时，按下 <Tab> 键将弹出 Bus Entry（总线分支）属性对话框，如图 2-69 所示。利用该对话框可以修改总线分支的位置、宽度、显示颜色及选择属性。

现将各项设置分别介绍如下：

1）X1-Location、Y1-Location：总线分支的起点位置，即处于放置状态时十字指针的位置。

2）X2-Location、Y2-Location：总线分支的终点位置。一般来说，总线分支为 45° 或 135° 的斜线段。可以利用 X1、Y1 和 X2、Y2 的合理配合达到所需要的总线分支。

3）Line Width 下拉列表框：总线分支的显示宽度。总线分支宽度与导线宽度一样也有 4 种。

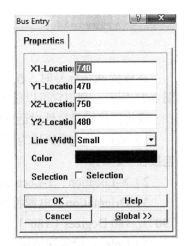

图 2-69　总线分支属性对话框

4）Color 选择框：设置总线分支的显示颜色。

5）Selection 复选框：确定总线分支是否处于选中状态。

5. 放置网络标号

网络标号是原理图中非常重要的元素，它代表了元器件引脚之间的逻辑连接，其作用范围可以是一张原理图，也可以是一个项目中的所有原理图。

放置 Net Label（网络标号）的具体步骤如下：

1）执行菜单命令 Place → Net Label，或单击电路绘制工具栏的 Place Net Label 按钮后，或按下 <Alt+P+N> 键，即进入放置网络标号的状态。

2）执行命令后，指针形状变成了十字形状，并附上了一虚框浮动的网络标号，按下 <Space> 键改变网络标号的放置方向。

3）移动十字指针到适当位置，单击鼠标左键或按下 <Enter> 键放置一个网络标号。

4）此时系统仍然处于放置网络标号状态，可以继续放置其他网络标号。单击鼠标右键，或按下 <Esc> 键弹出放置网络标号状态。第一次使用 Protel 99 SE 时，默认的网络标号为 Net Label 1，第二次放置的网络标号为 Net Label 2，依此类推。放置网络标号的过程中，可以使用网络标号属性设置对话框随时更改网络标号。如果所定义的网络标号的最后一位或几位是数字，在下一次放置网络标号时，网络标号最后的数字将自动加 1，如图 2-70 所示。

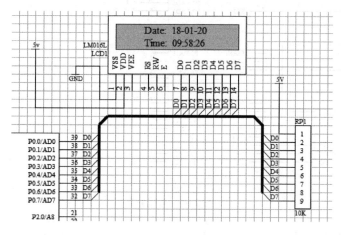

图 2-70　放置网络标号

6. 网络标号属性设置

在放置网络标号时，按下 <Tab> 键，弹出 Net Label（网络标号）属性设置对话框，如图 2-71 所示。利用它可以设置网络标号的各种属性，如网络标号名、位置、颜色、字体等。

现将网络标号属性对话框的各个选项区域介绍如下：

1）Net：此选项区域为网络标号的名称（网络名），系统会认为相同网络名的端子是相互连接在一起的。

2）X-Location、Y-Location：设置网络标号的位置。

3）Orientation：电源符号的方向。有 4 种方向可供选择：0 Degrees（0°）、90 Degrees（90°）、180 Degrees（180°）、270 Degrees（270°）。

4）Color：设置网络标号的显示颜色。单击右边的颜色框，在弹出的颜色选择对话框中进行选择，或自定义适当的颜色。

5）Font：设置网络标号的字体。

6）Selection复选框：确定网络标号是否处于选中状态。

2.4.2　生成报表文件

1. 电气规则检查（ERC）

完成绘制电路后，如何检查设计的电路有无错误呢？Protel 99 SE在提供了一整套电路设计工具的同时，为了保证电路的正确性，还提供了ERC工具，它可以根据要求检查电路是否有错误。ERC指Electrical Rule Checker的缩写，即电气规则检查。

（1）Setup选项卡　为了更好明白ERC，下面举一个简单例子来说明ERC的过程和结果处理，采用的原理图如图2-68所示。

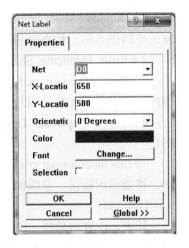

图2-71　网络标号属性对话框

先打开准备进行ERC的电路图，执行菜单命令Tools→ERC，系统将弹出图2-72所示的ERC设置对话框，在这里可以根据电路的复杂程度任意设置选项。

ERC设置对话框包含2个选项卡：Setup选项卡和Rule Matrix选项卡。

Setup选项卡主要设置进行ERC时的各种选项。Setup选项卡有3个设置选项区域：ERC Options、Options、Net Identifier Scope。

1）ERC Options选项区域。

① Multiple net names on net：本选项的功能是在进行ERC时，如果同一个网络上放置了多个网络名称，将产生错误指示。例如，如果在电路中的一条网络上放置了2个网络标号GND 1和GND 2，将生成如下错误：

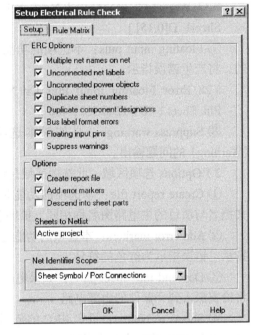

图2-72　ERC设置对话框

#2 Error Multiple Net Identifiers Sheet GND1 At（850,390）And Sheet 1 GND2At（900,390）

② Unconnected net labels：本选项的功能是在进行ERC时，如果某个网络标号没有放置在任何网络上，将产生错误指示：

#4 Warning Unconnected Net Label On Net NET 1

Sheet 1 NET1

③ Unconnected power objects：本选项的功能是在进行ERC时，如果某个电源符号没有连接在任何网络上，将产生电源未连接的错误指示：

5 Warning Unconnected Power Object On Net 12

Sheet1 12

④ Duplicate sheet numbers：本选项的功能是在进行 ERC 时，如果整个检查范围内有重复的电路图名称，检查时将指示出这种错误：

#6 Error Duplicate Sheet numbers 2 Sheet1 And Sheet 2

⑤ Duplicate component designators：本选项的功能是在进行 ERC 时，如果在整个检查范围内，有重复的元器件编号，将出现错误指示：

#2 Error Duplicate Designators Sheet1 C1 At（830，291）And Sheet1 C1 At（710，291）

⑥ Bus label format errors：本选项的功能是在进行 ERC 时，如果出现了总线标号格式错误，将指示出错误。总线网络标号的格式如下：

D[0..15]

其中，D 表示总线，[0..15] 表示单根导线的网络标号范围。D[0..15] 与在每根导线上放置网络标号 D0、D1、…、D15 的效果是完全相同的。如果将总线格式写成 D[0.15]，将出现如下错误信息：

#37 Warning Unconnected Net Label On Net D[0.15]

Sheet1 D[0.15]]

⑦ Floating input pins：本选项的功能是在进行 ERC 时，如果有输入特性的引脚是悬空的，将产生错误指示：

#28 Error Floating Input Pins On Net NetU?_ 12

Pin Sheet1（U?-12 @520，460）

⑧ Suppress warnings：是如果本选项被勾选，则在进行 ERC 时，将不产生警告性（Warning）的问题输出。

2）Options 选项区域。此选项区域是设置 ERC 检查范围和输出形式。其中

① Create report file：本选项的功能是在完成 ERC 后，是否将检查结果生成文档形式。文档名与项目的主电路图名称相同，扩展名为 ERC。

② Add error markers：本选项的功能是在完成 ERC 后，是否在出现错误的地方加上错误指示。错误指示为红色的符号。

③ Descend into sheet parts：如果电路使用了电路图式元器件，在进行 ERC 时，是否要将检查深入到元器件的内部电路。

④ Sheets to Netlist：设定 ERC 的范围，单击此下拉列表框，将产生图 2-73 所示的下拉列表。其中

Active project：对当前打开电路图的整个项目进行 ERC。

Active sheet：只对当前打开的电路图文件进行 ERC。

Active sheet plus sub sheets：对当前打开的电路图及其子电路图进行 ERC。

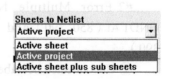

图 2-73　ERC 的范围

3）Net Identifier Scope 选项区域。本选项区域的功能是设置电路项目的组织形式。如果正在进行的项目只有一张电路图，那么此选项区域的任何设置效果都一样，不用管它。本项设置只对多张电路图设计有效，指明项目电路图网络标志符的作用范围。单击本选项区域中的下拉列表框，可出现图 2-74 所示的下拉列表选项。其中

Net Labels and Ports Global：选中后，网络标号与端口在整个项目都有效，即项目中不同电路图之间的同名网络标号将被认为是相互连接的、同名端口也将被认为是相互连接的。这种设置方式应使用层次电路的第2种设计模式。

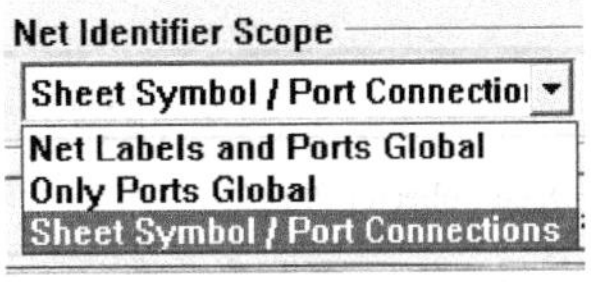

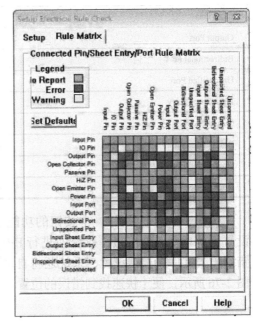

图 2-74　Net Identifier Scope 选项区域

注意：同名的网络标号和端口之间是不相互连接的，即使在一张电路图内也是这样。

Only Ports Global：选中后，只有端口在整个项目都有效，即项目中不同电路图之间的同名端口将被认为是相互连接的。应使用层次电路的第1种模式设计电路。

Sheet Symbol/Port Connections：本选项的功能是将子电路图的端口与主电路图内相应电路框图中同名出入口视为相互连接的，它是标准的层次电路连接方式。

（2）Rule Matrix 选项卡　本选项卡的功能是设置 ERC 的规则。单击 ERC 设置对话框的 Rule Matrix 可切换到此选项卡，如图 2-75 所示。

虽然 Rule Matrix 选项卡很少用，但为了充分利用 Protel 99 SE 提供的功能，这里也对图 2-75 中的各选项区域予以说明。

1）Legend 选项区域。本部分内容指示设置阵列中小颜色方格的意义，用3种颜色表示不同的设置。

No Report：表示正确的，用绿色小方格表示。在进行 ERC 时，会认为这种连接没有问题，不会给出任何错误或警告信息。

图 2-75　ERC 的规则

Error：表示错误的，用红色小方格表示。在进行 ERC 时，若发现这种连接将给出含有 Error 的错误信息。

Warning：表示报警的，用黄色小方格表示。在进行 ERC 时，若发现这种连接将给出含有 Warning 的警告信息。

2）规则设置阵列。此阵列可以让用户设计自己的 ERC 规则。它由纵横交错的阵列组成，横向和纵向的项目相同，其意义见表 2-5。

表 2-5　ERC 规则设置阵列意义表

项目	意义
Input Pin	输入引脚
IO Pin	输入 / 输出引脚
Output Pin	输出引脚

（续）

项目	意义
Open Collector Pin	集电极开路引脚
Passive Pin	无源引脚
HiZ Pin	三态高阻引脚
Open Emitter Pin	射极开路引脚
Power Pin	电源引脚
Input Port	输入端口
Output Port	输出端口
Bidirectional Port	双向端口
Unspecified Port	没有指定方向出入口
Input Sheet Entry	输入型电路出入口
Output Sheet Entry	输出型电路出入口
Bidirectional Entry	双向型电路出入口
Unspecified Entry	没有指定方向的电路出入口
Unconnected	没有连接

3）Set Defaults 按钮。本按钮的功能是使规则设置阵列回到系统默认状态。选择默认设置后，单击 OK 按钮，系统即进行 ERC，并生成错误报告文件，且系统将自动打开此错误报告文件。根据设置，系统还将自动在电路图有错误的地方放置红色的错误指示，如图 2-76 所示，便于快速找到错误的位置。

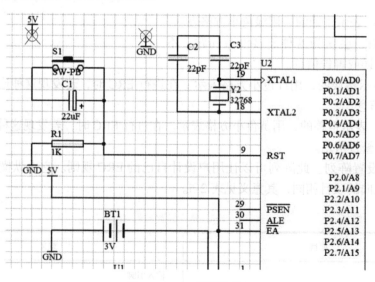

图 2-76　ERC 错误指示

2. 生成网络表

设计原理图的最终目的是要生成印制电路板（PCB），而 PCB 与原理图的纽带就是网络表，故将设计完成的原理图转换为网络表是必经之步，也是设计原理图的主要目的。

（1）网络表选项的设置 打开准备产生网络表的原理图文件并执行菜单命令 Design → Create Netlist，系统将弹出图 2-77 所示的 Netlist Creation（网络表选项）对话框，就可对网络表的输出格式和项目层次结构进行设置。网络表选项对话框包含两个选项卡：Preferences 选项卡和 Trace Options 选项卡。现将它们分别进行介绍。

1）Preferences 选项卡：它主要设置网络表格式、网络标识符作用范围等。其中

Output Format 下拉列表框：此下拉列表框的功能是指定生成网络表的格式，Protel 99 SE 能够输出 Protel、Protel2、Edif2.0、Algore x……VHDL 等多种网络表格式，能够满足多种要求。

Net Identifier Scope 下拉列表框：指明项目电路图网络标识符的作用范围。

Sheets to Netlist 下拉列表框：设定对哪些电路图生成网络表。

Append sheet numbers to local nets 复选框：一旦选中，系统在生成网络表时，会自动将原理图编号附加到网络名称上，可以识别网络在哪一张电路图上，使用这个选项有利于跟踪错误。

Descend into sheet parts 复选框：一旦选中，在生成网络表时，如果电路中有电路图式元器件，系统会将生成网络表的处理深入到元器件的电路图内部，将它也作为电路图一并处理，并生成网络表。

Include un-named single pin nets 复选框：用于在生成网络表时，如果电路中有没有命名的单个元器件，确定是否将其转换为网络。

2）Trace Options 选项卡：本选项卡的作用是设置网络表的跟踪属性。单击网络表设置对话框的 Trace Options 切换到此选项卡，如图 2-78 所示。

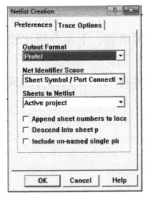

图 2-77 网络表选项

图 2-78 Trace Options 选项卡

现将各项设置加以说明如下。

Enable Trace：确定是否将跟踪结果形成一个文件，其文件名与项目的主文件名相同，扩展名为 TNG。

Netlist before any resolving：在生成网络表时，系统会对任何动作都加以跟踪，并形成跟踪文件写入到以 TNG 为后缀名的文件中。

Netlist after resolving sheets：在生成网络表时，只有当电路中的内部网络结合到项目网

络时，系统才进行跟踪并形成跟踪文件。

Netlist after resolving project：在生成网络表时，只有当项目文件的内部网络进行结合后，系统才将此步骤的内容形成跟踪文件。

Include Net Merging Information：确定跟踪文件是否包括网络信息。

（2）网络表生成　完成设置后，单击 OK 按钮，系统即进入生成网络表过程，并生成网络表文件。其文件名与主电路图的文件名相同，扩展名为 .NET。系统将自动打开此网络表文件，如图 2-79 所示。

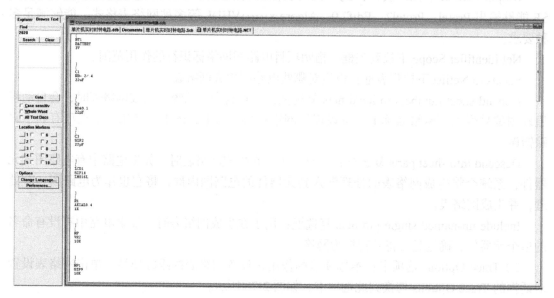

图 2-79　网络表文件

（3）网络表格式　Protel 99 SE 能够输出多种格式的网络表，下面介绍比较常用的标准网络表格式。

标准的 Protel 网络表格式，其所有字符均为 ASCII 文本字符，由两部分组成。第一部分为元器件描述，第二部分为电路的所有网络。

元器件部分的描述格式为：

[	元器件描述开始
RP	元器件编号
AXIAL0.4	元器件封装形式
1k	元器件类型、注释等
]	元器件描述结束

网络部分的描述格式为：

(	网络开始标识
DO	网络名称，如果没有命名，系统将自动产生
LCD1-7	网络第 1 个点，LCD1-7 表示元器件 LCD1 的引脚 7
RP18-2	网络第 2 个点
U2-39	网络第 3 个点

）　　　　　　　网络结束标识

3. 生成元器件清单

元器件清单主要用于整理和查看当前项目文件或电路原理图中所有的元器件。元器件清单中主要包括元器件名称、元器件标号、元器件标注、元器件封装形式等内容，利用元器件清单可以有效地管理电路项目。

元器件清单文件的主文件名同原理图文件，不同格式的元器件清单文件的扩展名不同，一般以 .xls 为扩展名。

在电路原理图工作界面中，执行菜单命令 Reports → Bill of Material，系统弹出 BOM Wizard 对话框，进入生成元器件清单向导，如图 2-80 所示。

图 2-80　BOM Wizard 对话框

BOM Wizard 向导窗口选项如下。

1）Project：产生整个项目的元器件清单。

2）Sheet：产生当前打开的电路图的元器件清单。

对于单张原理图选择 Sheet 即可。

选择完毕单击 Next 按钮，将出现图 2-81 所示的对话框。设置元器件清单中包含原理图中相关的元器件信息，分别为 Footprint（封装形式）和 Description（元器件描述），选择相应内容后单击 Next 按钮，将出现图 2-82 所示的对话框。

图 2-82 为元器件清单栏目，其可以设置元器件清单的栏目标题，其中的内容是默认设置，各栏目含义如下：

1）Part Type：元器件标注。

2）Designator：元器件标号。

3）Footprint：元器件封装形式。

4）Description：元器件描述。该项是在前一窗口中选择的，由于图 2-81 中选择了 Footprint，所以图 2-82 中为 Footprint。

选择完毕单击 Next 按钮，将出现图 2-83 所示的对话框。

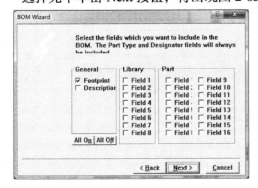

图 2-81　设置元器件清单内容

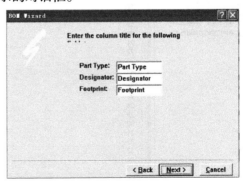

图 2-82　设置元器件清单栏目标题

此窗口的功能是选择元器件清单格式，共有 3 种格式：

1）Protel Format：生成 Protel 格式的元器件列表，文件扩展名为 .BOM。

2）CSV Format：生成 CSV 格式的元器件列表，文件扩展名为 .CSV。

3）Client Spreadsheet：生成电子表格格式的元器件列表，文件扩展名为 .XLS。

在本例中选择 Client Spreadsheet，而后单击 Next 按钮，将出现图 2-84 所示的对话框。

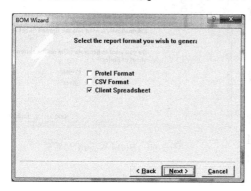

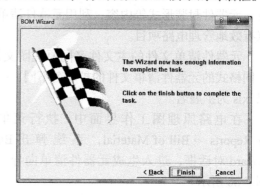

图 2-83　设置元器件清单输出格式　　　　　　　　　　图 2-84　完成元器件清单

单击 Finish 按钮，系统生成电子表格格式的元器件清单并自动将其打开，如图 2-85 所示。

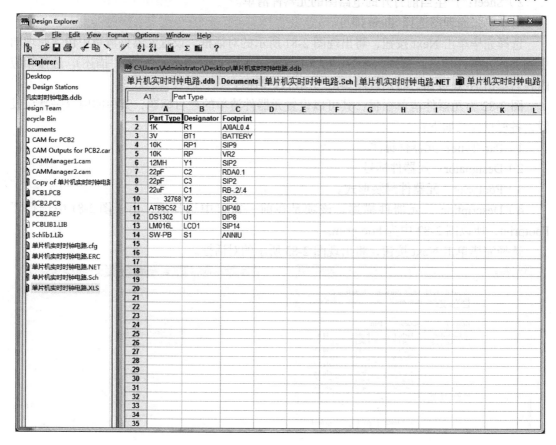

图 2-85　系统生成的元器件清单

任务 2.5 绘制单相半控桥式整流电路

任务目标

1）熟练掌握正弦波绘制的要领。

2）会对文件进行保存和打印输出。

3）熟练掌握电路原理图粘贴到 Word 的方法。

4）能利用所学知识绘制单相半控桥式整流电路并将其复制到 Word 中。

2.5.1 绘制正弦波形

在绘制原理图时，除了要放置各种具有电气特性的元器件外，有时还需要放置波形示意图，这需要使用绘图工具栏上的按钮或相关的菜单命令来完成。

执行菜单 View → Toolbars → Drawing Tools 打开绘图工具栏，绘图工具栏按钮功能见表 2-6。

表 2-6 绘图工具栏按钮功能表

按钮	功能	按钮	功能	按钮	功能
/	画直线	⊠	画多边形	⌒	画椭圆弧线
∿	画曲线	T	放置说明文字	▣	放置文本框
□	画矩形	▢	画圆角矩形	○	画椭圆
◖	画圆饼图	▣	放置图片	▦	阵列式粘贴

执行菜单 Place → Drawing Tools → Beziers 或单击按钮 ∿，进入画曲线状态。

1）将鼠标移到指定位置，单击左键，定下曲线的第一点。

2）移动指针到图 2-86 所示的 2 处，单击左键，定下第二点。

3）移动指针，此时已生成了一个弧线，将指针移到图 2-86 所示的 3 处，单击左键，定下第三点，从而绘制出一条弧线。

4）在 3 处再次单击左键，定义第四点，作为第二条弧线的起点。

5）移动指针，在图 2-86 所示的 5 处单击左键，定下第五点。

6）移动指针，在图 2-86 所示的 6 处单击左键，定下第六点，完成整条曲线的绘制。

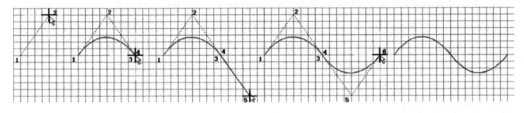

图 2-86 绘制正弦波示意图

2.5.2 保存、打开、复制及移动文件

设计文件完成更改后，需要及时保存，以防止数据丢失。保存设计文件的方法很简单，激活需要保存的文件，执行菜单命令 File → Save 或单击工具栏上的 ▣ 按钮就可以了。

1. 打开设计文件或文件夹

打开设计文件或文件夹的步骤如下：

1）单击视图窗口中文件或文件夹，执行菜单命令 File → Open。

2）打开的文件或文件夹便以选项卡形式显示在设计窗口中，并成为当前活动的视图窗口。

注意：双击文件或文件夹图标，或单击导航树中的相应图标也可同样打开文件。

2. 关闭设计文件或文件夹

将指针移动到准备关闭的文档标签上，单击鼠标右键，执行 Close 命令。系统将关闭当前活动的文件或文件夹，同时其选项卡也消失。

3. 更名文件或文件夹

在新建一个文件或文件夹时，系统将自动生成文件名或文件夹名。例如，新建原理图，系统将自动产生 Sheet1.sch、Sheet2.sch 等。一般来说，还需要对它们重新命名。

对文件或文件夹进行更名比较简单，具体的操作步骤如下：

1）指针移动到准备更名的文件或文件夹图标上，单击鼠标右键，弹出快捷菜单。

2）选择 Rename 命令后，图标下面的文件名变成了编辑状态，可以直接更改文件名。

4. 删除文件或文件夹

Protel 99 SE 提供了完善的资源管理，既可以创建文件和文件夹、编辑文件及文件夹，也可以删除它们。

删除文件或文件夹的步骤如下：

1）首先关闭准备删除的文件或文件夹。

2）将光标移动到准备删除的文件或文件夹图标上，单击鼠标右键，弹出快捷菜单。

3）选择 Delete 命令，系统将弹出 Confirm（确认）对话框。如果决定要删除此文件或文件夹，可单击 Yes 按钮。否则，单击 No 按钮。

Protel 99 SE 在每个设计数据库中都有一个文件夹，称为回收站。它提供了与 Windows 下回收站相似的功能。系统将删除的文档发送到回收站，而不是永久删除。但是，也可以清空回收站永久删除文件，或恢复回收站中的文件。

5. 复制及移动文件

在 Protel 99 SE 中可以对文件进行复制、移动等操作。

复制文件的步骤如下：

1）将指针移动到准备复制的文件或文件夹图标上，单击鼠标右键，在弹出的快捷菜单中选择 Copy 命令，Protel 99 SE 将把选中的文件或文件夹放入系统内部的剪贴板中。

注意：Protel 99 SE 具有自己独立的剪贴板，可以在系统内部进行复制和粘贴操作。但是，其操作是有限制的，只有兼容类型的文件或文件夹才能实现粘贴操作。

2）激活复制文件或文件夹的目标文件夹，并将指针移动到视图窗口的空白处，单击鼠标右键，弹出快捷菜单。

3）选择 Paste 命令，目标文件夹中就增加了复制的文件或文件夹，并在视图窗口显示出来。

移动文件的步骤如下：

1）将指针移动到准备移动的文件或文件夹图标上，单击鼠标右键，在弹出的快捷菜单中选择 Cut 命令将文件剪切到剪贴板。

2）激活移动文件的目标文件夹，并将指针移动到视图窗口的空白处，单击鼠标右键，选择弹出菜单的 Paste 命令。

2.5.3　打印输出文件

在完成电路原理图设计后，往往需要打印原理图设计文件和相关报表文件。执行菜单命令 File → Setup Printer 或单击主工具栏上的 🖨 按钮，系统弹出 Schematic Printer Setup 对话框，如图 2-87 所示。

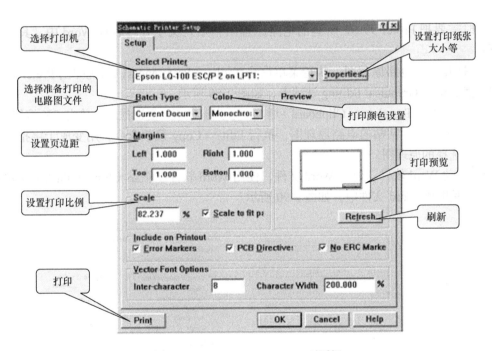

图 2-87　Schematic Printer Setup 对话框

Schematic Printer Setup 对话框中各选项含义如下。

1）Select Printer 下拉列表框：选择打印机。

2）Batch Type 下拉列表框：选择准备打印的电路图文件。有 Current Document（当前文件）和 All Documents（所有文件）两个选项。

3）Color Mode 下拉列表框：打印颜色设置。有 Color（彩色打印输出）和 Monochrome（单色打印输出）两个选项。

4）Margins 区：设置页边空白宽度，单位是 in。共有 4 种页边空白宽度，Left（左）、Right（右）、Top（上）和 Bottom（下）。

5）Scale 区：设置打印比例，范围是 0.001% ～ 400%。尽管打印比例范围很大，但不要将打印比例设置过大，以免原理图被分割打印。

6）Scale to fit page 复选框：其功能是"自动充满页面"。若选中此项，则无论原理图的图纸种类是什么，系统都会计算出精确的比例，使原理图的输出自动充满整个页面。若选中 Scale to fit page，则打印比例设置将不起作用。

7）Preview 区：打印预览。若改变了打印设置，单击 Refresh 按钮，可更新预览结果。

8）Properties 按钮：单击此按钮，系统弹出打印设置对话框，如图 2-88 所示，在"打印设置"对话框中，用户可选择打印机，设置打印纸张的大小、来源、方向等。单击"属性"按钮可对打印机的其他属性进行设置。

单击图 2-88 中的确定按钮，完成打印。

2.5.4 将电路原理图粘贴到 Word 文件中

有时需要把 Protel 99 SE 所画的电路原理图粘贴到文字处理软件 Word 中，具体步骤如下：

1）打开一个电路原理图，执行菜单命令 Tools → Preferences，系统弹出 Preferences 对话框，然后单击 Graphical Editing 选项卡，如图 2-89 所示。

2）去掉 Add Template to Clipboard（增加图版到剪贴板）复选框后，单击 OK 按钮。

3）先选中需要粘贴的电路原理图，执行 Edit → Copy 菜单命令，用变成十字指针的鼠标单击被选择的原理图。

4）启动 Word 软件，建立 Word 文件，使用 Word 软件中粘贴（Edit → Paste）菜单命令将原理图粘贴到 Word 文件中，如图 2-90 所示。

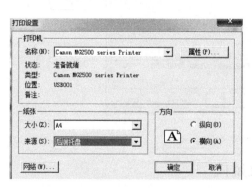

图 2-88　打印设置对话框

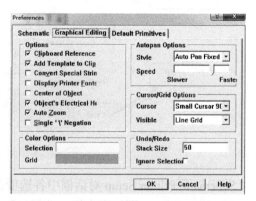

图 2-89　Graphical Editing 选项卡

如果选中 Add Template to Clipboard（增加图版到剪贴板）复选框后，粘贴到 Word 文件中是带图版的电路原理图，如图 2-91 所示。

注意保留 Protel 99 SE 中的原始电路原理图，因为原理图一旦粘贴到 Word 文件中就无法改动。需要改动的时候还需要在 Protel 99 SE 中编辑后再粘贴到 Word 文件中。

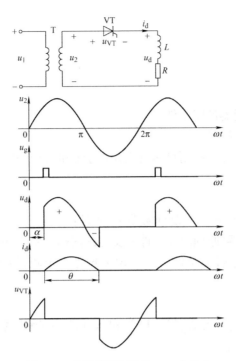

图 2-90　将原理图粘贴到 Word 文件中

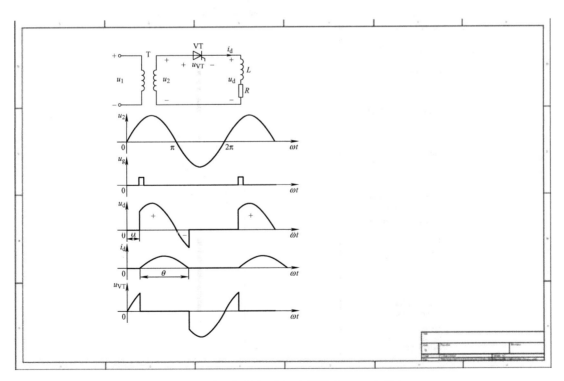

图 2-91　带图板的电路原理图粘贴到 Word 文件中

任务 2.6　绘制自动往返控制电路

任务目标

1）熟练建立原理图元器件库文件。

2）熟练绘制电气元件符号。

3）熟练建立原理图文件，利用自建电气元件绘制电路原理图。

2.6.1　建立自动往返控制电路原理图元器件库文件

启动 Protel 99 SE，打开一个设计数据库文件：执行菜单命令 File → New，在 New Document 对话框中选择电路原理图元器件库文件的图标"Schematic Library Document"，然后单击 OK 按钮。修改元器件库文件名 Schlib1.Lib 为"自动往返控制电路元器件库 .lib"。

2.6.2　绘制自动往返控制电路原理图元器件

双击"自动往返控制电路元器件库 .lib"进入元器件库编辑器，绘制自动往返控制电路原理图元器件如图 2-92 所示。

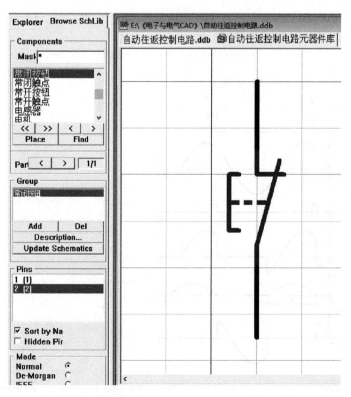

图 2-92　自动往返控制电路元器件库

将自动往返控制电路中的电气元器件全部绘制完成，保存"自动往返控制电路元器件库 .lib"库文件。注意：绘制元器件时，元器件的引脚要用画引脚工具绘制。

2.6.3　新建自动往返控制电路原理图元器件

执行菜单命令 File → New，在 New Document 对话框中选择电路原理图文件的图标 Schematic Document，然后单击 OK 按钮。修改元器件库文件名"Sheet1.Sch"为"自动往返控制电路 . Sch"。利用"自动往返控制电路元器件库 .lib"中的自建元器件，绘制自动往返控制电路原理图，如图 2-93 所示。

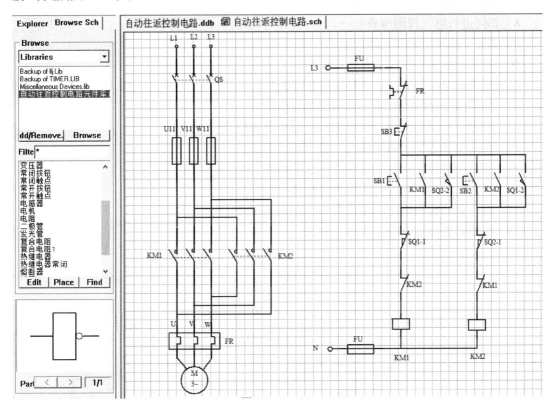

图 2-93　自动往返控制电路原理图

➤ 项目小结 ◄

本项目主要介绍了以下内容：

1）原理图编辑器的使用方法及电源、接地符号的放置以及常用热键的使用。

2）元器件库的加载、总线及分支线的绘制方法、网络标号的放置步骤、对象属性的全局性修改和元器件自动标注的方法。

3）复合元器件的放置及 I/O 端口的设置

4）正弦波的绘制步骤以及文件的保存、复制、打印和输出方法。

项目巩固

1）电路原理图的绘制有哪些步骤？

2）如何新建元器件？

3）如何对元器件进行复制、粘贴、选中及撤销选中等操作？

4）如何对元器件进行阵列的复制？

5）如何绘制复合式元器件？

6）VCC 和 GND 在设置上有什么区别？

7）绘制正弦波需要几个步骤？

8）如何进行电气规则检查？

9）如何生成网络表和元器件清单？

10）绘制导线和绘制线条有什么区别？

11）总线和总线分支在绘制时应注意什么？

12）如何改变文件的默认名称和保存的路径？

13）设置一张电路图纸，要求图纸的尺寸为 A3，竖直放置。

14）在命令状态下，如何放大、缩小和刷新画面？

15）简述原理图工具栏文件库绘制工具栏各个按钮的功能。

16）如何将绘制好的元器件放置到原理图中？

17）将一张原理图的比例设置为 80% 后打印输出。

18）绘制光电隔离电路，如图 2-94 所示。

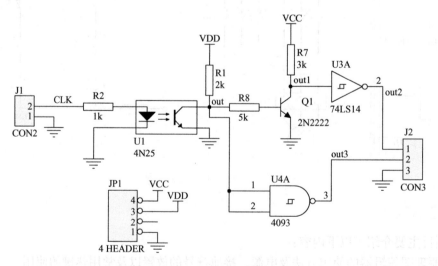

图 2-94　光电隔离电路

19）绘制实时时钟电路，如图 2-95 所示。

20）绘制 A/D 转换器电路，如图 2-96 所示。

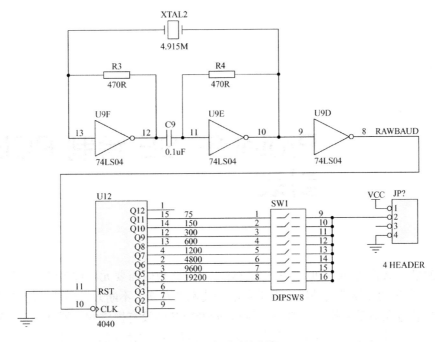

图 2-95　实时时钟电路

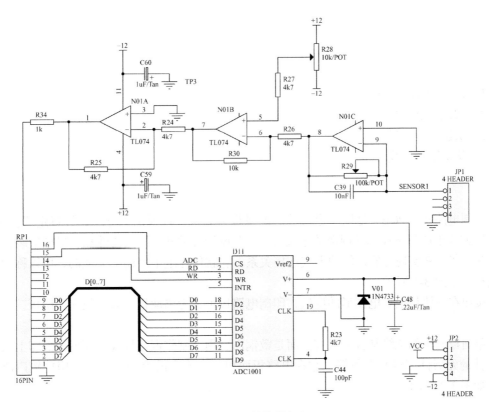

图 2-96　A/D 转换器电路

项目 3

Protel 99 SE 绘制 PCB 封装

➤➤▲ 项目描述 ▲◆

PCB 封装，又称为 PCB 元器件。在设计印制电路板时需要元器件封装，尽管 Protel 99 SE 中提供了大量的元器件封装库，但随着电子技术的发展，不断开发出新型的电子元器件，元器件的封装也在不断更新，会遇到一些 Protel 99 SE 中没有提供的元器件封装。对于这种情况，用户可以对已有的元器件封装进行改造，或者自行创建新的元器件封装。

任务 3.1　认识印制电路板（PCB）

任务目标 ◙

1）认识 PCB 的结构。
2）认识元器件封装。
3）认识焊盘与过孔。
4）认识铜模导线。

3.1.1　认识 PCB 的结构

印制电路板（PCB）是以一定尺寸的绝缘板为基材，以铜箔为导线，经特定工艺加工，用一层或若干层导电图形（铜箔的连接关系）及设计好的孔（如元器件孔、机械安装孔、金属化过孔等）来实现元器件间的电气连接关系，它就像在纸上印刷上去似的，所以称为印制电路板，如图 3-1 所示。

按照在一块板上导电图形的层数，印制电路板可分为单面板、双面板和多层板三类。

1. 单面板（Single Sided Board）

单面板所用的绝缘基板上只有一面是敷铜面，用于制作铜箔导线，而另一面印上没有电气特性的元器件型号和参数等，它在电路板面积要求不高的电子产品中应用比较广泛。单面板如图 3-2 所示。

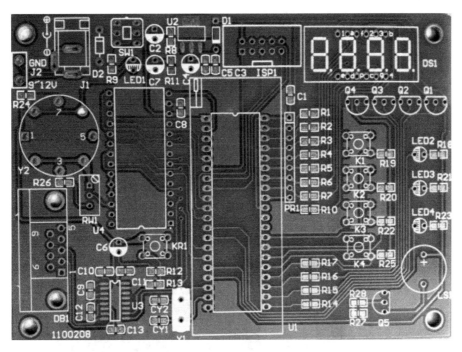

图 3-1　印制电路板（PCB）

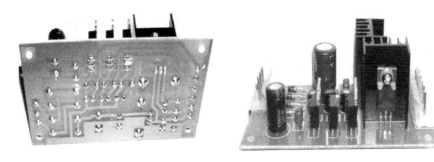

图 3-2　单面板

2. 双面板（Double Sided Board）

双面板在绝缘基板的上、下两面均有敷铜层，都可制作铜箔导线，底层和单面板作用相同，而在顶层除了印制元器件的型号和参数外，和底层一样可以制作成铜箔导线，元器件一般仍安装在顶层。顶层又称"元器件面"，底层称"焊锡面"。双面板如图 3-3 所示。

3. 多层板（Multilayer Printed Board）

多层板结构复杂，它由电气导电层和绝缘材料层交替粘合而成，成本较高，导电层数目一般为 4 层、6 层、8 层等，且中间层（即内电层）一般连接元器件引脚数目最多的电源和接地网络，层间的电气连接同样利用层间的金属化过孔实现。它在计算机主板、内存、USB盘、MP3 等产品上得到广泛的使用。多层板如图 3-4 所示，图 3-4a 为多层板实物图，图 3-4b为多层板剖面图。

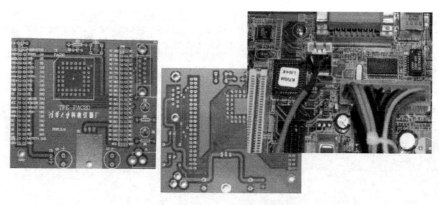

图 3-3 双面板

a) 多层板实物图

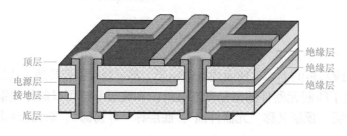

b) 多层板剖面图

图 3-4 多层板

3.1.2 认识元器件的封装（Footprint）

PCB 设计中用到的元器件是元器件的封装。元器件的封装由元器件的投影轮廓、引脚对应的焊盘、元器件标号和标注字符等组成。不同的元器件可以共用同一个元器件封装，同种元器件也可以有不同的封装。

1. 元器件封装的分类

元器件的封装形式可分为两大类：引脚式元器件封装和表面贴片式元器件封装。

（1）引脚式元器件封装　这类封装的元器件在焊接时，一般先将元器件的引脚从电路板的顶层插入焊盘通孔，然后在电路板的底层进行焊接。例如常见的引脚式元器件封装如图 3-5 所示。

图 3-5　常见引脚式元器件的封装

（2）表面贴片式元器件封装　表面贴片式元器件封装的元器件在焊接时，元器件与其焊盘在同一层。例如贴片电阻的封装如图 3-6 所示。

图 3-6　贴片电阻的封装

2. 元器件封装的编号

元器件封装的编号为元器件类型＋焊盘距离（或焊盘数）＋元器件外形尺寸。例如：电阻类元件封装 AXIAL0.4 指两个引脚焊盘的间距为 0.4in（400mil）；极性电容类元件封装 RB.2/.4 指两个引脚焊盘的间距为 0.2in（200mil），元件直径为 0.4in（400mil）；双列直插类元器件的封装 DIP8 指两列 8 个引脚。

3.1.3　认识焊盘（Pad）与过孔（Via）

1. 焊盘（Pad）

焊盘（Pad）用来放置焊锡、连接导线和元器件的引脚。焊盘形状有圆形、矩形、八边形等。根据元器件封装的类型不同，焊盘还分为引脚式和表面贴片式两种，引脚式焊盘必须钻孔，表面贴片式焊盘不用钻孔。常见的焊盘如图 3-7 所示。

a) 圆形焊盘　　　b) 矩形焊盘　　　c) 八边形焊盘　　　d) 表面贴片式焊盘

图 3-7　常见的焊盘

2. 过孔（Via）

对于双面板和多层板，各面（层）之间是绝缘的，需在各面（层）有连接关系的导线的交汇处钻上一个孔，并在钻孔后的基材壁上淀积金属（也称电镀或金属孔化）以实现不同面（层）之间的电气连接，这种孔称为过孔（Via）。

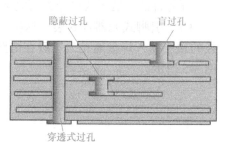

过孔有三种：穿透式过孔、盲过孔和隐蔽过孔。从顶层贯通到底层的为穿透式过孔，从顶层通到内层或从内层通到底层的为盲过孔，内层间的为隐蔽过孔。图 3-8 所示为过孔的类型。

图 3-8　过孔的类型

3.1.4　认识铜膜导线（Track）

印制电路板上，在焊盘与焊盘之间起电气连接作用的是铜膜导线，简称导线（Track），如图 3-9 所示。

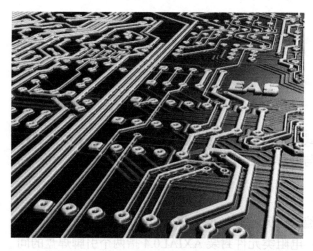

图 3-9　铜模导线

任务 3.2　人工绘制 PCB 封装

任务目标

1）学会新建 PCB 封装库文件的方法。

2）认识 PCB 封装库管理器。

3）可以人工绘制 PCB 封装。

4）能够编辑 PCB 封装引脚焊盘。

3.2.1　新建 PCB 封装库文件

启动 Protel 99 SE，打开一个设计数据库文件，执行菜单命令 File → New，系统弹出

New Document 对话框，在该对话框中选择 PCB Library Document（PCB 库文件）图标，单击 OK 按钮，就在该设计数据库中建立了一个默认名为 PCBLIB1.LIB 的文件，PCB 封装库文件的扩展名是 .LIB，此时可更改文件名为元器件封装库 .LIB。

新建 PCB 封装库文件的窗口如图 3-10 所示，双击元器件封装库 .LIB，就可以进入图 3-11 所示的 PCB 封装库编辑器主界面。

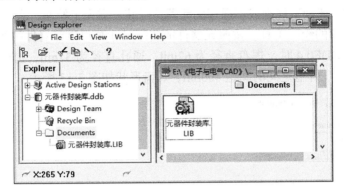

图 3-10　新建 PCB 封装库文件

3.2.2　认识 PCB 封装库管理器

图 3-11 所示的 PCB 封装库编辑器主界面，与电路原理图元器件库编辑器界面相似，同样在其工作窗口呈现出一个十字线，十字线的中心即是坐标原点，通常在坐标原点附近进行元器件封装的编辑。

图 3-11　PCB 封装库编辑器主界面

在 PCB 封装库编辑器中提供了一个工具栏，可以放置连线、焊盘、过孔、字符串、圆弧、尺寸、坐标和填充块等对象。

PCB 封装库管理器中 Browse PCBLib 选项卡如图 3-12 所示。

3.2.3 人工绘制 PCB 封装

设计 PCB 时，遇到不规则或不通用的元器件封装，需人工绘制，人工绘制 PCB 封装就是利用 PCB 封装库的绘图工具，按照元器件的实际尺寸画出该元器件的封装图形。例如绘制二极管封装 DIODE0.4 时，焊盘直径为 62mil，通孔直径为 32mil，边框高为 100mil，宽为 400mil，焊盘号、焊盘之间的间距 400mil，焊盘形状如图 3-13 所示。

图 3-12 PCB 封装库管理器 Browse PCBLib 选项卡

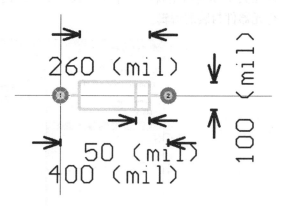

图 3-13 二极管封装 DIODE0.4 示意图

1. 进入 PCB 封装编辑环境

单击 PCB 封装库管理器中的 Add 按钮，或执行菜单命令 Tools → New Component，系统弹出 PCB 封装生成向导对话框，如图 3-14 所示，单击 Cancel 按钮，则建立了一个新的 PCB 封装编辑画面，新元器件的默认名是 PCBCOMPONENT_1（**注意：如果是新建一个 PCB 封装库，系统自动打开一个新的画面，可以省略这一步**）。

图 3-14　PCB 封装生成向导

2. 放置焊盘

　　执行菜单命令 Place → Pad，或单击放置工具栏的 ● 按钮，移动指针到坐标原点，单击鼠标左键放置第一个焊盘。双击该焊盘，在弹出的焊盘属性设置对话框中，设置 Designator 的值为 A。按照焊盘的间距要求，放置其另一个焊盘，设置 Designator 的值为 K。**注意**：第一个焊盘一定要放置在坐标原点，否则自建的封装放入到 PCB 中会出错，鼠标将点不到该封装；如果第一个焊盘没有放置在坐标原点，可以执行菜单命令 Edit → Set Reference → Pin1，使坐标原点设置在第一个焊盘。全局编辑方法设置焊盘的直径设为 62mil，通孔直径设为 32mil。如图 3-15 所示。

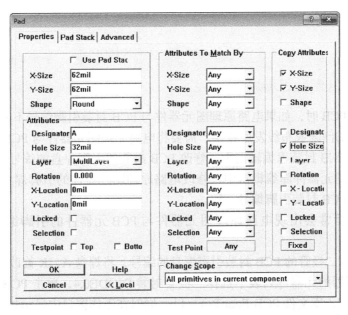

图 3-15　全局编辑方法设置焊盘

　　完成焊盘放置后的元器件封装如图 3-16 所示。

3. 绘制元器件外形

将工作层切换为顶层丝印层（Top Over Lay），执行菜单命令 Place → Track，或单击放置工具栏的 ╲╱ 按钮，开始绘制元器件外形的边框，边框高为 100mil，宽为 260mil，如图 3-13 所示。

4. 命名与保存元器件

单击 PCB 封装库管理器中的 Rename 按钮，弹出元器件重命名对话框，如图 3-17 所示。在对话框中输入新建的二极管封装名称 DIODE0.4，单击 OK 按钮即可。

图 3-16　完成焊盘放置后的元器件封装

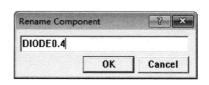

图 3-17　元器件重命名对话框

执行菜单命令 File → Save，或单击主工具栏的 🖫 按钮，可将新建的二极管封装 DIODE0.4 保存在 PCB 封装库中。人工绘制的二极管封装 DIODE0.4 如图 3-18 所示。

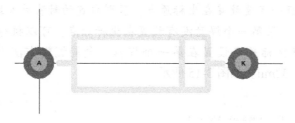

图 3-18　人工绘制的二极管封装 DIODE0.4

3.2.4　编辑 PCB 封装引脚焊盘

在自动布线 PCB 时，如果电路原理图元器件与 PCB 封装引脚编号不一致，就会出现该元器件不能布线的问题或布线发生错误。需要将电路原理图元器件与 PCB 封装引脚编号改为一致。可以在 PCB 封装库编辑器中，修改 PCB 封装的引脚焊盘的编号（Designator），也可以在电路原理图元器件库编辑器中，修改电路原理图元器件的引脚焊盘的编号，使电路原理图元器件与 PCB 封装引脚编号一致。

例如：二极管常会出现电路原理图元器件与 PCB 元器件的引脚编号差异情况，如图 3-19 所示。

可以通过修改二极管的 PCB 封装引脚焊盘的编号，将焊盘 A、K 修改为 1、2。

在 PCB 管理器的元器件列表中选择二极管封装 DIODE0.4，单击 PCB 管理器中的 Edit 按钮，系统自动进入库文件 PCB Foot Prints.lib，同时在工作窗口中显示封装 DIODE0.4。在工作窗口中双击焊盘 A，弹出该焊盘的属性设置对话框，如图 3-20 所示。在 Designator 文本框中将编号 A 改为 1，将编号 K 改为 2，保存修改后的结果即可。

图 3-19　二极管的电路原理图元器件与 PCB 元器件的引脚编号差异　　图 3-20　焊盘的属性设置对话框

任务 3.3　利用向导绘制 PCB 封装

任务目标

1）学会利用向导创建 PCB 封装。

2）学会 PCB 封装引脚焊盘的编辑。

3.3.1　利用向导创建 PCB 封装

符合通用标准的元器件封装可以采用生成向导绘制，例如：绘制 DIP8 的封装。

1. 启动 PCB 封装生成向导

在 PCB 封装库编辑器中，执行菜单命令 Tools → New Component，或在 PCB 封装库管理器中单击 Add 按钮，系统弹出图 3-14 所示的 PCB 封装生成向导。

2. 选择 PCB 封装样式

单击 Next 按钮，弹出图 3-21 所示的 PCB 封装样式列表框。系统提供了 12 种 PCB 封装的样式供设计者选择。这 12 种元器件封装样式为：Ball Grid Arrays（BGA 球栅阵列封装）、Dua lin-line Package（DIP 双列直插封装）、Leadless Chip Carrier（LCC 无引线芯片载体封装）、Quad Packs（QUAD 四边引出扁平封装）、Small Outline Package（SOP 小尺寸封装）、Staggered Pin Grid Array（SPGA- 交错引脚网格阵列封装）、Diodes（二极管封装）、Edge Connectors（边连接器封装）、Pin Grid Arrays（PGA- 引脚网格阵列封装）、Resistors（电阻封装）、Staggered Ball Grid Array（SBGA- 交错球栅阵列封装）、Capacitors（电容封装）。

这里选择 DIP 双列直插封装类型。另外，在对话框右下角还可以选择计量单位，默认为英制。

3. 设置焊盘尺寸

单击 Next 按钮，弹出图 3-22 所示的设置焊盘尺寸的对话框。这里焊盘直径 X 为 100mil，Y 为 50mil，通孔直径为 25mil。

4. 设置引脚间距

单击 Next 按钮，弹出设置引脚间距的对话框，如图 3-23 所示。这里设置水平间距为 600mil，垂直间距为 100mil。

5. 设置丝印线宽

单击 Next 按钮，弹出设置丝印层元器件外形丝印线宽的对话框，如图 3-24 所示。这里设置为 10mil。

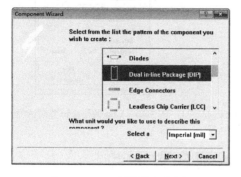

图 3-21　PCB 封装样式列表框

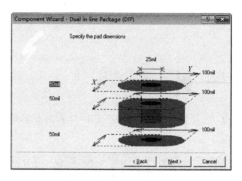

图 3-22　设置焊盘尺寸

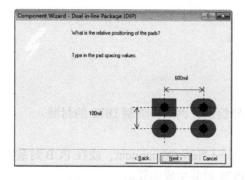

图 3-23　设置引脚间距

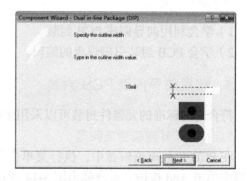

图 3-24　设置丝印线宽

6. 设置元器件引脚数量

单击 Next 按钮，弹出设置元器件引脚数量的对话框，如图 3-25 所示，这里设置为 8。

7. 设置元器件名称

单击 Next 按钮，弹出设置元器件名称的对话框，如图 3-26 所示，这里设置为 DIP8。

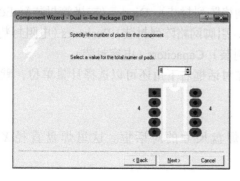

图 3-25　设置元器件引脚数量

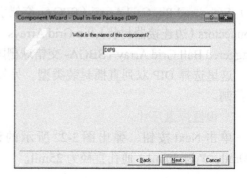

图 3-26　设置元器件名称

8. 完成

单击 Next 按钮，系统弹出完成对话框，如图 3-27 所示，单击 Finish 按钮，生成的新 PCB 封装 DIP8 如图 3-28 所示。最后将其保存到 PCB 封装库中。

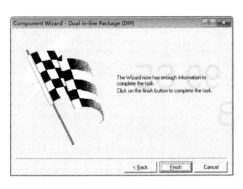

图 3-27　完成对话框　　　　　　图 3-28　生成的新 PCB 封装 DIP8

项目小结

本项目主要介绍了以下内容：

1）印制电路板（PCB）的概念、作用及分类。按印制电路板的结构划分，PCB 可分为单面板、双面板、多层板 3 种。

2）绘制 PCB 图有关的元器件封装、焊盘、过孔、铜膜导线、飞线、网络、网络表和安全间距等基本概念。

3）PCB 封装，也称为元器件封装。PCB 封装库编辑器是 Protel 99 SE 中比较重要的编辑器之一，它主要提供对 PCB 封装的编辑和管理工作。

4）对不规则或不通用的元器件封装，可利用 PCB 封装库的绘图工具，按照元器件的实际尺寸，采用人工绘制 PCB 封装方式，画出该元器件的封装图形。

5）对符合通用标准的元器件封装，可采用 Protel 99 SE 提供的 PCB 封装生成向导绘制 PCB 封装。

项目巩固

1）什么是 PCB？

2）什么是元器件封装？

3）什么是焊盘？

4）什么是过孔？

5）可视栅格（Visible Grid）、捕捉栅格（Snap Grid）、元器件栅格（Component Grid）和电气栅格（Electrical Grid）有什么区别？

6）新建一个名为"自建封装库"的 PCB 封装库文件。

7）用 PCB 封装生成向导绘制电阻封装（引脚间距为 400mil）、二极管封装（引脚间距为 700mil）和电容封装（引脚间距为 200mil），焊盘和通孔大小采用系统默认值。

项目 4

用 Protel 99 SE 设计 PCB

▶▶ 项目描述 ◀◀

在电子产品设计与制作过程中，完成了电路原理图设计和电路仿真工作后，还必须设计 PCB 图，最后由制板厂家依据用户所设计的 PCB 图制作出 PCB。本项目以多谐振荡器、直流稳压电源等典型电路的 PCB 设计为载体，介绍 PCB 的基础知识、人工设计 PCB 的方法和自动布线技术等。

任务 4.1　认识 PCB 编辑器

任务目标 ◔

1）建立 PCB 文件。
2）熟悉 PCB 编辑器界面。
3）设置 PCB 设计环境。
4）认识 PCB 工作层。

4.1.1　建立 PCB 文件

启动 Protel 99 SE，打开一个设计数据库文件，执行菜单命令 File → New，系统弹出 New Document 对话框，选择要创建文件类型的图标，即 PCB Document（PCB 文件），然后单击 OK 按钮。PCB 文件的扩展名是 .PCB。新建 PCB 文件的窗口如图 4-1 所示，双击 PCB 文件 PCB1.PCB，就可以进入图 4-2 所示的 PCB 编辑器主界面。

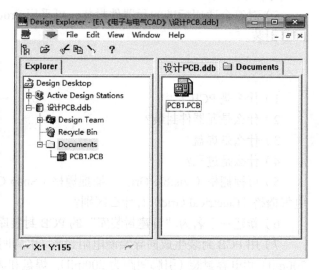

图 4-1　新建 PCB 文件的窗口

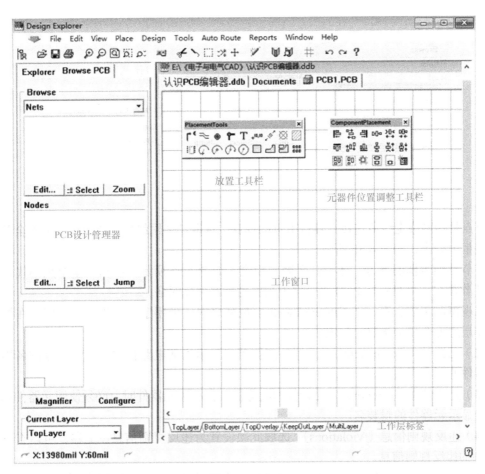

图 4-2 PCB 编辑器主界面

4.1.2 认识 PCB 编辑器

PCB 编辑器主界面如图 4-2 所示。在 PCB 编辑器中，左侧是 PCB 管理器，右侧是工作窗口，工作窗口下边是工作层标签，PCB 编辑器还提供两个重要的 PCB 设计工具栏，分别是放置工具栏和元器件位置调整工具栏。

图 4-3 为 PCB 管理器 Browse PCB 选项卡。单击 PCB 管理器中的 Browse PCB 选项卡，在 Browse 下拉列表框中选择设定好的对象，选择的对象包括 Nets（网络）、Components（元器件）、Libraries（元器件库）、Net Classes（网络类）、Component Classes（元器件类）、Violations（违反规则信息）和 Rules（设计规则）共 6 种，经常用到的对象是网络、元器件和元器件库。

1. 认识 PCB 管理器

（1）网络（Nets） 网络浏览器如图 4-3a 所示，选中某个网络，单击 Edit 按钮可以编辑该网络属性；单击 Select 按钮可以选中网络；单击 Zoom 按钮则可放大显示所选取的网络，同时在节点列表框中显示此网络的所有节点。

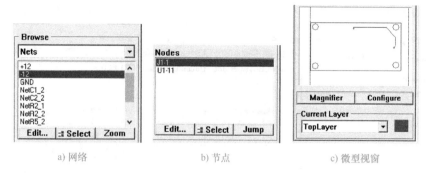

a) 网络　　　　　　　b) 节点　　　　　　　c) 微型视窗

图 4-3　PCB 管理器 Browse PCB 选项卡

节点是指网络走线所连接元器件引脚的焊盘。选取某个网络后，该网络的节点全部在节点列表框中列出，如图 4-3b 所示。

在节点列表框的下方，还有一个微型视窗，如图 4-3c 所示。视窗的整个矩形代表整个 PCB 工作窗口，可显示在 PCB 管理器中浏览的元器件或网络。

在视窗的下方，有一个 Current Layer 下拉列表框。可用于选择当前工作层，在被选中的工作层边上会显示该层的颜色。

（2）元器件（Components） 元器件浏览器：显示当前电路板中的所有元器件名称和选中元器件的所有焊盘。

（3）元器件库（Libraries） 元器件库浏览器：在放置元器件时，必须使用元器件库浏览器才会显示元器件的封装名。

（4）违反规则信息（Violations） 选取此项设置为违反规则信息浏览器，可以查看当前 PCB 中的违反规则信息。

（5）设计规则（Rules） 选取此项设置为设计规则浏览器，可以查看并修改当前 PCB 中的设计规则。

2. 画面显示

设计者在进行 PCB 图的设计时，经常用到对工作窗口中的画面进行放大、缩小、刷新或局部显示等操作，以方便设计者的工作。

1）执行菜单命令 View→Fit Board，在工作窗口显示整个 PCB，但不显示 PCB 边框外的图形。

2）执行菜单命令 View→Fit Document 或单击主工具栏中的 按钮，可将整个图形文件在工作窗口显示。

3）执行菜单命令 View→Refresh 或使用快捷键 <End> 键，可以刷新画面，可清除因移动元器件等操作而已留下的残痕。

4）执行菜单命令 View→Board in 3D 或单击主工具栏中的 按钮，可以显示整个 PCB 的 3D 模型。

3. 坐标原点

设计者一般在工作区的左下角区域设计 PCB，在 PCB 编辑器中，系统定义了一个坐标系，坐标原点称为 Absolute Origin（绝对原点），位于 PCB 图的左下角。用户也可根据需要自己定义坐标系，只需设置用户坐标原点 Relative Origin（相对原点）。执行菜单命令 Edit → Origin → Set 或单击放置工具栏中的 ⊠ 按钮，将指针移到要设置为新的坐标原点的位置，单击左键，即可设置新的坐标原点。若要恢复到绝对坐标原点，执行菜单命令 Edit → Origin → Reset 即可。

4.1.3　熟悉 PCB 设计环境

1. 设置栅格和计量单位

执行菜单命令 Design → Options，在出现的对话框中选中 Options 选项卡，出现如图 4-4 所示的栅格设置对话框。

（1）设置可视栅格　可视栅格是系统提供的一种在屏幕上可见的栅格。Protel 99 SE 提供 Dots（点状）和 Lines（线状）两种显示类型。

（2）设置捕捉栅格　即设置捕捉栅格（Snap）、元器件移动栅格（Component）指针移动的间距。单击主工具栏的 ⊞ 按钮，在弹出的捕捉栅格设置对话框中输入捕捉栅格的间距；或使用 Snap X 和 Snap Y 可设置在 X 和 Y 方向的捕捉栅格的间距；用 Component X 和 Component Y 可设置元器件在 X 和 Y 方向的移动间距。

（3）设置电气栅格　启动电气栅格的功能要选中 Electrical Grid 复选框。启动电气栅格功能后，只要将某个导电对象（导线、过孔、元器件等）移到另外一个导电对象的电气栅格范围内，出现黑点提示连接在一起。Range（范围）用于设置电气栅格的间距，一般比捕捉栅格的间距略小。

（4）设置计量单位　Protel 99 SE 提供 Metric（米制）和 Imperial（英制）两种计量单位，系统默认为英制。英制的默认单位为 mil（毫英寸）；米制的默认单位为 mm（毫米）。

2. 设置工作参数

在设计过程中，设计者可根据实际需要建立一个自己喜欢的工作环境。

执行菜单命令 Tools → Preference，弹出图 4-5 所示的 Preferences 对话框。Protel 99 SE 提供的 PCB 工作参数包括 Options（特殊功能）、Display（显示状态）、Colors（工作层颜色）、Show/Hide（显示 / 隐藏）、Defaults（默认参数）、Signal Integrity（信号完整性）共 6 部分。

（1）Options 选项卡　单击 Options 选项卡，如图 4-5 所示。

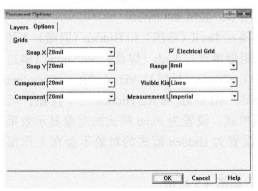

图 4-4　栅格设置对话框

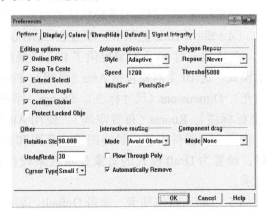

图 4-5　Preferences 对话框

1）Autopan options（自动移边）选项区域：系统默认值为 Adaptive（自适应模式），以 Speed 文本框的设定值来控制移边操作的速度。

2）Component drag（元器件拖动模式）选项区域：在 Mode 下拉列表框中选择 None，则在拖动元器件时只拖动元器件本身；选择 Connected Track，则在拖动元器件时该元器件的连线也跟着移动。

3）Other（其他）选项区域：Rotation Step 为设置元器件的旋转角度，默认值为 90°；Undo/Redo 为设置撤销 / 重复命令可执行的次数，默认值为 30 次；Cursor Type 为设置指针形状，有 Large 90（大十字线）、Small 90（小十字线）、Small 45（小叉线）3 种。

（2）Display 选项卡　单击 Display 选项卡，如图 4-6 所示。

此选项卡用于设置显示状态。其中 Pad Nets 用于设置显示焊盘的网络名，Pad Numbers 用于设置显示焊盘号，Via Nets 用于设置显示过孔的网络名，为了布局、布线时方便查对电路，一般都要选中。

（3）Colors 选项卡　此选项卡主要用来调整各板层和系统对象的显示颜色，如图 4-7 所示。

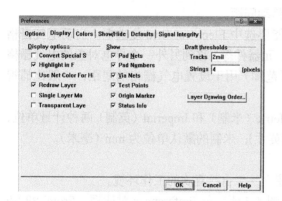

图 4-6　Display 选项卡

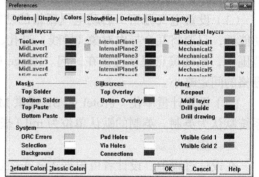

图 4-7　Colors 选项卡

在 PCB 设计中，由于工作层数多，为区分不同层上的导线，必须将各层设置为不同颜色。通常情况下人们选用系统默认的颜色，且无特殊需要，不要改动这些颜色。

（4）Show/Hide 选项卡　单击 Show/Hide 选项卡，如图 4-8 所示。

此选项卡对 10 个对象提供了 Final（最终图稿）、Draft（草图）和 Hidden（隐藏）3 种显示模式。这 10 个对象包括 Arcs（弧线）、Fills（矩形填充）、Pads（焊盘）、Polygons（多边形填充）、Dimensions（尺寸标注）、Strings（字符串）、Tracks（导线）、Vias（过孔）、Coordinates（坐标标注）、Rooms（布置空间）。使用 All Final、All Draft 和 All Hidden 三个按钮，可分别将所有元器件设置为最终图稿、草图和隐藏模式。设置为 Final 模式的对象显示效果最好，设置为 Draft 模式的对象显示效果较差，设置为 Hidden 模式的对象不会在工作窗口显示。

（5）Defaults 选项卡　单击 Defaults 选项卡，如图 4-9 所示。

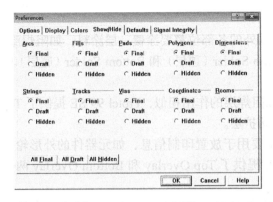

图 4-8　Show/Hide 选项卡

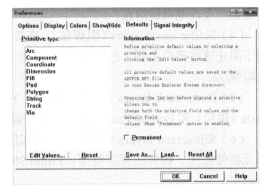

图 4-9　Defaults 选项卡

此选项卡主要用来设置各 PCB 对象的默认属性值。先选择要设置的对象的类型，再单击 Edit Values 按钮，在弹出的对象属性对话框中即可调整该对象的默认属性值。单击 Reset 按钮，就会将所选对象的属性设置值恢复到原始状态。单击 Reset All 按钮，就会把所有对象的属性设置值恢复到原始状态。

（6）Signal Integrity 选项卡　单击 Signal Integrity 选项卡，如图 4-10 所示。

此选项卡主要用来设置信号的完整性，通过该选项卡可以设置元器件标号和元器件类型之间的对应关系，为信号完整性分析提供信息。

4.1.4　认识 PCB 工作层

1. PCB 的工作层

PCB 呈层状结构，在 Protel 99 SE 中进行 PCB 设计时，程序提供了多个工作层。执行菜单命令 Design → Options，可弹出图 4-11 所示的 Document Options 对话框。

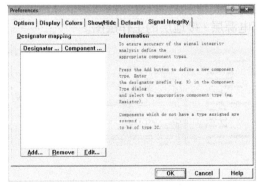

图 4-10　Signal Integrity 选项卡

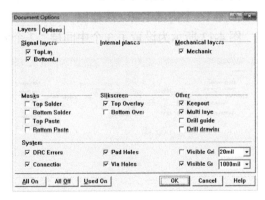

图 4-11　Document Options 对话框

2. 工作层的类型

（1）Signal layers（信号层）　信号层主要用于放置 PCB 上的导线。

（2）Internal plane layers（内部电源 / 接地层）　该类型的层仅用于多层板，主要用于布置电源线和接地线。

（3）Mechanical layers（机械层）　一般用于设置 PCB 的外形尺寸、数据标记、对齐标记、装配说明及其他机械信息。

（4）Solder mask layers（阻焊层）　在焊盘以外的各部位都要涂覆一层涂料，如阻焊漆，用于阻止这些部位上锡。Protel 99 SE 提供了 Top Solder（顶层）和 Bottom Solder（底层）两个阻焊层。

（5）Paste mask layers（锡膏防护层）　它和阻焊层的作用相似，Protel 99 SE 提供了 Top Paste（顶层）和 Bottom Paste（底层）两个锡膏防护层。

（6）Silkscreen layers（丝印层）　丝印层主要用于放置印制信息，如元器件的外形轮廓和元器件标注、各种注释字符等。Protel 99 SE 提供了 Top Overlay 和 Bottom Overlay 两个丝印层。

（7）Keep Out layer（禁止布线层）　用于定义在 PCB 上能够有效放置元器件和布线的区域。在该层绘制一个封闭区域作为布线有效区，在该区域外是不能自动布局和布线的。

（8）Multi layers（多层）　PCB 上焊盘和穿透式过孔要穿透整个 PCB，与不同的导电层建立电气连接关系，一般焊盘与过孔都要设置在多层上。

（9）Drill layers（钻孔层）　钻孔层提供 PCB 制造过程中的钻孔信息（如焊盘、过孔就需要钻孔）。Protel 99 SE 提供了 Drill guide（钻孔指示图）和 Drill drawing（钻孔图）两个钻孔层。

3. 设置工作层

系统默认打开的信号层仅有顶层和底层，在实际设计时应根据需要自行定义工作层的数目。

（1）设置信号层、内部电源层 / 接地层　执行菜单命令 Design → Layer Stack Manager，可弹出图 4-12 所示的 Layer Stack Manager（工作层堆栈管理器）对话框。选中 Top Layer，单击对话框右上角的 Add Layer（添加层）按钮，就可在顶层之下添加一个信号层的中间层（Mid Layer），共可添加 30 个中间层。单击 Add Plane 按钮，可添加一个内部电源 / 接地层，共可添加 16 个内部电源 / 接地层。

图 4-13 所示为设置了 3 个中间层、2 个内部电源层 / 接地层的工作层图。

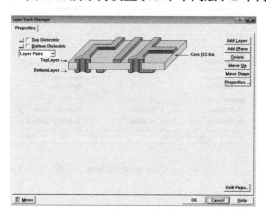

图 4-12　Layer Stack Manager（工作层堆栈管理器）对话框

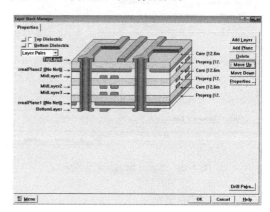

图 4-13　设置工作层图

如果要删除某个工作层，可以先选中该层，然后单击 Delete 按钮。

单击 Move Up 按钮或 Move Down 按钮可以调节工作层面的上下关系。

如果要编辑某个工作层，可以先选中该层，单击 Properties（属性）按钮，可设置该层的 Name（名称）和 Copper thickness（覆铜厚度），如图 4-14 所示。

单击图 4-13 中右下角的 Drill Pairs 按钮，可以进行钻孔层的管理和编辑。

系统还提供一些 PCB 实例样板供用户选择。单击图 4-13 中左下角的 Menu 按钮，在弹出的菜单中选择 Example Layer Stack 子菜单，通过它可选择具有不同层数的 PCB 样板，如图 4-15 所示，图中所选的是单面板。

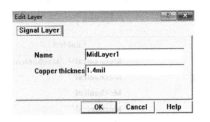

图 4-14　Edit Layer（工作层编辑）对话框

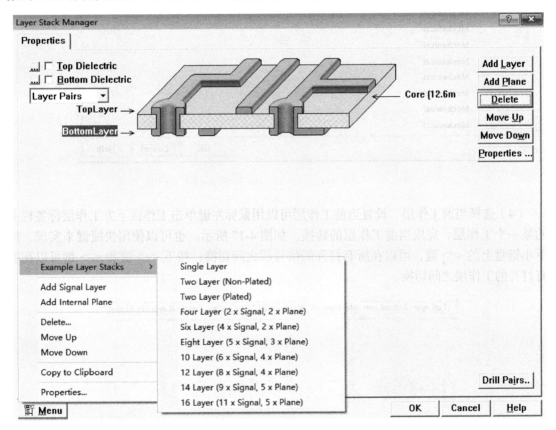

图 4-15　选择电路板样板

（2）设置机械层　执行菜单命令 Desigen → Mechanical Layer，弹出图 4-16 所示的 Setup Mechanical Layers（机械层设置）对话框，其中已经列出 16 个机械层。单击某复选框，可打开相应的机械层，并可设置层的名称、层是否可见、是否在单层显示时放到各层等参数。

（3）打开与关闭工作层　在图 4-11 所示的 Document Options 对话框中，单击 Layers 选项卡，可以发现每个工作层前都有一个复选框。如果相应工作层前的复选框中被选中（√），则表明该层被打开，否则该层处于关闭状态。单击 All On 按钮，将打开所有的层；单击 All Off 按钮，所有的层将被关闭；单击 Used On 按钮，可打开常用的工作层。

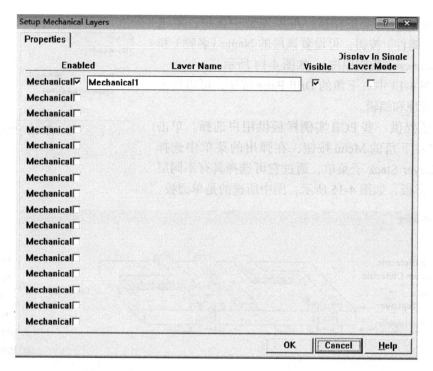

图 4-16　Setup Mechanical Layers（机械层设置）对话框

（4）选择当前工作层　设置当前工作层可以用鼠标左键单击工作区下方工作层标签栏上的某一个工作层，完成当前工作层的转换，如图 4-17 所示。也可以使用快捷键来实现，按下小键盘上的 <*> 键，可以在所有打开的信号层之间切换；按下 <+> 键和 <-> 键可以在所有打开的工作层之间切换。

TopLayer / BottomLayer / Mechanical1 / Mechanical4 / TopOverlay / KeepOutLayer / MultiLayer /

图 4-17　选择当前工作层

任务 4.2　人工设计多谐振荡器电路 PCB

任务目标

1）熟悉人工设计 PCB 的步骤。

2）熟练绘制多谐振荡器电路。

3）会建立 PCB 文件。

4）会定义 PCB。

5）掌握加载 PCB 元器件库的方法。

6）会放置设计对象。

7）会人工布局。

8）会打印 PCB。

4.2.1　人工设计 PCB 的步骤

人工设计 PCB 就是指设计者根据电路原理图人工放置元器件、焊盘、过孔等设计对象，并进行线路连接的操作过程。人工设计 PCB 一般遵循以下步骤：启动 Protel 99 SE，建立设计数据库和 PCB 文件→定义 PCB →加载 PCB 元器件库→放置设计对象→人工布局→电路调整→打印 PCB。

4.2.2　绘制多谐振荡器电路

根据项目 2 所学知识，熟练绘制多谐振荡器电路，如图 4-18 所示。

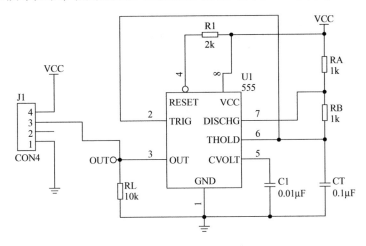

图 4-18　多谐振荡器电路

4.2.3　建立 PCB 文件

打开用户自己的设计数据库文件，执行菜单命令 File → New，选择 PCB Document（PCB 文件），然后单击 OK 按钮。修改 PCB 文件 PCB1.PCB 的文件名为"人工设计多谐振荡器电路 .PCB"。

4.2.4　定义 PCB

在 PCB 设计中，首先要定义 PCB，即定义 PCB 的工作层和 PCB 的大小。定义 PCB 有直接定义 PCB 和使用向导定义 PCB 两种方法。

定义 PCB 的大小需要定义 PCB 的物理边界和电气边界。物理边界是指 PCB 的机械外形和尺寸。一般在 Mechanical 1 或 Mechanical 4 来绘制 PCB 的物理边界。电气边界是指在 PCB 上设置的元器件布局和布线的范围。电气边界一般定义在禁止布线层（Keep Out Layer）上。为了防止元器件的位置和布线过于靠近 PCB 的边框，PCB 的电气边界要小于物理边界。通常也可以不确定物理边界，而用 PCB 的电气边界来替代物理边界。

1. 直接定义 PCB

（1）设置 PCB 工作层　启动 Protel 99 SE，建立设计数据库，新建 PCB 文件。这样建立的 PCB 文件可构成具有如下工作层的双面板。

1）顶层（Top Layer）：放置元器件并布线。

2）底层（Bottom Layer）：布线并进行焊接。

3）机械层 1（Mechanical 1）：用于确定 PCB 的物理边界，也就是 PCB 的边框。

4）顶层丝印层（Top Overlay）：放置元器件的轮廓、标注及一些说明文字。

5）禁止布线层（Keep Out Layer）：用于确定 PCB 的电气边界。

6）多层（Multi Layer）：用于显示焊盘和过孔。

（2）设置 PCB 边界尺寸　用 PCB 的电气边界来设置 PCB 边缘尺寸，把当前工作层切换为 Keep Out Layer，执行菜单命令 Place → Line，或单击放置工具栏的放置连线按钮 ≈ ，放置连线，绘制出 PCB 的电气边界。绘制好的 PCB 的电气边界，长 2180mil、宽 1380mil，如图 4-19 所示。

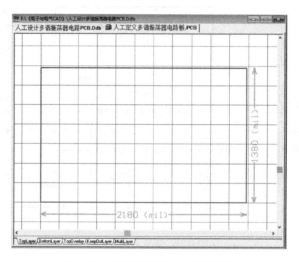

图 4-19　绘制好的 PCB 的电气边界

2. 使用向导定义 PCB

对于初学者，也可使用系统提供的 PCB 生成向导来定义 PCB，具体操作步骤如下：

（1）启动 PCB 向导　执行菜单命令 File → New，在弹出的对话框中选择 Wizards 选项卡，如图 4-20 所示。

（2）进入 PCB 向导　选择 Printed Circuit Board Wizard（PCB 向导）图标，单击 OK 按钮，将弹出图 4-21 所示的 PCB 向导对话框。

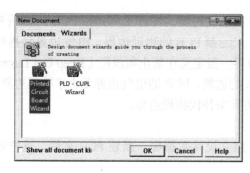

图 4-20　新建 PCB 文件的 Wizards 选项卡

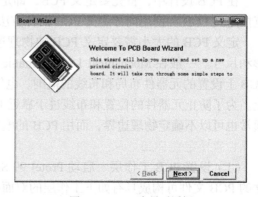

图 4-21　PCB 向导对话框

（3）选择预定义标准板　单击 Next 按钮，将弹出图4-22所示的选择预定义标准板对话框。在列表框中可以选择系统已经预先定义好的板卡的类型。选择 Custom Made Board，则设计者可自行定义 PCB 的尺寸等参数。选择其他选项，则直接采用现成的标准板。系统默认为英制单位。

（4）定义 PCB 基本信息　选择 Custom Made Board 选项，单击 Next 按钮，系统弹出自定义 PCB 相关参数对话框，如图4-23所示。

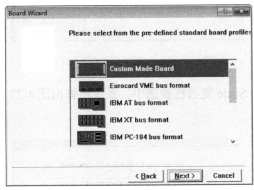

图 4-22　选择预定义标准板对话框

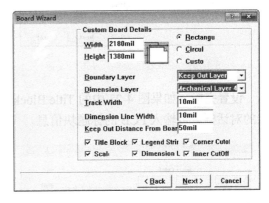

图 4-23　自定义 PCB 相关参数对话框

对话框的具体参数设置如下。

1）Width：设置 PCB 的宽度。

2）Height：设置 PCB 的高度。

3）Rectangular：设置 PCB 的形状为矩形，需确定宽和高这两个参数。

4）Circular：设置 PCB 的形状为圆形，需确定半径这个参数。

5）Custom：自定义 PCB 的形状。

6）Boundary Layer：设置 PCB 边界所在层，默认为 Keep Out Layer。

7）Dimension Layer：设置 PCB 的尺寸标注所在层，默认为 Mechanical Layer 4。

8）Track Width：设置 PCB 边界走线的宽度。

9）Dimension Line Width：设置尺寸标注线宽度。

10）Keep Out Distance From Board Edge：设置从 PCB 物理边界到电气边界之间的距离尺寸。

11）Title Block And Scale：设置是否显示标题栏。

12）Legend String：设置是否显示图例字符。

13）Dimension Line：设置是否显示 PCB 的尺寸标注。

14）Corner Cut Off：设置是否在 PCB 的四个角的位置开口。该项只有在 PCB 形状设置为矩形时才可设置。

15）Inner Cut Off：设置是否在 PCB 内部开口。该项只有在 PCB 形状设置为矩形时才可设置。

设置完成后，系统将弹出几个有关 PCB 尺寸参数设置的对话框，对所定义的 PCB 的形状、尺寸加以确认或修改，如图4-24～图4-26所示。

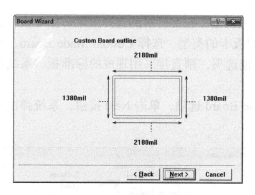

图 4-24 对 PCB 的边框尺寸进行设置

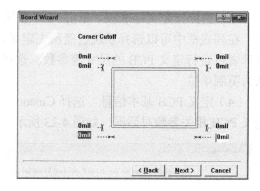

图 4-25 对 PCB 的四个角的开口尺寸进行设置

设置完毕，如果图 4-23 中的 Title Block And Scale 复选框被选中，系统将弹出图 4-27 所示的对话框，可输入 PCB 的标题块信息。

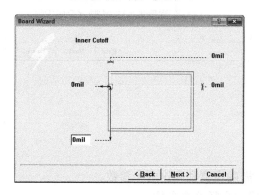

图 4-26 对 PCB 内部开口进行设置

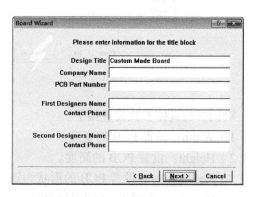

图 4-27 输入 PCB 的标题块信息

（5）定义 PCB 工作层 单击图 4-27 中的 Next 按钮，将弹出图 4-28 所示对话框，可设置信号层的层数和类型，以及电源/接地层的数目。

1）Two Layer-Plated Through Hole：两个信号层，过孔电镀；Two Layer-Non Plated：两个信号层；Four Layer：4 层板；Six Layer：6 层板；Eight Layer：8 层板。

2）Specify the number of Power/Ground planes that will be used in addition to the layers above：选取内部电源/接地层的数目，包括 Two（2 个内部层）、Four（4 个内部层）和 None（无内层）3 个选项。

注意：该向导不支持单面板。

（6）设置过孔类型 单击图 4-28 中的 Next 按钮，将弹出图 4-29 所示的对话框，可设置过孔类型（穿透式过孔、盲过孔和隐藏过孔）。对于双面板，只能使用穿透式过孔。

（7）选择元器件形式 单击图 4-29 中的 Next 按钮，将弹出图 4-30 所示的对话框，可设置将要使用的布线技术。根据 PCB 中引脚式元器件和贴片式元器件哪一个较多进行选择，如选择贴片式元器件（Surface-mount components），还要设置元器件是否在 PCB 的两面放置，如图 4-30 所示；如选择引脚式元器件（Through-hole components），还要设置在两个焊盘之间穿过导线的数目，如图 4-31 所示，有 One Track、Two Track 和 Three Track 三个选项。

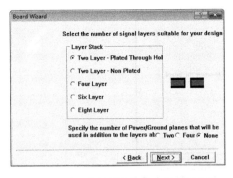

图 4-28 设置信号层的层数和类型等参数

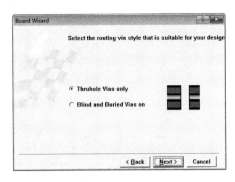

图 4-29 设置过孔类型

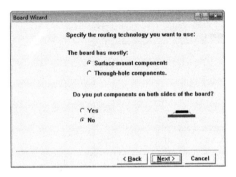

图 4-30 选择贴片式元器件时的设置

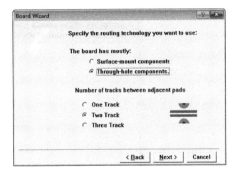

图 4-31 选择引脚式元器件时的设置

（8）设置走线参数 单击图 4-30 或图 4-31 中的 Next 按钮，将弹出图 4-32 所示的对话框，该对话框可设置最小的导线宽度、最小的过孔尺寸和相邻走线的最小间距。

1）Minimum Track Size：设置最小的导线尺寸。

2）Minimum Via Width：设置最小的过孔外径直径。

3）Minimum Via HoleSize：设置过孔的内径直径。

4）Minimum Clearance：设置相邻走线的最小间距。

（9）保存模板 单击图 4-32 中的 Next 按钮，弹出是否作为模板保存的对话框，如图 4-33 所示。如果选择作为模板保存，应再输入模板名称和模板的文字描述。

（10）完成 单击图 4-33 中的 Next 按钮，弹出完成对话框，如图 4-34 所示，单击 Finish 按钮，结束生成 PCB 的过程，该 PCB 已经定义完毕。最后形成图 4-35 所示的 PCB。

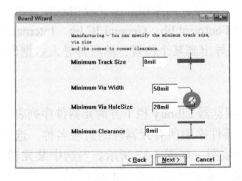

图 4-32 设置走线参数

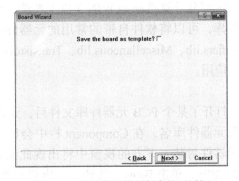

图 4-33 是否作为模板保存的对话框

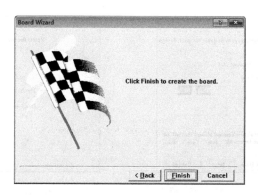

图 4-34　完成对话框

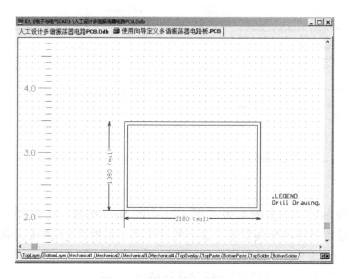

图 4-35　利用向导生成的 PCB

4.2.5　认识 PCB 元器件库

1. 加载元器件库

确定 PCB 的外形尺寸后，就可以开始向 PCB 中放置元器件。Protel 99 SE 软件自带一些元器件库。XP 系统可直接加载元器件库，图 4-36 显示的是加载了元器件库后的情况，但目前大部分计算机都是 WIN 7 以上系统，此功能不兼容。如果用户需要应用软件自带的元器件库，可以将软件自带的常用的元器件库 PCB Footprint.lib、General IC.lib、International Rectifiers.lib、Miscellaneous.lib、Transistors.lib 等先导出到某个位置，然后再导入数据库中，之后应用。

2. 浏览元器件封装

打开了某个 PCB 元器件库文件后，元器件库浏览器 Library 栏下方的元器件序列表区将出现元器件库名，在 Component 栏中会显示此元器件库中所有元器件的封装名称。选中某个元器件封装，下方的视窗中将出现此元器件封装图，如图 4-37 所示。当选中某元器件，例如 DIP8，单击 Browse 按钮，会出现元器件封装浏览对话框，如图 4-38 所示。

图 4-36　加载元器件封装库

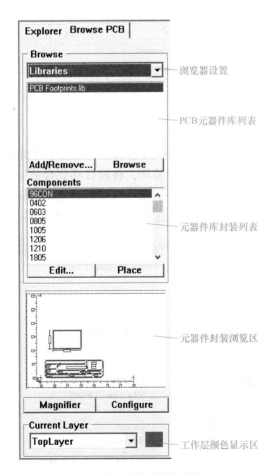

图 4-37　浏览元器件封装

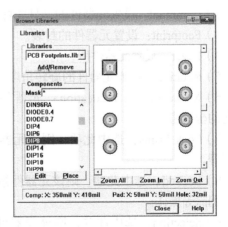

图 4-38　元器件封装浏览对话框

4.2.6 放置对象

人工设计 PCB 时，先要在 PCB 上放置元器件、焊盘、过孔等设计对象，然后根据电路原理图中的电气连接关系进行布线并放置一些标注文字等。这些操作可以通过执行主菜单 Place 中的各命令来实现，还可以通过 Protel 99 SE 提供的 Placement Tools（放置工具栏）来进行。放置工具栏使用起来非常方便，如图 4-39 所示。

1. 放置元器件

（1）通过放置工具栏或菜单放置元器件 单击放置工具栏的 ⬚ 按钮，或执行菜单命令 Place → Component，来放置元器件的封装形式。屏幕弹出放置元器件对话框，如图 4-40 所示，在 Footprint 文本框中输入元器件封装的名称，如果不知道，可单击 Browse 按钮去元器件封装库中浏览；在 Designator 文本框中输入元器件的标号；在 Comment 文本框中输入元器件的型号或标称值，单击 OK 按钮放置元器件。放置元器件后，系统再次弹出放置元器件对话框，可继续放置元器件。单击 Cancel 按钮，可退出放置状态。

图 4-39 放置工具栏

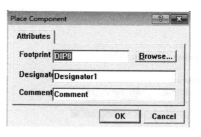

图 4-40 放置元器件对话框

（2）通过元器件库直接放置元器件 从元器件浏览器中选中元器件后，单击右下角的 Place 按钮，指针便会跳到工作区中，同时还带着该元器件的封装图，将指针移到合适位置后，单击鼠标左键，放置该元器件。在放置元器件的命令状态下，按下 <Tab> 键或用鼠标双击已放置的元器件，可弹出图 4-41 所示的元器件属性对话框，在这里可以设置元器件属性。

1）Designator：设置元器件的标号。

2）Comment：设置元器件的型号或标称值。

3）Footprint：设置元器件的封装。

4）Layer：设置元器件所在的层。

5）Rotation：设置元器件的旋转角度。

6）X-Location 和 Y-Location：元器件所在位置的 X、Y 方向的坐标值。

7）Lock Prims：选中此项，则该元器件封装图形不能被分解开。

8）Locked：选中此项，则该元器件被锁定。不能进行移动、删除等操作。

9）Selection：选中此项，则该元器件处于被选取状态，呈高亮。

放置多谐振荡器 PCB 元器件如图 4-42 所示。

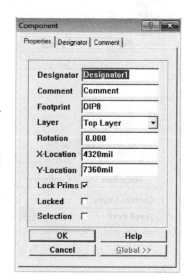

图 4-41 元器件属性对话框

2. 放置焊盘

单击放置工具栏中的 ⊙ 按钮或执行菜单命令 Place → Pan，进入放置焊盘状态，将指针移到放置焊盘的位置，单击鼠标左键，便放置了一个焊盘，焊盘中心有序号。单击鼠标左键，可继续放置焊盘。单击鼠标右键，退出放置状态。

在放置焊盘的命令状态下，按下 <Tab> 键或双击已放置的焊盘，可弹出图 4-43 所示的焊盘属性对话框，可以设置焊盘属性。

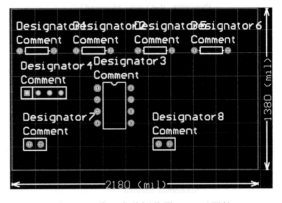

图 4-42　放置多谐振荡器 PCB 元器件

1）Use Pad Stack 复选框：设定使用焊盘栈。焊盘栈就是在多层板中的同一焊盘在顶层、中间层和底层可各自拥有不同的尺寸与形状。选中此项则本栏将不可设置。

2）X-Size、Y-Size：设定焊盘在 X 和 Y 方向的尺寸。

3）Shape：选择焊盘形状。从下拉列表框中可选择焊盘形状，有 Round（圆形）、Rectangle（正方形）和 Octagonal（正八边形）。

4）Designator：设定焊盘的序号，从 0 开始。

5）Hole Size：设定焊盘的通孔直径。

6）Layer：设定焊盘的所在层，通常选择 Multi Layer（多层）。

7）Rotation：设定焊盘旋转角度。

8）X-Location、Y-Location：设定焊盘的 X 和 Y 方向的坐标值。

9）Locked：选中此项，焊盘被锁定。

10）Selection：选中此项，焊盘处于选取状态。

11）Testpoint：将该焊盘设置为测试点。

在自动布线中，必须对独立的焊盘进行网络设置，这样才能完成布线。在图 4-43 所示的焊盘属性对话框中选中 Advanced 选项卡，如图 4-44 所示，在 Net 下拉列表框中选定所需的网络。

3. 放置过孔

单击放置工具栏中的 ♟ 按钮，或执行菜单命令 Place → Via，进入放置过孔状态，将指针移到放置过孔的位置，单击鼠标左键便放置了一个过孔。这时指针仍处于命令状态，可继续放置过孔。单击鼠标右键退出放置状态。

在放置过孔过程中，按 <Tab> 键或双击已放置的过孔，将弹出过孔属性对话框，如图 4-45 所示，可设置过孔的有关参数。

1）Diameter：设定过孔直径。

2）Hole Size：设置过孔的通孔直径。

3）Start Layer、End Layer：设定过孔的开始层和结束层的名称。

4）Net：设定该过孔属于哪个网络。

其他参数的设置方法与焊盘属性的设置类似。

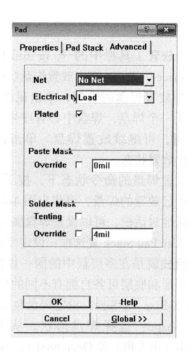

图 4-43　焊盘属性对话框　　　　　　图 4-44　Advanced 选项卡

4. 放置导线

放置导线的过程就是人工布线的过程，布线操作就是根据原理图中元器件之间的连接关系在各元器件的焊盘之间放置导线。布线的一般原则是：相邻导线之间要有一定的绝缘距离；导线在拐弯处不能走成直角；电源线和地线的布线要短、粗且避免形成短路。

（1）放置直线　单击放置工具栏中的 按钮，或执行菜单命令 Place → Interactive Routing（交互式布线），当指针变成十字形，将指针移到导线的起点，单击鼠标左键，然后将指针移到导线的终点，再单击鼠标左键，单击鼠标右键，结束操作。

（2）放置折线　与放置直线不同的是，当导线出现 90° 或 45° 转折时，在终点处要双击鼠标左键。在放置导线过程中，同时按下 <Shift+Space> 键，可以切换导线转折方式，共有 6 种，分别是 45° 转折、弧线转折、90° 转折、圆弧角转折、任意角度转折和 1/4 圆弧转折，如图 4-46 所示。

（3）设置导线属性　在放置导线完毕后，双击该导线，弹出导线属性对话框，如图 4-47 所示。

1）Width：导线宽度。

2）Layer：导线所在的层。

3）Net：导线所在的网络。

4）Locked：导线位置是否锁定。

5）Selection：导线是否处于被选取状态。

6）Start-X、Start-Y：导线起点的 X 轴、Y 轴坐标。

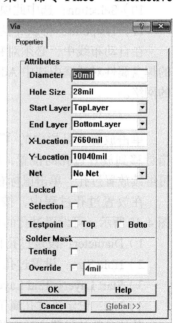

图 4-45　过孔属性对话框

7）End-X、End-Y：导线终点的 X 轴、Y 轴坐标。

8）Keepout：选取该复选框，则此导线具有电气边界特性。

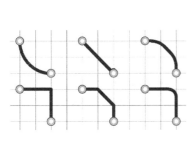

图 4-46　导线的转折方式图　　　　　　　图 4-47　导线属性对话框

另一种设置导线属性的方法为：先进行设计规则的设置，在 PCB 编辑器中，执行菜单命令 Design → Rules，将弹出如图 4-48 所示的 Design Rules（设计规则）对话框，并选中有关布线的设计规则（Routing）选项卡，再选中设置布线宽度（Width Constraint）选项。

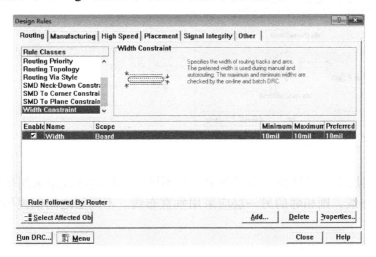

图 4-48　设计规则对话框

图 4-48 中，系统默认的布线宽度的最小值（Minimum Width）、最大值（Maximum Width）和首选值（Preferred Width）都为 10mil，需要把最大值（Maximum Width）扩大，比如扩大到 50mil，按 Properties 按钮进行修改，如图 4-49 所示。

完成上述设置后就可以进行导线属性的设置：单击放置工具栏中的 按钮，或执行菜单命令 Place → Interactive Routing（交互式布线），当指针变成十字形，将指针移到导线的起点，这时导线按系统默认宽度是 10mil；如果要加粗到 30mil，可以按 <Tab> 键，弹出图 4-50 所示的对话框，把其中的 Trace Width 宽度修改为 30mil 就可以画出图 4-51 所示的导线图。

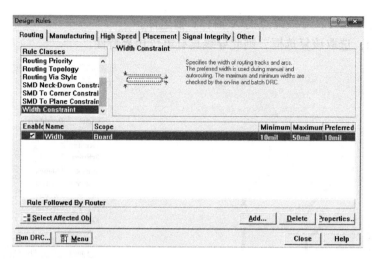

图 4-49　布线宽度最大值的修改

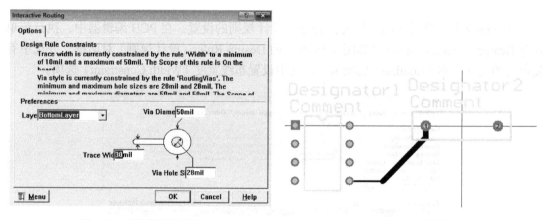

图 4-50　导线宽度的修改　　　　　　　　　　　图 4-51　导线图

（4）在不同层上放置导线　多层板中，在不同层上放置导线应采用垂直布线法，即一层采用水平布线，则相邻的另一层应采用垂直布线。不同层之间铜膜导线的连接依靠过孔实现。

5. 放置连线

连线一般是在非电气层上绘制电路板的边界、元器件边界、禁止布线边界等，它不能连接到网络上，绘制时不遵循布线规则。而导线是在电气层上元器件的焊盘之间构成电气连接关系的连线，它能够连接到网络上。

单击放置工具栏的 🗠 按钮，或执行菜单命令 Place → Line 即可放置连线。放置连线的方法和连线的参数设置、编辑等操作与放置导线的方法相同。

6. 放置填充块

在设计 PCB 时，为提高系统的抗干扰性，有利于元器件散热，通常需要设置大面积的电源 / 地线区域，这可以用放置填充块来实现。单击放置工具栏中的 ▢ 按钮，或执行菜单命令 Place → Fill，指针变为十字形，将指针移到放置矩形填充的位置，单击鼠标左键，确定矩形填充的第一个顶点，然后拖动鼠标，拉出一个矩形区域，再单击鼠标左键，完成一个矩形填充的放置。这时指针仍处于命令状态，可继续放置矩形填充，单击鼠标右键，退出放置状态。

7. 放置铺铜

在高频电路中，为了提高PCB的抗干扰能力，通常使用大面积铜箔进行屏蔽，这可以通过放置多边形铺铜来实现。

单击放置工具栏中的 按钮，或执行菜单命令 Place → Polygon Plane，弹出铺铜属性设置对话框，如图4-52所示。在对话框中设置有关参数后，单击OK按钮，指针变成十字形，进入放置铺铜状态。用鼠标定义一个封闭区域，程序将自动在此区域内铺铜。

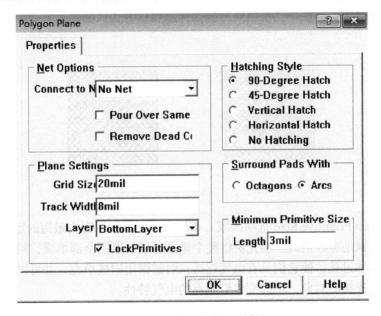

图4-52 铺铜属性设置对话框

铺铜属性设置对话框的参数说明如下。

（1）Net Options 选项区域 该区域用于设置铺铜与电路网络间的关系。

1）Connect to Net 下拉列表框：选择所隶属的网络名称。

2）Pour Over Same Net 复选框：该项有效时，在铺铜时遇到该连接的网络就直接覆盖。

3）Remove Dead Copper 复选框：该项有效时，如果遇到死铜的情况就将其删除。人们把已经设置与某个网络相连，而实际上没有与该网络相连的铺铜称为死铜。

（2）Plane Settings 选项区域

1）Grid Size 文本框：设置铺铜的栅格间距。

2）Track Width 文本框：设置铺铜的线宽。

3）Layer 下拉列表框：设置铺铜所在的层。

（3）Hatching Style 选项区域 该区域用于设置铺铜的格式。

在铺铜中，采用5种不同的填充格式，如图4-53所示。

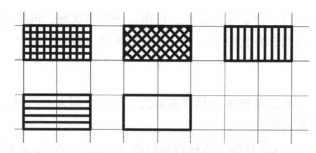

图 4-53   5 种不同的铺铜填充格式

（4）Surround Pads With 选项区域   该区域用于设置铺铜环绕焊盘的方式。

在铺铜属性设置对话框中，提供两种铺铜环绕焊盘方式，即圆弧方式和八边形方式，如图 4-54 所示。

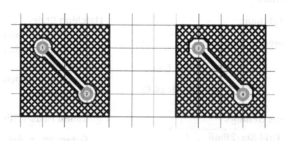

图 4-54   铺铜环绕焊盘的方式

（5）Minimum Primitive Size 选项区域   该区域用于设置铺铜内最短的走线长度。

填充块与铺铜是有区别的。填充块将整个矩形区域以覆铜全部填满，同时覆盖区域内所有的导线、焊盘和过孔，使它们具有电气连接；而铺铜用铜线填充，并可以设置绕过多边形区域内具有电气连接的对象，不改变它们原有的电气特性。

8. 放置尺寸标注

在 PCB 设计中，出于方便制造的考虑，通常要标注某些尺寸的大小，如 PCB 的尺寸、特定元器件外形间距等，一般尺寸标注放在机械层或丝印层上。

单击放置工具栏中的 ✐ 按钮，或执行菜单命令 Place → Dimension，指针变成十字形，移动指针到尺寸的起点，单击鼠标左键；再移动指针到尺寸的终点，再次单击鼠标左键，即完成了两点之间尺寸标注的放置，而两点之间距离将由程序自动计算得出，如图 4-55 所示。

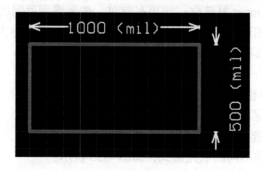

图 4-55   放置尺寸标注

在放置尺寸标注命令状态下按下 <Tab> 键，或双击已放置的标注尺寸，在弹出的尺寸标注属性对话框中可以对有关参数进一步设置。

9. 放置坐标

放置坐标的功能是将当前指针所处位置的坐标值放置在工作层上，一般放置在非电气层。单击放置工具栏中的 ↓ᵐ,ᵐ 按钮，或执行菜单命令 Place → Coordinate，此时指针变成十字形，且有一个变化的坐标值随指针移动，指针移到放置的位置后单击鼠标左键，完成一次操作，如图 4-56 所示。放置好的坐标左下方有一个十字符号。这时指针仍处于命令状态，可继续放置坐标，单击鼠标右键可退出放置状态。

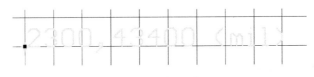

图 4-56　放置坐标

在放置坐标命令状态下按下 <Tab> 键，或双击已放置的坐标，在弹出的坐标属性对话框中同样可以对有关参数进一步设置。

10. 放置字符串

在制作 PCB 时，常需要在 PCB 上放置一些字符串，说明本 PCB 的功能、电路设置方法、设计序号和生产时间等。这些字符串可以放置在机械层，也可以放置在丝印层。

单击放置工具栏的 **T** 按钮，或执行菜单命令 Place → String，此时指针变成十字形，且指针带有字符串。此时，按下 <Tab> 键，将弹出字符串属性设置对话框，如图 4-57 所示。设置完毕后，单击 OK 按钮，将指针移到相应的位置，单击鼠标左键确定，完成一次放置操作。

11. 放置圆弧

单击放置工具栏的 ◔、◔、◔、◔ 按钮，或执行菜单命令 Place → Arc（Edge）、Arc（Center）、Arc（Any Angle）、Full Circle，可以画各种圆弧。

在绘制圆弧状态下，按 <Tab> 键，或双击绘制好的圆弧，系统将弹出圆弧属性设置对话框，如图 4-58 所示。设置圆弧的主要参数如下：

1）Width：设置圆弧的线宽。

2）Layer：设置圆弧所在层。

3）Net：设置圆弧所连接的网络。

4）X-Center 和 Y-Center：设置圆弧的圆心坐标。

5）Radius：设置圆弧的半径。

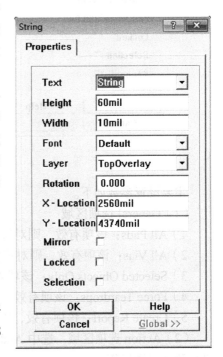

图 4-57　字符串属性设置对话框

6) Start Angle 和 End Angle：设置圆弧的起始角度和终止角度。

12. 补泪滴

为了增强 PCB 的铜膜导线与焊盘（或过孔）连接的牢固性，避免因钻孔而导致断线，需要将导线与焊盘（或过孔）连接处的导线宽度逐渐加宽，形状就像一个泪滴，所以这样的操作称为补泪滴。补泪滴时要求焊盘要比导线宽大。

选中要设置的焊盘或过孔，或选中导线或网络，执行菜单命令 Tools → Teardrops，弹出泪滴属性设置对话框，如图 4-59 所示。

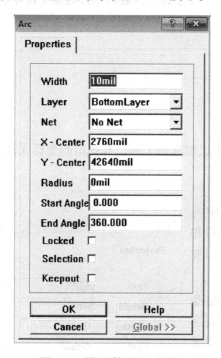

图 4-58　圆弧属性设置对话框

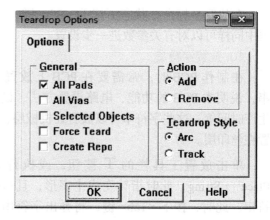

图 4-59　泪滴属性设置对话框

主要设置参数如下。

（1）General 选项区域

1）All Pads：该项有效，则对符合条件的所有焊盘进行补泪滴操作。

2）All Vias：该项有效，则对符合条件的所有过孔进行补泪滴操作。

3）Selected Objects Only：该项有效，则只对选取的对象进行补泪滴操作。

4）Force Teardrops：该项有效，将强迫进行补泪滴操作。

5）Create Report：该项有效，则把补泪滴操作数据存成一份 .Rep 报表文件。

（2）Action 选项区域　选中 Add 单选项，将进行补泪滴操作；选中 Remove 单选项，将进行删除泪滴操作。

（3）Teardrop Style 选项区域　选中 Arc 单选项，将用圆弧导线进行补泪滴操作；选中 Track 单选项，将用直线导线进行补泪滴操作。

最后单击 OK 按钮结束。补泪滴后的效果如图 4-60 所示。

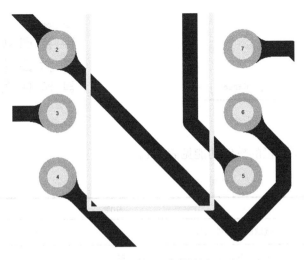

图 4-60　补泪滴效果图

4.2.7　调整布局

1. 移动元器件

（1）用鼠标拖动　将指针移到元器件上，按住鼠标左键不放，将元器件拖动到目标位置。这种方法对没有进行线路连接的元器件比较方便。

（2）使用 Move 菜单命令　执行菜单命令 Edit → Move → Component，指针变为十字形，在要移动的元器件上单击鼠标左键，元器件将随鼠标一起移动，到目标位置再单击鼠标左键确定。

执行菜单命令 Edit → Move → Move，单纯地移动一个元器件。使用该命令，只是移动元器件本身，而与元器件相连的其他对象原地不动。

（3）设置 Drag 菜单命令　执行菜单命令 Edit → Move → Drag，用于拖动元器件。对于已连接好印制导线的元器件，希望移动元器件时印制导线也跟着移动，则必须进行拖动连线的系统参数设置：执行菜单命令 Tools → Preferences，屏幕弹出系统参数设置对话框，在 Options 选项卡 Component drag 选项区域的 Mode 下拉列表框中选择 Connected Tracks 即可。

（4）在 PCB 中定位元器件　在 PCB 较大时，可以采用 Jump 命令进行元器件跳转以查找元器件。执行菜单命令 Edit → Jump → Component，弹出一个元器件跳转对话框，如图 4-61 所示，在文本框中填入要查找的元器件标号，单击 OK 按钮，指针就会跳转到指定元器件上。

2. 旋转元器件

将指针移到要旋转的元器件上，按住鼠标左键不放，同时按下 <Space> 键，或 <X> 键，或 <Y> 键，即可旋转被选取元器件的方向。

3. 排列元器件

在 PCB 编辑器中，系统也提供了元器件的排列对齐功能。可以在图 4-62 所示的元器件位置调整工具栏（Component Placement）中单击相应的图标。

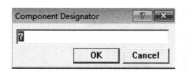

图 4-61　元器件跳转对话框

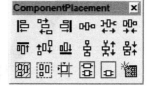

图 4-62　元器件位置调整工具栏（Component Placement）

元器件位置调整工具栏的按钮功能见表 4-1。

表 4-1　元器件位置调整工具栏（Component Placement）的按钮功能

按钮	功能
	（Align Left）：选取的元器件左对齐
	（Center Horizontal）：选取的元器件水平中心线对齐
	（Align Right）：选取的元器件右对齐
	（Horizontal Spacing\ Make Equal）：选取的元器件水平平铺
	（Horizontal Spacing\Inerease）：选取的元器件的水平间距增大
	（Horizontal Spacing\）：选取的元器件的水平间距减小
	（Align Top）：选取的元器件顶部对齐
	（Center Vertical）：选取的元器件垂直中心线对齐
	（Align Bottom）：选取的元器件底部对齐
	（Vertical Spacing\ Make Equal）：选取的元器件垂直平铺
	（Vertical Spacing\Inerease）：选取的元器件的垂直间距增大
	（Vertical Spacing\Decrease）：选取的元器件的垂直间距减小
	（Arrange Within Room）：选取的元器件在元器件屋内部排列
	（Arrange Within Rectangle）：选取的元器件在一个矩形内部排列
	（Move To Grid）：选取的元器件移到栅格上
	将选择的元器件组合
	拆开元器件组合
	调用 Align Component 对话框

4. 调整元器件标注

调整标注要尽量靠近元器件，以指示元器件的位置。元器件标注一般要求排列整齐，文字方向一致。标注不要放在元器件的下面、焊盘和过孔的上面；标注大小要合适。修改标注内容时可直接双击该标注文字，在弹出的对话框中进行修改。

多谐振荡器 PCB 调整完布局后结果如图 4-63 所示。

4.2.8 连接导线

调整布局后就可以连线了，遵循 PCB 的布线原则人工布线并加泪滴，结果如图 4-64 所示。

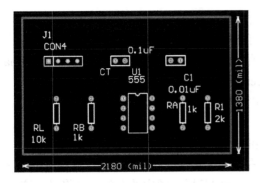

图 4-63 多谐振荡器 PCB 布局

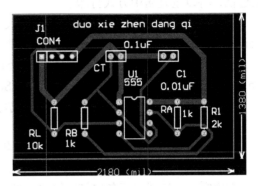

图 4-64 多谐振荡器人工布线

4.2.9 打印 PCB

1. 设置打印机

输出 PCB 可以采用 Gerber 文件、绘图仪或普通打印机。在打印之前，先要对打印机进行设置，包括打印机的类型、纸张大小、电路图纸的设置等内容，然后再进行打印输出。

打开 PCB 文件，如电路板图 .PCB，单击主工具栏中的 🖨 按钮，或执行菜单命令 File → Printer → Preview，系统生成 Preview 电路板图 .PPC 打印预览文件，如图 4-65 所示。

执行菜单命令 File → Setup Printer，系统弹出图 4-66 所示的打印设置对话框。

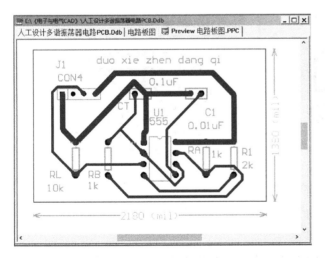

图 4-65 打印预览文件

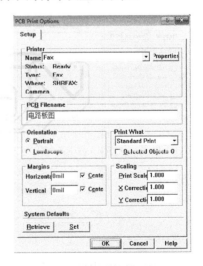

图 4-66 打印设置对话框

设置内容如下：

1）在 Printer 选项区域的 Name 下拉列表框中，可选择打印机的型号。

2）在 PCB Filename 文本框中，显示要打印的 PCB 文件名。

3）在 Orientation 选项区域可选择打印方向，包括 Portrait（纵向）和 Landscape（横向）。

4）在 Margins 选项区域，Horizontal 文本框可设置水平方向的边距范围，选中 Center 复选框，将以水平居中方式打印；在 Vertical 文本框可设置垂直方向的边距范围，选中 Center 复选框，将以垂直居中方式打印。

5）在 Scaling 选项区域，Print Scale 文本框用于设置打印输出时的放大比例；X Correction 和 Y Correction 两个文本框用于调整打印机在 X 轴和 Y 轴的输出比例。

6）在 Print What 下拉列表框中有三个选项：Standard Print（标准打印）、Whole Board On Page（整块板打印在一张图纸上）、PCB Screen Region（只打印显示区域）。

所有设置完成后，单击 OK 按钮，完成打印机设置。

2. 设置打印模式

从 Tools 菜单项中选取所需项，菜单中各项的功能如下：

1）Create Final：建立分层打印输出文件，这是经常采用的打印模式之一。如图 4-67 所示，图中左侧窗口已经列出了各层打印输出时的名称，选中某层，图中的右侧窗口将显示该层打印的预览图。

2）Create Component：建立叠层打印输出文件，这也是经常采用的打印模式之一。如图 4-68 所示，图中左侧窗口已经列出了一起打印输出的各层名称，图中右侧窗口显示了各层叠加在一起的打印预览图。打印机要选用彩色打印机，才能将各层用颜色区分开。

3）Create Power-Plane Set：建立电源/接地层打印输出文件。

4）Create Mask Set：建立阻焊层与锡膏层打印输出文件。

5）Create Drill Drawings：建立钻孔图打印输出文件。

6）Create Assembly Drawings：建立安装图打印输出文件。

7）Create Composite Drill Guide：建立钻孔指示图打印输出文件。

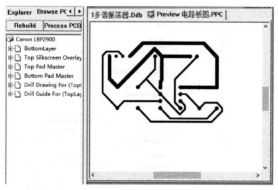

图 4-67　分层打印输出文件

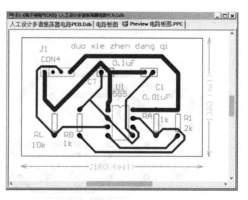

图 4-68　叠层打印输出文件

3. 设置打印输出层

Protel 99 SE 中可以自行定义打印输出的工作层。在 PCB 打印浏览器中，单击鼠标右键，屏幕弹出图 4-69 所示的打印层面设置菜单。

选择 Insert Printout 命令，屏幕弹出图 4-70 所示的输出文件设置对话框，其中 Printout Name 用于设置输出文件名，这

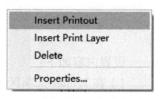

图 4-69　打印层面设置菜单

里输入 New Printout；Components 用于设置元器件的打印层面；在 Options 区域选中 Show Holes，则打印输出中显示焊盘和过孔的插孔；Layers 用于设置输出的工作层，单击 Add 按钮，屏幕弹出图 4-71 所示的对话框，可以设置输出层面。

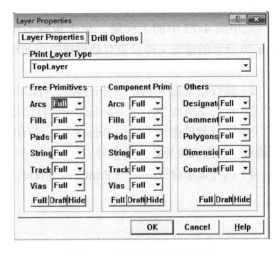

图 4-70 输出文件设置对话框　　　　　　图 4-71 设置输出层面对话框

在设置输出层面对话框中可以添加打印输出的层面和各种图件的打印效果，设置完毕后单击 OK 按钮，返回图 4-70 所示的界面，单击 OK 按钮结束设置，此时在 PCB 打印浏览器中会产生新的打印预览文件 New Printout，如图 4-72 所示。从图中可以看出新设定的输出层面为 BottomLayer、TopOverlay、MultiLayer 和 KeepOutLayer。

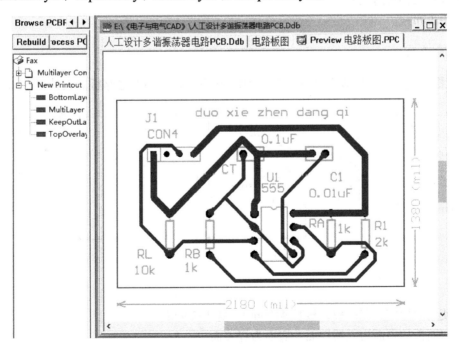

图 4-72 新的打印预览文件 New Printout

选中图 4-72 中的工作层，单击鼠标右键，在弹出的菜单中选择 Insert Print Layer，可直接进入图 4-71 所示的设置输出层面对话框，进行输出层面设置。

选中图 4-72 中的工作层，单击鼠标右键，在弹出的菜单中选择 Delete，可以删除当前输出层面。

选中图 4-72 中的工作层，单击鼠标右键，在弹出的菜单中选择 Properties，可进入图 4-70 所示的输出文件设置对话框修改当前输出层面的设置。

4. 打印输出

1）执行菜单命令 File → Print All，打印所有的图形。

2）执行菜单命令 File → Print Job，打印操作对象。

3）执行菜单命令 File → Print Page，打印指定页面。执行该命令后，系统弹出页码输入对话框，以输入需要打印的页号。

4）执行菜单命令 File → Print → Current，打印当前页。

任务 4.3 人工设计直流稳压电源电路 PCB

任务目标

1）通过设计实例，掌握手工设计 PCB 的步骤及方法。

2）绘制直流稳压电源电路原理图。

3）自动定义双面板。

4）放置元器件封装并调整。

5）手工布线。

4.3.1 设计直流稳压电源电路 PCB 任务要求

直流稳压电源电路原理图如图 4-73 所示，试设计该电路的电路板。设计要求如下：

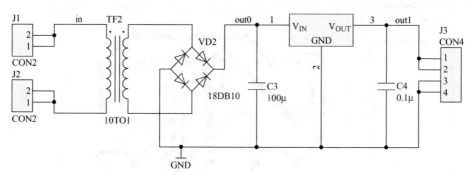

图 4-73　直流稳压电源电路原理图

1）使用向导定义双面板，板长 4100mil，宽 1420mil。

2）双面板的顶面为元器件面，底面为焊接面。

3）一般布线的宽度为 25mil，输出端电源地线为 50mil。

4）布线时考虑顶层和底层都走线，顶层走水平线，底层走垂直线，尽量不用过孔。

5）PCB 图中的铺铜在底层，要求铺铜的栅格间距为 40mil，铺铜的线宽为 10mil，铺铜的格式采用 45° 格子方式，铺铜环绕焊盘的方式为八边形方式。

4.3.2　设计直流稳压电源电路 PCB 任务实施

1. 绘制直流稳压电源电路

按照设计要求，准确无误地绘制直流稳压电源电路图，如图 4-73 所示。

2. 使用向导定义 PCB

按照利用向导定义 PCB 的步骤，定义直流稳压电源电路 PCB，如图 4-74 所示。

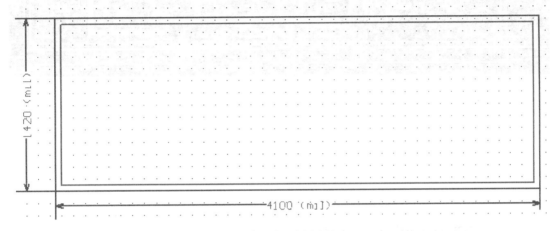

图 4-74　直流稳压电源电路 PCB

3. 人工放置元器件封装

按照放置对象的方法，参照原理图人工放置元器件封装、焊盘、安装孔标记后并调整布局，如图 4-75 所示。

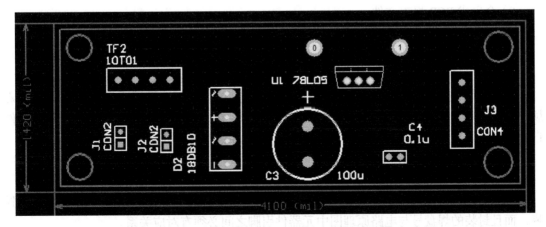

图 4-75　人工放置直流稳压电源电路元器件封装

4. 人工布线

按照放置对象的方法放置铜模导线，一般布线的宽度为 25mil，输出端电源地线为 50mil。在底层放置铺铜，铺铜的栅格间距为 40mil，铺铜的线宽为 10mil，铺铜的格式采用

45°格子方式，铺铜环绕焊盘的方式为八边形方式，结果如图4-76所示。

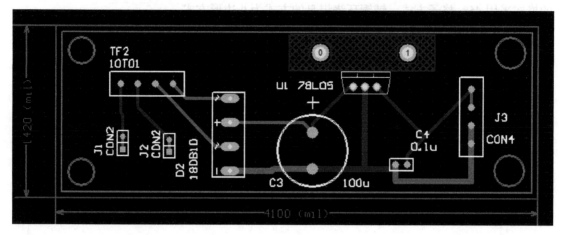

图4-76　人工布线直流稳压电源电路

任务 4.4　自动设计波形发生电路的 PCB

任务目标

1）掌握 PCB 自动布线技术的步骤。

2）会根据电路原理图生成网络表。

3）会加载网络表。

4）会布局元器件（自动布局人工调整）。

5）会设置布线规则设置并完成自动布线。

6）会生成 PCB 报表文件。

7）掌握 PCB 输出的方法。

4.4.1　PCB 自动布线的步骤

人工布线仅适用于比较简单的 PCB 设计，复杂一些的 PCB 设计采用人工布线比较麻烦，就不适用了，此时可以采用 PCB 自动布线技术。PCB 自动布线技术是通过计算机软件自动将电路原理图中元器件间的逻辑连接转换为 PCB 铜箔连接的技术。

PCB 自动布线步骤有 12 步。

1. 绘制电路原理图

绘制电路原理图的目的是为了设计 PCB，绘制电路原理图时应注意每个元器件必须封装，而且封装的焊盘号与电路原理图中元器件引脚之间必须有对应关系。

2. 生成网络表

电路原理图进行电气规则检查（ERC）后，生成网络表。

3. 建立 PCB 文件，定义 PCB

可以用直接定义 PCB 的方法，也可使用向导定义 PCB，同时进行 PCB 设计环境的设置，确定工作层等。

4. 加载 PCB 封装库

常用 PCB 封装库有：PCB Footprint.lib、General IC.lib、International Rectifiers.lib、Miscellaneous. lib、Transistors.lib 等。

5. 加载网络表

加载网络表，实际上是将元器件封装放入 PCB 图之中，元器件之间的连接关系以网络飞线的形式体现。在加载网络表过程中，注意形成的宏命令是否有错，若有错，则查明原因，返回电路原理图并修改电路原理图。一般遇到的问题是无元器件封装或元器件引脚和封装焊盘不对应。

6. 元器件的布局

采用自动布局和人工调整布局相结合的方式，将元器件合理地放置在电路板中。在考虑电气性能的前提下，尽量减少网络飞线之间的交叉，以提高布线的布通率。

7. 设计规则设置

在自动布线前，根据实际需要设置好常用的布线参数，以提高布线的质量。

8. 自动 / 人工预布线

对某些特殊的连线可以先进行人工预布线，然后进行自动布线。

9. 人工布线调整

利用 3D 立体图观察 PCB，若对元器件布置或布线不满意，可以去掉布线，恢复到预拉线状态，重新布置元器件后再自动布线。对部分布线可以人工调整与布线。

10. PCB 电气规则检查及标注文字调整

对 PCB 进行电气规则检查后，对丝印层上的标注文字进行调整，然后写上画 PCB 的日期等文字。

11. PCB 报表的生成

生成报表文件的功能可以产生有关设计内容的详细资料，主要包括 PCB 的状态、引脚、元器件、网络表、钻孔文件和插件文件等。

12. PCB 输出

采用打印机或绘图仪输出 PCB 图。也可以将所完成的 PCB 图存盘，或发 E-mail 给 PCB 制造商生产 PCB。

4.4.2 绘制波形发生电路原理图

下面通过由图 4-77 所示的波形发生电路原理图设计一个双面 PCB，来学习 PCB 自动布线技术的操作。

新建一个设计数据库，命名为"自动设计波形发生电路 PCB.Ddb"。建立名称为"波形发生电路 .Sch"的电路原理图文件，并根据图 4-77 所示电路来绘制电路原理图。

4.4.3 根据电路原理图生成网络表

在电路原理图编辑器下，执行菜单命令 Design → Create Netlist，用来生成网络表文件，系统自动命名为"波形发生电路 NET"，如图 4-78 所示。

同时在 PCB 编辑器中加载常用 PCB 封装库，如果有自己绘制的封装，则还需要加载该封装所在的新的 PCB 封装库。

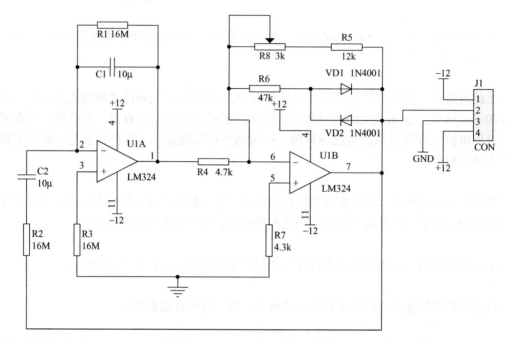

图 4-77　波形发生电路原理图

4.4.4　自动定义 PCB

　　根据使用向导定义 PCB 的外形尺寸长为 3100mil，宽为 1640mil。并把生成的 PCB 文件改名为波形发生电路 .PCB，生成的 PCB 外形和工作层如图 4-79 所示。

4.4.5　加载网络表

　　从一个元器件的某个引脚上到其他引脚或其他元器件的引脚上的电气连接关系称作网络（Net）。网络表（Netlist）描述电路中的元器件特征和电气连接关系，它一般从电路原理图中获取，是电路原理图设计和 PCB 设计之间的桥梁。

图 4-78　波形发生电路网络表文件

　　加载网络表，实际上是将元器件封装放入 PCB 图之中，元器件之间的连接关系以网络飞线的形式体现。加载网络表的方法是在 PCB 编辑器中，执行菜单命令 Design → Load Nets，此时会弹出图 4-80 所示的加载网络表对话框。

　　在 Netlist File 文本框下有两个复选框：

　　1）Delete components not in netlist 复选项，该项选中则系统将会在加载网络表之后，与当前 PCB 中存在的元器件作比较，将网络表中没有的而在当前 PCB 中存在的元器件删除掉。

2）Update footprint 复选项，该项选中则会自动用网络表内存在的元器件封装替换当前 PCB 上的相同元器件的封装。

这两个选项，适合在电路原理图修改后的网络表的重新装入。

在 Netlist File 文本框中可输入加载的网络表文件名。如果不知道网络表文件的位置，单击 Browse 按钮将弹出图 4-81 所示的选择网络表文件对话框。

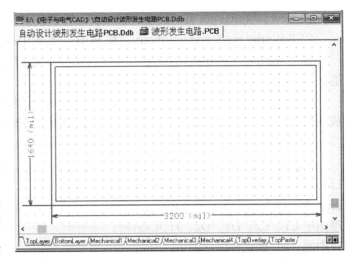

图 4-79　生成的 PCB 外形和工作层

图 4-80　加载网络表对话框

图 4-81　选择网络表文件对话框

在图 4-81 所示对话框中，找到网络表所在的设计数据库文件路径和名称，在正确选取"波形发生电路 .NET"文件后，单击 OK 按钮，系统开始自动生成网络宏（Netlist Macros），并将其在装入网络表的对话框中列出，如图 4-82 所示，由图可知，装入网络表后共发现 17 个错误，这是由于电路原理图元器件与 PCB 封装的不匹配所引起的。

加载网络表后出现的错误，称为网络宏错误。常见的宏错误信息如下。

1）Net not found：找不到对应的网络。

2）Component not found：找不到对应的元器件。

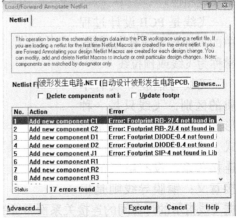

图 4-82　生成的有错误的网络表宏信息

3）New footprint not matching old footprint：新的元器件封装与旧的元器件封装不匹配。

4）Footprint not found in Library：在 PCB 封装库中找不到对应元器件的封装。

至于 Warning Alternative footprint xxx used instead of ：程序自动使用 ×× 封装替换，可能是不合适的元器件封装，这是一个警告信息。

发现错误后，找到错误原因，回到电路原理图或其他相关的编辑器修改错误，并重新生成网络表，再切换到 PCB 文件中重新进行加载网络表操作。

本例中，图 4-82 所示的错误：

Error："Footprint RB-.2/.4 not found in Library" "Footprint DIODE-0.4 not found in Library" "Footprint SIP-4 not found in Library"均为元器件封装不匹配，将原理图中C1、C2、D1、D2、J1 元器件封装中的"-"删除再保存即可。

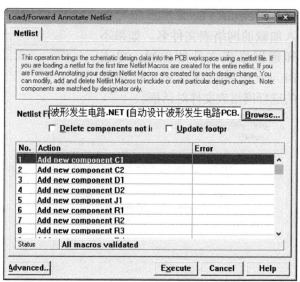

Error："Node not found"，由于电路原理图中的二极管 D1 和 D2（1N4001），在电路原理图中引脚号定义为 1、2，而在 PCB 中封装 DIODE0.4 焊盘编号定义为 A、K，两者不匹配，故找不到接点而出错。也可以在 PCB 封装库 Miscellaneous.lib 中，把封装 DIODE0.4 焊盘编号 A、K 改为 1、2。再回到 PCB 文件中重新加载网络表，生成图 4-83 所示的无错误的网络表宏信息。

图 4-83   生成的无错误的网络表宏信息

最后，单击图 4-83 中底部的 Execute 按钮，完成网络表和元器件的装入。效果如图 4-84 所示，装入的元器件重叠在 PCB 的电气边界内，元器件之间用网络飞线相连。

飞线是 PCB 设计过程中的一种与导线有关的线，常称为飞线或预拉线。

飞线与铜膜导线有本质的区别，飞线只是一种形式上的连线，它只是形式上表示出各个焊盘间的连接关系，没有电气的连接意义；铜膜导线则是根

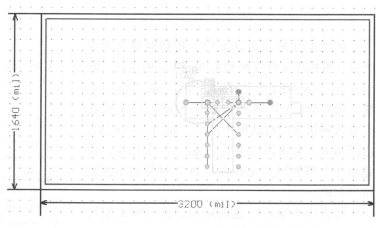

图 4-84   装入网络表和元器件后的 PCB 图

据飞线指示的焊盘间的连接关系而布置的，是具有电气连接意义的连接线路。

4.4.6　布局 PCB 元器件封装

把 PCB 封装装入 PCB 之后，会发现所有的 PCB 封装重叠在一起，这就需要在所定义的 PCB 内对 PCB 封装进行合理的布局。一般 PCB 封装的布局采用自动布局和人工调整相结合的方法。

1. 设置 PCB 封装布局参数

在进行 PCB 封装的布局之前，先对一些与 PCB 封装布局有关的参数作以下调整。

（1）PCB 封装布局的栅格　执行菜单命令 Design → Options，在弹出的 Document Options 对话框中的 Options 选项卡中，分别对捕获栅格在 X 和 Y 方向的间距进行设置。这里采用默认值 20mil。

（2）字符串显示临界值　执行菜单命令 Tools → Preferences，在弹出的 Preferences 对话框中单击 Display 选项卡，在 Draft thresholds 选项区域的 String 文本框中输入构成字符串像素的临界值。这里设置 String 值为 4 像素。

（3）PCB 封装布局参数设置　执行菜单命令 Design → Ruler，将弹出图 4-85 所示的 Design Rules（设计规则）对话框。单击 Placement 选项卡，可对 PCB 封装布局设计规则进行设置，它只适合于 Cluster Placer（群集式布局）自动布局方式。

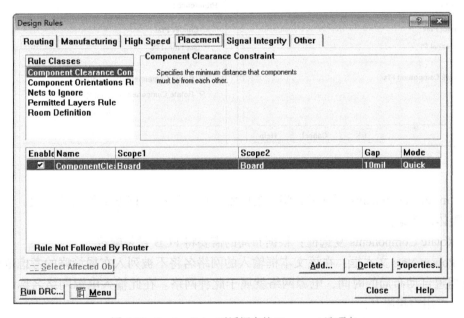

图 4-85　Design Rules 对话框中的 Placement 选项卡

主要参数含义如下。

1）Component Clearance Constraint：设置 PCB 封装之间的最小间距。

2）Component Orientations Rule：设置布置 PCB 封装时的放置角度。

3）Nets to Ignore：设置在利用 Cluster Placer（群集式布局）方式进行自动布局时，应该忽略哪些网络走线造成的影响，这样可以提高自动布局的速度与质量。

4）Permitted Layers Rule：设置允许 PCB 封装放置的电路板层。

5）Room Definition：设置定义房间的规则。所谓定义房间就是指在对 PCB 电路布线过程中，可以将元器件、元器件类或元器件封装定义为一个房间，从而将房间内的内容作为一个整体进行移动或者锁定。

由于 Protel 99 SE 的自动布局效果较差，一般只能将 PCB 封装散开排列，大部分需要人工调整 PCB 封装布局，所以不需要详细设置布线参数，一般选择默认即可。

2. 自动布局 PCB 封装

执行菜单命令 Tools → Auto Placement → Auto Placer，屏幕弹出如图 4-86 所示的自动布局对话框。对话框中显示了两种自动布局方式，每种方式所使用的计算和优化 PCB 封装位置的方法不同。

（1）Cluster Placer（群集式布局方式） 这种方式根据 PCB 封装的连通性将 PCB 封装分组，然后使其按照一定的几何位置布局。自动布局的规则就是为该方式设置的。这种布局方式适合于 PCB 封装数量较少（小于 100）的 PCB 设计。其设置对话框如图 4-86 所示。

（2）Statistical Placer（统计式布局方式） 这种方式使用统计算法，遵循连线最短原则来布局 PCB 封装，无须另外设置布局规则。这种布局方式最适合 PCB 封装数目超过 100 的 PCB 设计。如选择此布局方式，将弹出图 4-87 所示的对话框。

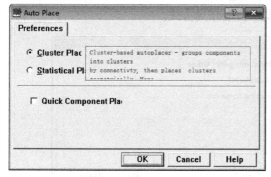
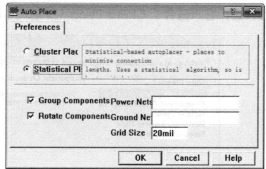

图 4-86　自动布局对话框　　　　　图 4-87　统计式布局方式的自动布局对话框

1）Group Components 复选框：将当前网络中连接密切的 PCB 封装合为一组，布局时作为一个整体来考虑。

2）Rotate Components 复选框：根据布局的需要将 PCB 封装旋转。

3）Power Nets 文本框：在该文本框输入的网络名将不被列入布局策略的考虑范围，这样可以缩短自动布局的时间，电源网络就属于此种网络。在此输入电源网络名称，若有多个电源，可用空格隔开。

4）Ground Nets 文本框：其含义同 Power Nets 文本框。在此输入接地网络名称 GND。

5）Grid Size 文本框：设置自动布局时的栅格间距，默认为 20mil。

采用统计式布局方式不是直接在 PCB 文件上运行，而是打开一个图 4-88 所示的临时布局窗口（生成一个 Place1.Plc 的文件）。当出现一个标有 Auto-Place is Finished 的信息框时，单击 OK 按钮，将出现图 4-89 所示的 Design Explorer 对话框，提示是否将自动布局的结果更新到 PCB 文件中。单击 Yes 按钮，更新后系统返回到 PCB 文件窗口。

本例因为 PCB 封装较少，故选择群集式 PCB 布局方式。自动布局后的 PCB 图如图 4-90 所示。

图 4-88　统计式布局方式完成后的临时布局窗口　　　图 4-89　Design Explorer 对话框

3. 人工调整布局

在图 4-90 所示的自动布局后形成的 PCB 图中，PCB 封装在 PCB 上的布局并非十分合理，所以要采用人工方法对布局进一步调整。人工调整布局包括对 PCB 封装和 PCB 封装标注字符的选中、移动、旋转和排列等操作。元器件封装的选中、移动、选中等于原理图元器件编辑一样。

（1）剪切、复制、粘贴PCB 封装

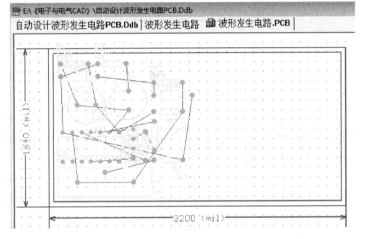

图 4-90　自动布局后形成的 PCB 图

1）PCB 封装的剪切。先选中 PCB 封装，然后执行菜单命令 Edit→Cut，或单击主工具栏的 ✂ 按钮。

2）PCB 封装的复制。先选中 PCB 封装，然后执行菜单命令 Edit→Copy。

3）PCB 封装的粘贴。执行菜单命令 Edit→Paste，或单击主工具栏的 ＼ 按钮。

（2）特殊粘贴 PCB 封装　特殊粘贴操作可以将剪贴板中的内容按照设定好的方式放置到 PCB 中，可以利用这种功能来自动地放置具有重复性的 PCB 封装。

1）利用剪切或复制功能将需粘贴的对象放置到剪贴板中，执行菜单命令 Edit→Paste Special，启动特殊粘贴，屏幕将弹出图 4-91 所示的对话框。

特殊粘贴所列粘贴方式有下列几种。

Paste on current：将对象粘贴在当前的工作层。

Keep net name：将保持对象所属的网络名称。

Duplicate designator：粘贴的对象与原来的对象具有相同的标号。

Add to component class：粘贴的对象与原来的对象属于相同的 PCB 封装组。

2）当设置了粘贴方式后，就可以单击 Paste 按钮，执行一般的粘贴操作，直接将对象粘贴到目标位置。如果单击 Paste Array 按钮，执行阵列式粘贴操作，屏幕将弹出图 4-92 所示的阵列式粘贴设置对话框。阵列式粘贴的功能与 Placement Tools 工具栏的 ▦ 按钮的功能相同，对话框中各个选项的功能如下：

① Placement Varaibles 选项区域：其中 Item Count 框用于设置重复粘贴的次数；Text Increment 框用于设置所要粘贴的 PCB 封装标号的增量值。

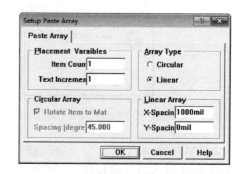

图 4-91　特殊粘贴对话框　　　　　图 4-92　阵列式粘贴设置对话框

② Array Type 选项区域：用来设置阵列粘贴类型。Circular 选项为圆形放置，Linear 选项为线形放置。

③ Circular Array 选项区域：只有在选取了 Circular 选项时有效，用于设置圆形放置时各对象间隔的角度。其中选取 Rotate Item to Match 复选框时，表示要适当旋转对象；Spacing[degrees] 文本框用来设置对象间隔的角度。

④ Linear Array 选项区域：只有在选取了 Linear 选项时有效，用于设置线形放置对象时各个对象的间隔。其中 X-Spacing 文本框用来设置 X 方向的间隔，Y-Spacing 文本框用来设置 Y 方向的间隔。

（3）删除对象

1）使用 Clear 命令删除：先选中要删除的对象，如导线、PCB 封装、焊盘、字符串和过孔等，执行菜单命令 Edit → Clear 则被选中的对象立即被删除。

2）使用 Delete 命令删除：与 Clear 命令不同的是，在执行 Delete 命令之前不需要选中对象。首先执行菜单命令 Edit → Delete，指针变成十字形，将指针移到所要删除的对象上，单击鼠标左键即可。

（4）删除导线

1）导线段的删除：执行菜单命令 Edit → Delete，指针变成十字形，将指针移到要删除的导线上，如果导线在当前层上，指针上会出现小圆圈；如果导线不在当前层，将指针移到导线的中间（这时指针无变化，下同），然后单击鼠标左键即可。

2）两焊盘之间的导线的删除：执行菜单命令 Edit → Select → Physical Connection，指针变成十字形，移到要删除的导线上单击鼠标左键，选取两焊盘之间的导线再单击鼠标右键，指针恢复原形。此时，按下 <Ctrl+Delete> 键，两焊盘之间的导线被删除。

3）删除相连接的导线：执行菜单命令 Edit → Select → Connected Copper，指针变成十字形，移到要删除的导线上单击鼠标左键，再单击鼠标右键，指针恢复原形。然后按下 <Ctrl+Delete> 键，完成导线删除。

4）删除同一网络上的所有导线：执行菜单命令 Edit → Select → Net，指针变成十字形，将指针移到被删除网络上的任意一条导线段上单击鼠标左键，则该网络上的导线均被选取，再单击鼠标右键，指针恢复原形。然后按下 <Ctrl+Delete> 键，即可删除该网络上所有的导线。

本例经人工调整布局后的 PCB 如图 4-93 所示。

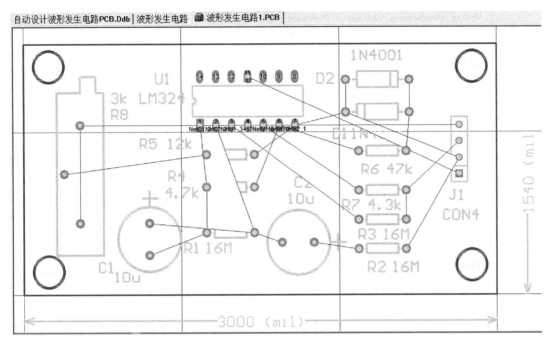

图 4-93　人工调整布局后的 PCB

4.4.7　设置设计规则与自动布线

自动布线是指系统根据设计者设定的布线规则，依照网络表中的各个 PCB 封装之间的连线关系，按照一定的算法自动地在各个 PCB 封装之间进行布线。Protel 99 SE 的自动布线功能可以自动分析当前的 PCB 文件，并选择最佳布线方式，但对于自动布线不合理的地方，仍需进行人工调整。

1. 设置设计规则

在 PCB 编辑器中，执行菜单命令 Design → Rules，将弹出如图 4-91 所示的 Design Rules（设计规则）对话框。在对话框中列出了六大类设计规则，与自动布线有关的规则主要在 Routing 选项卡中。在一般情况下，使用系统提供的自动布线规则的默认值就可以获得比较满意的自动布线效果。

图 4-94 选中的是有关布线的设计规则（Routing）选项卡，在此选项卡中，左上角的 Rule Classes 列表框中列出了有关布线的 10 个设计规则，右上方区域是在 Rule Classes 列表框中所选取的设计规则的说明，下方是在 Rule Classes 列表框中所选取的设计规则的具体内容。

下面介绍常用的布线设计规则。

（1）设置安全间距（Clearance Constraint）进行 PCB 设计时，为了避免导线、过孔、焊盘及元器件间的距离过近而造成相互干扰，就必须在它们之间留出一定的间距，这个间距称为安全间距。图 4-95 所示为安全间距示意图。

安全间距用于设置同一个工作层上的导线、焊盘、过孔等电气对象之间的最小间距。在

图 4-94 中选中 Clearance Constraint，进入安全间距设置，在设计规则对话框右下角有三个按钮。

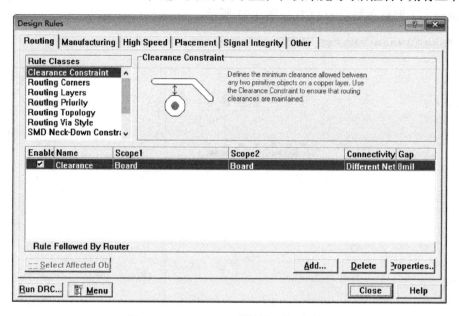

图 4-94　Design Rules（设计规则）对话框

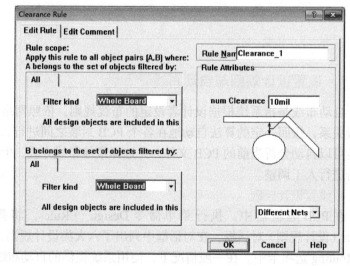

图 4-95　安全间距示意图　　　　　图 4-96　安全间距设置对话框

　　1）Add 按钮：该按钮用于添加新的规则。单击后出现图 4-96 所示的安全间距设置对话框，设置内容包括两部分。

　　Rule scope（规则的适用范围）：其中共有两个 Filter kind 下拉列表框，分别用于选择需设置安全间距的 A、B 两个图件，每个 Filter kind 下拉列表框都可用于选择需要设置的焊盘（Pad）、连线（From-To）、连线类型（From-To Class）、网络（Net）、网络类型（Net Class）、PCB 封装（Component）、PCB 封装类型（Component Class）、各种图件（Object Kind）、信号层（Layer）及全板（Whole Board）等项目。一般情况下，指定该规则适用于全板（Whole

Board）。

Rule Attributes（规则属性）：用来设置最小间距的数值（如10mil）及其所适用的网络，包括Different Nets Only（仅不同网络）、Same Net Only（仅同一网络）和Any Net（任何网络）。

本例子采用的安全间距为10mil，该规则适用于全板。设置完毕，在图4-96所示对话框中单击OK按钮，完成安全间距设计规则的设置。设置好的内容将出现在设计规则对话框下方的具体内容一栏中。

2）Delete按钮：在图4-94所示的设计规则对话框下方的设计内容一栏中，单击选中要删除的规则，单击Delete按钮即可删除选中的规则。

3）Properties按钮：在图4-94所示的设计规则对话框下方设计内容一栏中，选中一项规则，单击Properties按钮将出现图4-96所示的对话框，在对话框中修改参数后，再单击OK按钮，修改后的内容会出现在具体内容栏中。

（2）设置布线的拐角模式（Routing Corners） 该项规则主要用于设置布线时拐角的形状及拐角走线垂直距离的最小和最大值。在如图4-97所示的布线拐角模式设置对话框中，在Style下拉列表框中有3种拐角模式可选，即45 Degrees（45°角）、90 Degrees（90°角）和Round（圆角）。系统中已经使用一条默认的规则，名称为RoutingCorners_1，适用于整个PCB，采用45°拐角，拐角走线的垂直距离为100mil。本例采用该默认规则。

（3）设置布线工作层（Routing Layers） 该项规则用于规定自动布线时所使用的工作层，以及布线时各层上印制导线的走向。在图4-98所示的布线工作层设置对话框中，右侧的列表框列出了32个信号层。在前面已经设置了顶层和底层两个工作层为布线层，所以在图中只有顶层和底层有效，其他层为灰色无效。各个层右边的下拉列表框中列出了布线方向，包括Horizontal（水平方向）、Vertical（垂直方向）、Any（任意方向）、Not Used（不使用）等共10种。

布线时应根据实际要求设置工作层。例如，采用单面布线时，设置BottomLayer为Any（任意方向），设置TopLayer为Not Used（不使用）；采用双面布线时，设置TopLayer为Horizontal（水平方向），设置BottomLayer为Vertical（垂直方向）。

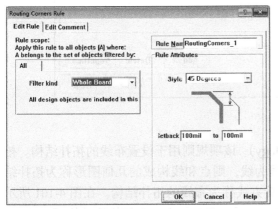

图4-97 布线拐角模式设置对话框

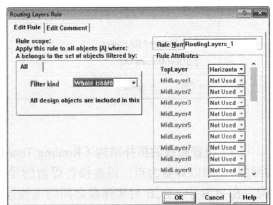

图4-98 布线工作层设置对话框

本例采用双面板布线，顶层水平布线，底层垂直布线，同时要求地线（GND）在底层布线。设置TopLayer为Not Used（不使用），设置BottomLayer为Any（任意方向），如图4-99

所示，布线工作层设置完成后对话框如图 4-100 所示。

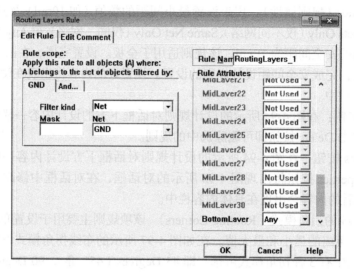

图 4-99 地线（GND）布线工作层设置举例

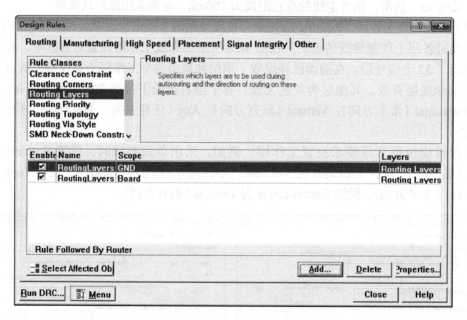

图 4-100 布线工作层设置举例

（4）设置布线的拓扑结构（Routing Topology） 该项规则用于设置布线的拓扑结构。拓扑结构是指以焊盘为点，以连接各焊盘的导线为线，则点和线构成的几何图形称为拓扑结构。在 PCB 中，PCB 封装焊盘之间的飞线连接方式称为布线的拓扑结构。在图 4-101 所示的布线拓扑结构设置对话框中，在 Rule Attributes 下拉列表框中有 7 种拓扑结构可供选择，如 Shortest（最短连线）、Horizontal（水平连线）、Vertical（垂直连线）等。系统默认的拓扑结构为 Shortest。本例采用 Shortest（最短连线）拓扑结构。

（5）设置过孔类型（Routing Via Style） 该项规则用于设置过孔的外径（Diameter）和内

径（Hole Size）的尺寸。在图4-102所示的过孔类型设置对话框中，在Rule Attributes选项区域，设置过孔的外径和内径的最小值（Min）、最大值（Max）和首选值（Preferred）。首选值用于自动布线和手工布线过程。本例采用默认值。

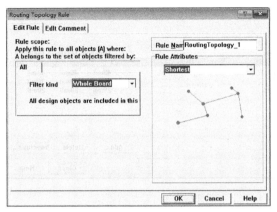

图4-101 布线拓扑结构设置对话框

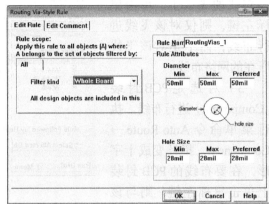

图4-102 过孔类型设置对话框

（6）设置布线宽度（Width Constraint） 该项规则用于设置布线时的导线宽度。在图4-103所示的布线宽度设置对话框的Rule Attributes选项区域中，设置布线宽度的最小值（Minimum Width）、最大值（Maximum Width）和首选值（Preferred Width）。首选值用于自动布线和手工布线过程。在PCB设计中，对于电源和地线设置的线宽一般较粗。

本例中电源线均设置为30mil，地线设置为40mil，其他信号线设置为20mil。地线的设置如图4-104所示，布线宽度设置完成后对话框如图4-105所示。

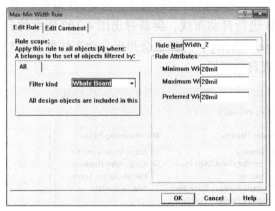

图4-103 布线宽度设置对话框

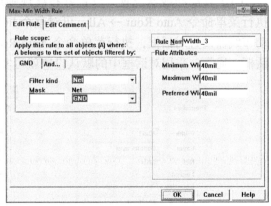

图4-104 地线设置举例

2. 自动布线前的预布线

（1）预布线 对有些PCB封装或网络的走线，设计者如果要按照自己的要求去布线，可在自动布线之前提前布线，称之为预布线，然后运行自动布线完成余下的布线工作。

预布线可以通过执行菜单Auto Route下的命令自动实现，也可以采用人工布线。

1）对选定网络（Net）进行布线。执行菜单命令Auto Route→Net，指针变成十字形。移动指针到某网络的一条飞线上，单击鼠标左键，可对这条飞线所在的网络进行布线。

2）执行菜单命令 Auto Route → Connection，指针变成十字形，移动指针到要布线的飞线上，单击鼠标左键，则仅对该飞线进行布线，而不是对该飞线所在的网络布线。

3）对选定 PCB 封装（Component）进行布线。执行菜单命令 Auto Route → Component，指针变成十字形，在要布线的 PCB 封装上单击鼠标左键，则与该 PCB 封装的焊盘相连的所有飞线就被自动布线。

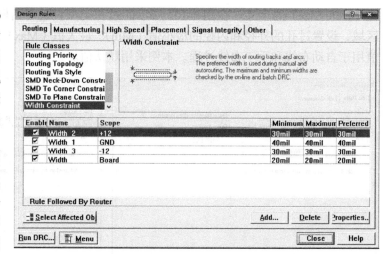

图 4-105　布线宽度设置完成后的状态

4）对选定区域（Area）进行布线。执行菜单命令 Auto Route → Area，指针变成十字形，在 PCB 上选定一个矩形区域后，系统自动对这个区域进行布线。

（2）预布线的锁定　为防止这些预布线在自动布线时被重新布线，可在自动布线之前将预布线锁定。如果要锁定某条预布线，可以双击该导线，弹出导线（Track）属性设置对话框，选中 Locked 复选框，锁定该段导线，如图 4-106 所示。

3. 自动布线器与自动布线

（1）自动布线器设置　设置好布线规则后，就可运行自动布线了。在 PCB 编辑器中，执行菜单命令 Auto Rout → All，可对整个 PCB 进行自动布线，屏幕弹出图 4-107 所示的自动布线器设置对话框，执行菜单命令 Auto Route → Setup，同样也会弹出自动布线器设置对话框。通常，采用对话框中的默认设置就可实现自动布线。

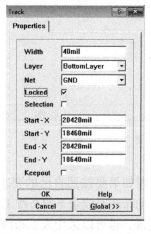

图 4-106　锁定预布线的设置

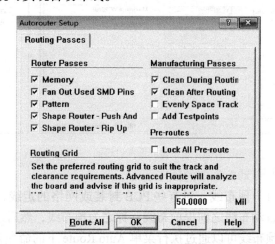

图 4-107　自动布线器设置对话框

（2）运行自动布线　布线规则和自动布线器各种参数设置完毕，单击 Route All 按钮，系统即开始对PCB进行自动布线。

对于比较简单的电路，自动布线的布通率可达100%。如果布通率没有达到100%，设计者一定要分析原因，拆除所有布线，并进一步调整布局，再重新自动布线，最终使布通率达到100%。如果仅有少数几条线没有布通，也可以采用放置导线命令，进行手工布线。

本例单击Route All按钮，系统开始对电路板进行自动布线。布线结束后，弹出一个自动布线信息对话框，如图4-108所示，显示布线情况，包括布通率、完成的布线条数、没有完成的布线条数和花费的布线时间。

运行自动布线后的布线效果如图4-109所示。

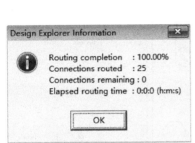

图4-108 自动布线信息对话框　　　　　　图4-109 自动布线效果

4.4.8 人工调整布线

虽然Protel 99 SE自动布线的布通率很高，但有些地方的布线仍不能使人满意，需要人工进行调整。

1. 自动拆线

对自动布线的结果如果不太满意，可以拆除以前的布线。Protel 99 SE中提供了自动拆线功能，当设计者对自动布线的结果不满意时，可以用该工具拆除PCB图上的铜膜线而剩下网络飞线，将布线后的电路恢复为布局图，这样便于用户进行调整，它是自动布线的逆过程。

自动拆线的菜单命令在Tools→Un-Route的子菜单中，分别为：

1）Tools→Un-Route→All（拆除所有布线）。

2）Tools→Un-Route→Net（拆除指定网络的布线）。

3）Tools→Un-Route→Connection（拆除指定连线的布线）。

4）Tools→Un-Route→Component（拆除指定PCB封装的布线）。

设计者可根据实际需要拆除导线，导线拆除后，可以采用人工布线的方法重新布线。

2. 添加电源/地线的输入端与信号的输出端

有的PCB需要用导线从外边接入电源，同时用导线向外边输出信号，这些是自动布线无法完成的。在PCB设计中，自动布线结束后，一般要给信号的输入、输出和电源/地线端添加焊盘，以保证电路的连接和完整性。

添加焊盘的具体步骤如下：

1）在图 4-109 所示的 PCB 中，添加接地端焊盘，将工作层设置为 Bottom Layer。

2）执行菜单命令 Place → Pad，将指针移动到合适的位置放置焊盘，如图 4-110 所示。

3）双击刚放置的焊盘，弹出如图 4-111 所示的焊盘属性对话框，选择 Advanced 选项卡，在 Net 下拉列表框中选中所需的网络（GND），单击 OK 按钮，将该焊盘的网络属性设置为 GND。此时该焊盘上出现网络飞线，连接到 GND 网络。如果焊盘直接放置在已布设的铜箔线上，则焊盘的网络将自动设置。

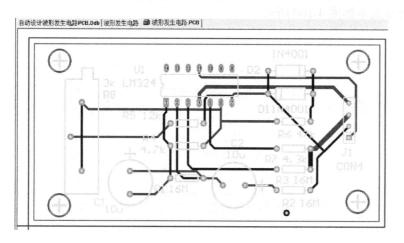

图 4-110　添加接地端焊盘

图 4-111　焊盘属性对话框

4）执行菜单命令 Place → Line，将焊盘连接到网络 GND 上。

5）用同样的方法连接其他焊盘，如图 4-112 所示。

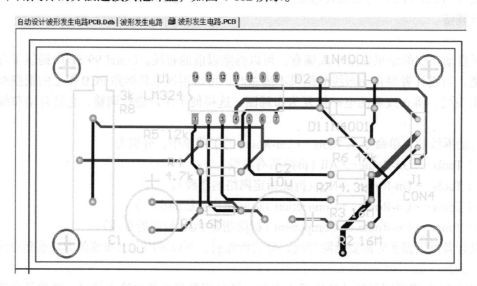

图 4-112　连接其他焊盘

3. 加宽电源线和地线

在 PCB 设计过程中，为提高电路的抗干扰能力，通常需要将电源线、地线和通过电流较大的导线加宽。加宽导线有两种方法。

（1）自动布线时加宽　在设置布线规则时进行设置布线宽度。

（2）采用全局编辑功能加宽导线　本例设置自动布线规则时，所有网络的走线线宽都为10mil。现在采用全局编辑功能加宽导线，将电源线设置为30mil，地线设置为40mil，具体操作步骤如下：

1）将指针移到要加宽的导线上（如地线），双击鼠标左键，将弹出 Track 属性设置对话框。

2）在 Track 属性设置对话框中，单击右下方的 Global 按钮，在原对话框基础上，可以看到拓展后的对话框增加了 3 个选项区域，如图 4-113 所示，其功能如下：

Attributes To Match By 选项区域主要设置匹配的条件。各下拉列表框都对应某一个对象和匹配条件。对象包括导线宽度（Width）、层（Layer）、网络（Net）等。对象匹配的条件有 Same（完全匹配才列入搜索条件）、Different（不一致才列入搜索条件）和 Any（无论什么情况都列入搜索条件）共 3 个选项。

Copy Attributes 选项区域主要负责选取各属性复选框要复制或替代的选项。

Change Scope 选项区域主要设置搜索和替换操作的范围。选取 All Primitives 选项，指更新所有的导线；选取 All FREE primitives 选项，指对自由对象进行更新；选取 Include Arcs 选项，指将圆弧视为导线。

3）在图 4-113 所示的全局编辑下的 Track 属性设置对话框中进行设置：在 Width 文本框输入 40mil；在 Attributes To Match By 选项区域的 Net 下拉列表框中选取 Same；在 Copy Attributes 选项区域选中 Width 和 Net 复选框。设置结果的含义是：对所选取的导线，如果是属于与选取导线在同一网络内的所有导线，要改变其宽度，变为 40mil。

4）单击 OK 按钮，系统弹出图 4-114 所示的 Confirm 对话框，确认是否将更新的结果送入到 PCB 文件中。

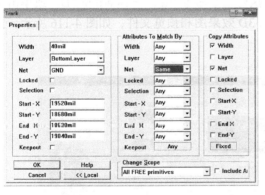
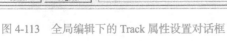
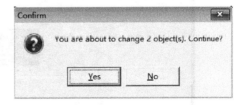

图 4-113　全局编辑下的 Track 属性设置对话框　　　　图 4-114　Confirm 对话框

5）单击 Yes 按钮，符合设置条件的导线宽度即被改变。地线网络导线被加宽后的效果如图 4-115 所示。

4. 调整与添加文字标注

文字标注是指 PCB 封装的标号、标称值和对 PCB 进行标示的字符串。在对 PCB 进行自动布局和自动布线后，文字标注的位置可能不合理，整体显得较凌乱，需要对它们进行调整。

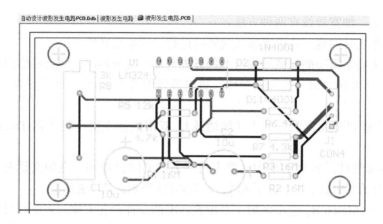

图 4-115　地线网络导线被加宽后的效果

（1）调整文字标注

1）移动文字标注的位置：选中后按住鼠标左键拖动。

2）文字标注的内容、角度、大小和字体的调整：双击文字标注，在弹出的属性对话框中，可对 Text（内容）、Height（字体高度）、Width（字体宽度）、Rotation（旋转角度）和 Font（字体）等进行修改。

（2）添加文字标注

1）将当前工作层切换为 Top Overlay（顶层丝印层）。

2）执行菜单命令 Place → String，指针变成十字形，按下 <Tab> 键，在弹出的字符串属性对话框中，对字符串的内容、大小等参数进行设置。设置完毕后，移动指针到合适的位置，单击放置一个文字标注，再单击鼠标右键，结束命令状态。

5. 3D 显示 PCB

Protel 99 SE 系统提供了 3D 预览功能。执行菜单命令 View → Board in 3D，或单击主工具栏的按钮，可在工作窗生成了本例 PCB 的 3D 效果图和预览文件，如图 4-116 所示，预览文件名为"3D 波形发生电路 .PCB"。

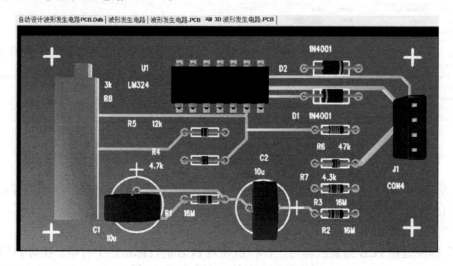

图 4-116　生成的 3D 效果图和预览文件

在生成 3D 视图的同时，PCB 管理器中会出现 Browse PCB 3D 选项卡，单击该选项卡，将指针放在左下方浏览器的小窗口内，指针变成带箭头的十字形，按住鼠标左键并拖动鼠标，3D 视图也随之旋转，可从各个角度观察 PCB 封装布局是否合理。

4.4.9 生成 PCB 报表

为给用户提供有关设计内容的详细资料，Protel 99 SE 可生成报表文件，主要包括 PCB 状态、引脚、PCB 封装、网络表、钻孔文件和插件文件等。

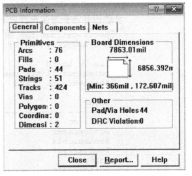

图 4-117 电路板信息对话框

1. 生成 PCB 信息报表

执行菜单命令 Reports → Board Information，弹出图 4-117 所示的 PCB Information（电路板信息）对话框，共包括 3 个选项卡。

（1）General 选项卡 该选项卡主要显示 PCB 的一般信息。

1）Board Dimensions 选项区域：显示 PCB 尺寸。

2）Primitives 选项区域：显示 PCB 上各对象的数量，如圆弧、矩形填充、焊盘、字符串、导线、过孔、多边形平面填充、坐标值、尺寸标注等内容。

3）Other 选项区域：显示焊盘和过孔的钻孔总数和违反设计规则检查（DRC）项目的数目。

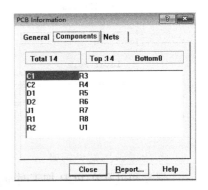

图 4-118 Components 选项卡

（2）Components 选项卡 该选项卡显示当前 PCB 上所使用的 PCB 封装总数和 PCB 封装顶层与底层的 PCB 封装数目信息，如图 4-118 所示。

（3）Nets 选项卡 该选项卡显示当前 PCB 中的网络名称及数目，如图 4-119 所示。单击 Pwr/Gnd 按钮，会显示内部层的有关信息。

单击 Report 按钮，弹出图 4-120 所示的选择报表项目对话框，它用来选择要生成报表的项目。单击 All On 按钮，选择所有项目；单击 All Off 按钮，不选择任何项目；选中 Selected objects only 复选框，仅产生所选中项目的 PCB 信息报表。

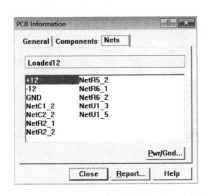

图 4-119 Nets 选项卡

图 4-120 选择报表项目对话框

单击图 4-120 中的 Report 按钮，将按照所选择的项目生成相应的报表文件，文件名与相应 PCB 文件名相同，扩展名为 .REP。PCB 信息报表文件的具体内容如图 4-121 所示。

```
E:\《电子与电气CAD》\自动设计波形发生电路PCB.Ddb                    _ □ ×
自动设计波形发生电路PCB.Ddb │ 波形发生电路 │ 波形发生电路.PCB │ 波形发生电路.REP
Specifications For 波形发生电路.PCB
On 9-Aug-2020  at 19:35:00

Size Of board                  7.863 x 6.856 sq in
Equivalent 14 pin components   17.55 sq in/14 pin component
Components on board            14

Layer              Route    Pads    Tracks    Fills    Arcs    Text
────────────────────────────────────────────────────────────────────
TopLayer                       0       34        0        0       1
BottomLayer                    1       32        0        0       1
Mechanical4                    0      260        0       69      42
TopOverlay                     0       94        0        3      29
TopPaste                       0        0        0        0       1
BottomPaste                    0        0        0        0       1
TopSolder                      0        0        0        0       1
BottomSolder                   0        0        0        0       1
KeepOutLayer                   0        4        0        4       0
DrillDrawing                   0        0        0        0       2
MultiLayer                    43        0        0        0       0
────────────────────────────────────────────────────────────────────
Total                         44      424        0       76      79


Layer Pair                   Vias

────────────────────────────────────────────────────────────────────
Total                          0
```

图 4-121　PCB 信息报表文件

2. 生成数控钻孔报表

焊盘和过孔在 PCB 加工时都需要钻孔。生成钻孔报表的操作步骤如下：

1）执行菜单命令 File→New，系统弹出如图 4-122 所示的新建文件对话框，选择 CAM output configuration（辅助制造输出设置文件）图标，单击 OK 按钮。

2）打开该文件，系统弹出图 4-123 所示的选择 PCB 文件对话框，选择需要生成钻孔报表的 PCB 文件。

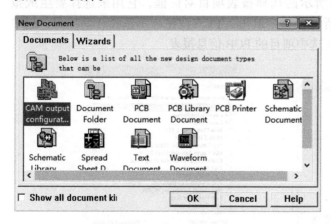

图 4-122　新建文件对话框

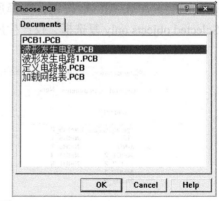

图 4-123　选择 PCB 文件对话框

3）单击 OK 按钮，系统弹出图 4-124 所示的输出向导对话框。

4）单击图4-124中的Next按钮，系统弹出图4-125所示的对话框，选择需要生成的文件类型，此处选择NC Drill。

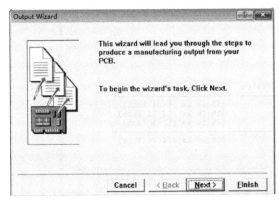

图4-124 输出向导对话框

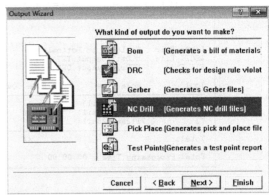

图4-125 选择钻孔文件类型

5）单击图4-125中的Next按钮，系统弹出图4-126所示的对话框，输入将产生的NC钻孔报表文件名称。

6）单击图4-126中的Next按钮，弹出设置单位和单位格式对话框，如图4-127所示。单位选择英制或米制。如果是英制单位，单位格式有2：3.2、2：4和2：5三种，其具体含义以2：4为例，表示使用2位整数、4位小数的数字格式。

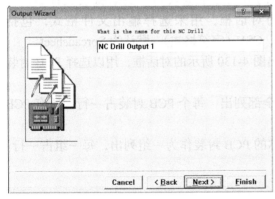

图4-126 输入NC钻孔报表文件名称

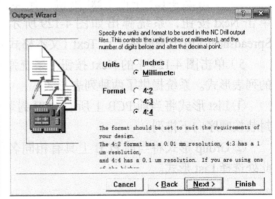

图4-127 设置单位和单位格式

7）单击Finish按钮，完成NC钻孔报表文件的创建，系统默认文件的名称为CAM Manager 1.cam。

8）双击CAM Manager 1.cam文件，执行菜单命令Tools → Generate CAM File，系统将自动在Documents文件夹下建立CAM forsch文件夹，下面有3个文件，包括"波形发生电路.DRR""波形发生电路.DRL"和"波形发生电路.TXT"。打开"波形发生电路.DRR"文件，其钻孔报表如图4-128所示。

3. 生成PCB封装报表

PCB封装报表就是一个PCB或一个项目所用PCB封装的清单。生成PCB封装报表的操作步骤如下。

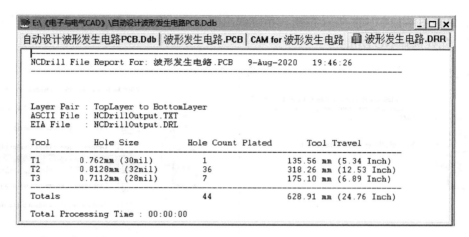

图 4-128 钻孔报表

1）执行菜单命令 File→New，系统弹出如图 4-122 所示的新建文件对话框。在图中选择 CAM output configuration 图标，用来生成辅助文件制造输出文件。

2）单击 OK 按钮，接着出现的画面如图 4-123 和图 4-124 所示，用以选择产生 PCB 封装报表的 PCB 文件和使用输出向导。

3）单击图 4-124 中的 Next 按钮，系统弹出图 4-125 所示的对话框。在对话框中选择Bom。

4）单击图 4-125 中的 Next 按钮，在弹出的对话框中输入 PCB 封装报表文件名，再单击 Next 按钮，系统弹出如图 4-129 所示的对话框，用来选择输出文件格式，包括Spreadsheet（电子表格格式）、Text（文本格式）、CSV（字符格式）。默认为 Spreadsheet。

5）单击图 4-129 中的 Next 按钮，系统弹出图 4-130 所示的对话框，用以选择 PCB 封装的列表形式。系统提供了两种列表形式：

① List 形式将当前 PCB 上所有 PCB 封装全部列出，每个 PCB 封装占一行，所有 PCB封装按顺序向下排列。

② Group 形式将当前 PCB 上具有相同名称的 PCB 封装作为一组列出，每一组占一行。此处选择 List 形式。

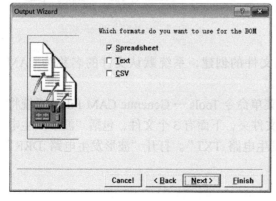

图 4-129 选择输出文件格式

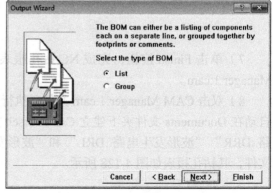

图 4-130 选择 PCB 封装的列表形式

6）单击图 4-130 中的 Next 按钮，系统弹出图 4-131 所示的对话框，选择 PCB 封装排序依据。如选择 Comment，则用 PCB 封装名称排序。Check the fields to be included in the report 区域用于选择 PCB 封装报表所包含的范围，包括 Designator、Footprint 和 Comment 三个复选框。此处采用图 4-131 中的默认选择。

7）单击图 4-131 中的 Next 按钮，系统弹出完成对话框，单击 Finish 按钮完成。此时，系统生成辅助制造管理文件，默认文件名为 CAM Manager 2.cam，但它不是 PCB 封装报表文件。

8）进入 CAM Manager 2.cam，执行菜单命令 Tools → Generate CAM files，系统将产生 PCB 封装报表文件，其内容如图 4-132 所示。

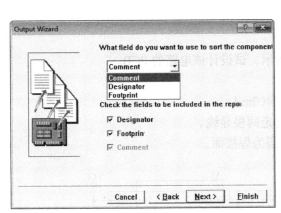

图 4-131 选择 PCB 封装排序依据

	A	B	C
1	Comment	Footprint	Designators
2	10u	RB-.2/.4	C1
3	10u	RB-.2/.4	C2
4	12k	AXIAL0.3	R5
5	16M	AXIAL0.3	R1
6	16M	AXIAL0.3	R2
7	16M	AXIAL0.3	R3
8	1N4001	DIODE-0.4	D1
9	1N4001	DIODE-0.4	D2
10	3k	VR2	R8
11	4.3k	AXIAL0.3	R7
12	4.7k	AXIAL0.3	R4
13	47k	AXIAL0.3	R6
14	CON4	SIP-4	J1
15	LM324	DIP14	U1

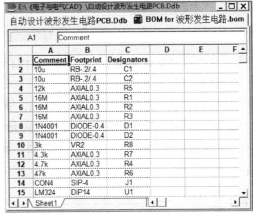

图 4-132 PCB 封装报表

4. 生成插件表报表

PCB 封装插件表报表用于插件机在 PCB 上自动插入 PCB 封装。生成 PCB 封装位置报表的操作步骤与生成 PCB 封装报表相似。

进入 CAM Manager 3.cam 文件，执行菜单命令 Tools → Generate CAM Files，在系统建立的相应文件夹下打开 PCB 封装位置报表文件“Pick Place for 波形发生电路.pik”，如图 4-133 所示。

	A	B	C	D	E	F	G	H	I	J	K
1	Designator	Footprint	Mid X	Mid Y	Ref X	Ref Y	Pad X	Pad Y	Layer	Rotation	Comment
2	C1	RB-.2/.4	2920mil	3380mil	2920mil	3480mil	2920mil	3480mil	T	90	10u
3	C2	RB-.2/.4	3860mil	3360mil	3960mil	3360mil	3960mil	3360mil	T	360	10u
4	D1	DIODE-0.4	4360mil	4160mil	4560mil	4160mil	4560mil	4160mil	T	180	1N4001
5	D2	DIODE-0.4	4360mil	4360mil	4160mil	4360mil	4160mil	4360mil	T	0	1N4001
6	J1	SIP-4	4880mil	3930mil	4880mil	3780mil	4880mil	3780mil	T	90	CON4
7	R1	AXIAL0.3	3430mil	3420mil	3580mil	3420mil	3580mil	3420mil	T	180	16M
8	R2	AXIAL0.3	4390mil	3320mil	4540mil	3320mil	4540mil	3320mil	T	180	16M
9	R3	AXIAL0.3	4390mil	3500mil	4540mil	3500mil	4540mil	3500mil	T	180	16M
10	R4	AXIAL0.3	3430mil	3700mil	3580mil	3700mil	3580mil	3700mil	T	180	4.7k
11	R5	AXIAL0.3	3430mil	3900mil	3580mil	3900mil	3580mil	3900mil	T	180	12k
12	R6	AXIAL0.3	4390mil	3920mil	4540mil	3920mil	4540mil	3920mil	T	180	47k
13	R7	AXIAL0.3	4390mil	3680mil	4240mil	3680mil	4240mil	3680mil	T	0	4.3k
14	R8	VR2	2430mil	3780mil	2480mil	3480mil	2480mil	3480mil	T	90	3k
15	U1	DIP14	3540mil	4230mil	3240mil	4080mil	3240mil	4080mil	T	90	LM324

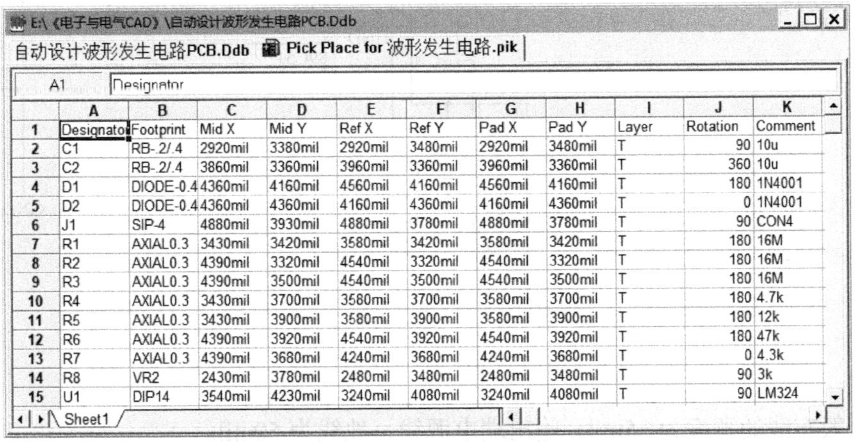

图 4-133 插件表报表（以表格显示）

任务 4.5   自动设计单片机循环彩灯电路的 PCB

任务目标

1）通过设计实例，掌握自动设计 PCB 的步骤及方法。

2）绘制单片机循环彩灯电路原理图。

3）学会自动定义单面板。

4）学会导入网络表自动布局手工调整。

5）学会自动布线。

4.5.1   自动设计单片机循环彩灯电路的 PCB 任务要求

单片机循环彩灯电路原理图如图 4-134 所示，试设计该电路的 PCB。

设计要求如下：

1）使用向导定义 PCB，长 3200mil，宽 2400mil。

2）采用引脚式 PCB 封装，焊盘之间允许走两根导线。

3）设置为单面板，顶层为元器件面，底层为焊接面。

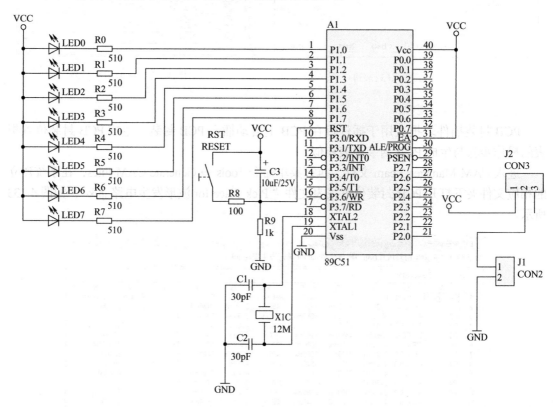

图 4-134   单片机循环彩灯电路原理图

4）一般布线的宽度为 35mil，输出端电源线、地线为 50mil。

5）布线完毕后生成 PCB 信息报表、钻孔报表、插件表报表和 PCB 封装报表。

4.5.2 自动设计单片机循环彩灯电路的 PCB 任务实施

1. 绘制单片机

新建并打开"单片机循环彩灯 .Lib"文件，新建如图 4-135 所示的 89C51 单片机符号并保存。

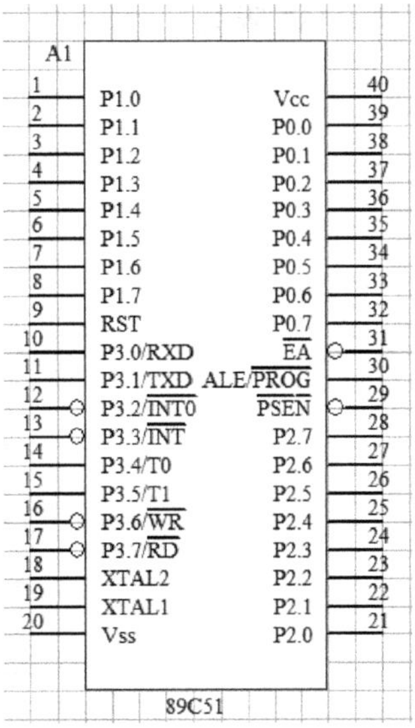

2. 设计单片机循环彩灯电路原理图

新建"单片机循环彩灯 .Sch"文件，利用软件自带库和自己创建的库里面的元器件设计单片机循环彩灯电路原理图（注意绘图过程中添加封装），如图 4-134 所示。

3. 对原理图进行 ERC

执行 Tools → ERC 命令，对单片机循环彩灯电路原理图进行 ERC。

4. 生成网络表

执行 Design → Create Netlist 命令，对单片机循环彩灯电路原理图生成网络表。

5. 定义 PCB

利用向导定义一块 3200mil × 2400mil 的 PCB，如图 4-136 所示，PCB 文件重命名为"单片机循环彩灯 .PCB"。

图 4-135　89C51 单片机符号

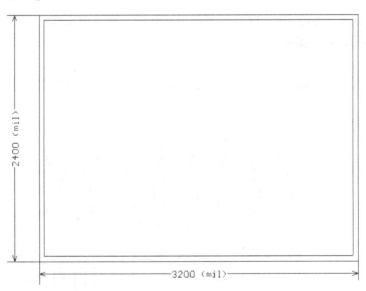

图 4-136　定义单片机循环彩灯 PCB

6. 导入网络表

执行 Design → Load Nets，弹出 Load → Forward Annotate Netlist 对话框。单击 Browse 按钮找到"单片机循环彩灯 .NET"网络表，单击 OK。注意，若有错误需修改错误，若无误单击 Execute 按钮。

7. 元器件布局

执行 Tools → Auto Placement → Auto Placer 进行元器件自动布局，然后手工调整，如

图 4-137 所示。

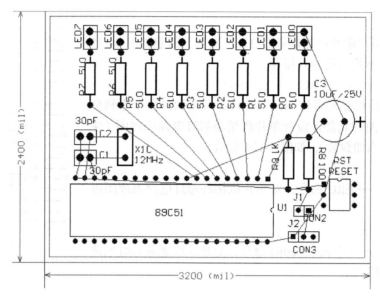

图 4-137　元器件布局

8. 设置布线规则

执行 Design→Rules，设置 PCB 的各项设计规则，即单面布线，电源和地线宽 50mil，普通导线宽 35mil，45° 拐角。

9. 自动布线手工调整

执行 Auto Rout→All 菜单命令，运行自动布线，不合适的地方可进行手工调整，如图 4-138 所示。

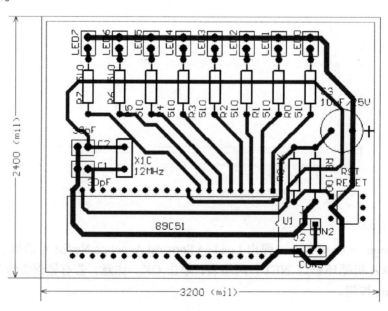

图 4-138　单片机循环彩灯 PCB 自动布线后的手工调整

10. 添加安装孔

单片机循环彩灯 PCB 加安装孔后如图 4-139 所示。

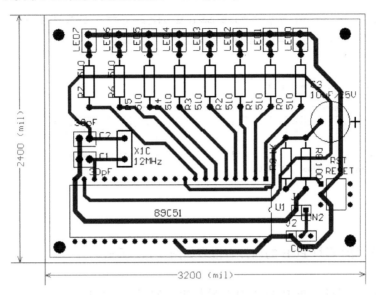

图 4-139　单片机循环彩灯 PCB 加安装孔后

11. 生成 PCB 信息报表

生成单片机循环彩灯 PCB 的信息报表如图 4-140 所示。

```
单片机循环彩灯.ddb | 单片机控制的循环彩灯.PCB    单片机控制的循环彩灯.REP

Specifications For 单片机控制的循环彩灯.PCB
On 16-Apr-2018 at 17:30:01

Size Of board             7.863 x 6.856 sq in
Equivalent 14 pin components  7.94 sq in/14 pin component
Components on board       26

Layer           Route    Pads    Tracks    Fills    Arcs    Text

TopLayer                   0        0        0        0       1
BottomLayer                0      120        0        0       1
Mechanical4                0      260        0       69      46
TopOverlay                 0      176        0        3      53
TopPaste                   0        0        0        0       1
BottomPaste                0        0        0        0       1
TopSolder                  0        0        0        0       1
BottomSolder               0        0        0        0       1
KeepOutLayer               0        4        0        0       0
DrillDrawing               0        0        0        0       2
MultiLayer                99        0        0        0       0

Total                     99      560        0       72     107



Plated Hole Size     Pads    Vias

28mil (0.7112mm)      24       0
32mil (0.8128mm)      71       0
120mil (3.048mm)       4       0

Total                 99       0
```

图 4-140　单片机循环彩灯 PCB 的信息报表

12. 生成钻孔报表

生成单片机循环彩灯 PCB 的钻孔报表，如图 4-141 所示。

```
单片机循环彩灯.ddb | 单片机控制的循环彩灯.PCB | CAM for 单片机控制的循环彩灯 | 单片机控制的循环彩灯.DRR

NCDrill File Report For: 单片机控制的循环彩灯.PCB   16-Apr-2018  17:30:55


Layer Pair : TopLayer to BottomLayer
ASCII File : NCDrillOutput.TXT
EIA File   : NCDrillOutput.DRL

Tool         Hole Size            Hole Count Plated      Tool Travel

T1           28mil (0.7112mm)         24                 11.62 Inch (295.13 mm)
T2           32mil (0.8128mm)         71                 18.67 Inch (474.14 mm)
T3           120mil (3.048mm)          4                 11.56 Inch (293.75 mm)

Totals                                99                 41.85 Inch (1063.02 mm)

Total Processing Time : 00:00:01
```

图 4-141　单片机循环彩灯 PCB 的钻孔报表

13. 生成插件表报表

生成单片机循环彩灯 PCB 的插件表报表如图 4-142 所示。

14. 生成 PCB 封装报表

生成单片机循环彩灯 PCB 的 PCB 封装报表，如图 4-143 所示。

单片机循环彩灯.ddb | 单片机控制的循环彩灯.PCB | Pick Place for 单片机控制的循环彩灯.pik

A1	Designator									
	A	B	C	D	E	F	G	H	I	J	K
1	Designator	Footprint	Mid X	Mid Y	Ref X	Ref Y	Pad X	Pad Y	Layer	Rotation	Comment
2	X1C	RAD-0.2	2800mil	4100mil	2800mil	4200mil	2800mil	4200mil	T	270	12MHz
3	U1	DIP40	3250mil	3500mil	4200mil	3800mil	4200mil	3800mil	T	270	89C51
4	RST	DIP6	4900mil	3650mil	4750mil	3750mil	4750mil	3750mil	T	0	RESET
5	R9	AXIAL-0.5	4600mil	3950mil	4600mil	3700mil	4600mil	3700mil	T	90	1K
6	R8	AXIAL-0.5	4400mil	3950mil	4400mil	4200mil	4400mil	4200mil	T	270	100
7	R7	AXIAL-0.5	2450mil	4750mil	2450mil	4500mil	2450mil	4500mil	T	90	510
8	R6	AXIAL-0.5	2750mil	4750mil	2750mil	4500mil	2750mil	4500mil	T	90	510
9	R5	AXIAL-0.5	3050mil	4750mil	3050mil	4500mil	3050mil	4500mil	T	90	510
10	R4	AXIAL-0.5	3350mil	4750mil	3350mil	4500mil	3350mil	4500mil	T	90	510
11	R3	AXIAL-0.5	3650mil	4750mil	3650mil	4500mil	3650mil	4500mil	T	90	510
12	R2	AXIAL-0.5	3950mil	4750mil	3950mil	4500mil	3950mil	4500mil	T	90	510
13	R1	AXIAL-0.5	4250mil	4750mil	4250mil	4500mil	4250mil	4500mil	T	90	510
14	R0	AXIAL-0.5	4550mil	4750mil	4550mil	4500mil	4550mil	4500mil	T	90	510
15	LED7	RAD-0.1.	2447mil	5150mil	1950mil	4300mil	2447mil	5200mil	T	270	
16	LED6	RAD-0.1.	2747mil	5150mil	2250mil	4300mil	2747mil	5200mil	T	270	
17	LED5	RAD-0.1.	3047mil	5150mil	2550mil	4300mil	3047mil	5200mil	T	270	
18	LED4	RAD-0.1.	3347mil	5150mil	2850mil	4300mil	3347mil	5200mil	T	270	
19	LED3	RAD-0.1.	3647mil	5150mil	3150mil	4300mil	3647mil	5200mil	T	270	
20	LED2	RAD-0.1.	3947mil	5150mil	3450mil	4300mil	3947mil	5200mil	T	270	
21	LED1	RAD-0.1.	4247mil	5150mil	3750mil	4300mil	4247mil	5200mil	T	270	
22	LED0	RAD-0.1.	4547mil	5150mil	4050mil	4300mil	4547mil	5200mil	T	270	
23	J2	SIP-3	4550mil	3250mil	4450mil	3250mil	4450mil	3250mil	T	0	CON3
24	J1	SIP-2	4550mil	3500mil	4600mil	3500mil	4600mil	3500mil	T	180	CON2
25	C3	RB-.2/.4	4850mil	4350mil	4950mil	4350mil	4950mil	4350mil	T	0	10uF/25V
26	C2	RAD-0.1.	2400mil	4197mil	3250mil	3700mil	2350mil	4197mil	T	0	30pF
27	C1	RAD-0.1.	2400mil	3997mil	3250mil	3500mil	2350mil	3997mil	T	0	30pF
28											

图 4-142　单片机循环彩灯 PCB 的插件表报表

单片机循环彩灯.ddb ▦ BOM for 单片机控制的循环彩灯.bom

	A	B	C	D	E	F
	J12					
1	Comment	Footprint	Designators			
2		RAD-0.1.	LED7			
3		RAD-0.1.	LED6			
4		RAD-0.1.	LED5			
5		RAD-0.1.	LED4			
6		RAD-0.1.	LED3			
7		RAD-0.1.	LED2			
8		RAD-0.1.	LED1			
9		RAD-0.1.	LED0			
10	100	AXIAL-0.5	R8			
11	10uF/25V	RB- 2/.4	C3			
12	12MHz	RAD-0.2	X1C			
13	1K	AXIAL-0.5	R9			
14	30pF	RAD-0.1.	C2			
15	30pF	RAD-0.1.	C1			
16	510	AXIAL-0.5	R7			
17	510	AXIAL-0.5	R6			
18	510	AXIAL-0.5	R5			
19	510	AXIAL-0.5	R4			
20	510	AXIAL-0.5	R3			
21	510	AXIAL-0.5	R2			
22	510	AXIAL-0.5	R1			
23	510	AXIAL-0.5	R0			
24	89C51	DIP40	U1			
25	CON2	SIP-2	J1			
26	CON3	SIP-3	J2			
27	RESET	DIP6	RST			
28						

图 4-143 单片机循环彩灯 PCB 的 PCB 封装报表

15. 3D 预览

单片机循环彩灯 PCB 的 3D 预览如图 4-144 所示。

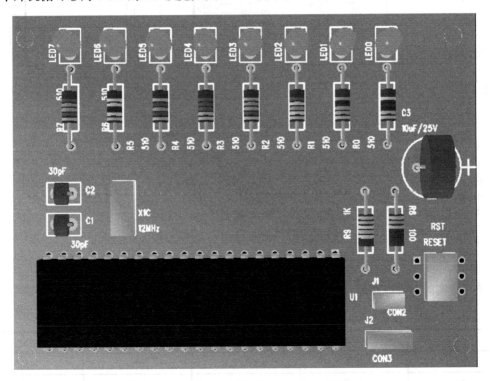

图 4-144 单片机循环彩灯 PCB 的 3D 预览

任务 4.6 自动设计单片机实时时钟电路的 PCB

任务目标

1）通过设计实例，熟练掌握自动设计 PCB 的步骤及方法。

2）熟练绘制单片机实时时钟电路原理图。

3）熟练自动定义双面板。

4）实现导入网络表自动布局手工调整。

5）实现自动布线。

4.6.1 自动设计单片机实时时钟电路的 PCB 任务要求

使用单片机实时时钟电路进行 PCB 自动布线设计，其电路原理图如图 4-145 所示。

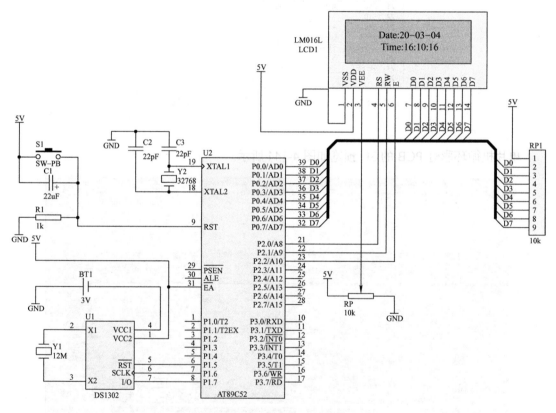

图 4-145 单片机实时时钟电路原理图

单片机实时时钟电路原理图中的元器件列表见表 4-2。

表 4-2 单片机实时时钟电路原理图元器件列表

序号	元器件值或型号	元器件封装	元器件名	说明
R1	1kΩ	AXIAL0.4	RES2	电阻
RP	10kΩ	VR2	POT2	电位器

（续）

序号	元器件值或型号	元器件封装	元器件名	说明
RP1	10kΩ	AXIAL0.3	RES2	电阻
C1	22μF	RB-.2/.4	ELECTRO1	电解电容
C2	22pF	RAD0.1	CAP	电容
C3	22pF	RAD0.1	CAP	电容
Y1	12MHz	SIP2	XTAL	晶体振荡器
Y2	32768Hz	SIP2	XTAL	晶体振荡器
U1	DS1302	DIP8	DS1302	时钟芯片
U2	AT89C52	DIP40	AT89C52	单片机
S1	SW-PB	ANNIU	SW-PB	按钮
BT1	3V	BATTERY	BATTERY	电池

　　注意：在绘制该电路时，软件自带库里没有集成电路AT89C52、DS1302和液晶显示屏（LCD）LM016L这几个器件，需要利用前面学过的项目，自己建库绘制。

　　按钮（ANNIU）和电池（BATTERY）的封装图如图4-146所示，封装注重元器件的引脚尺寸，需要按照实际的元器件尺寸画封装图，同时还要使焊盘的尺寸足够大，以使元器件的引脚

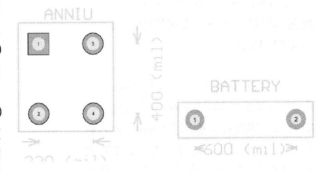

图4-146　按钮（ANNIU）和电池（BATTERY）的封装图

能够插入焊盘，其中按钮的焊盘外直径为120mil，孔直径为80mil，而电池的焊盘外直径为120mil、孔直径为60mil。在确定焊盘号时要观察元器件引脚号，需要焊盘号与引脚号一致，就是实际元器件的引脚和电路原理图元器件图引脚之间应该有确定的关系。

　　任务要求如下：

　　1）使用双面板，板长为4000mil，宽为3000mil。

　　2）电源、地线的铜膜线宽度为40mil，其他铜膜线走线宽度为15mil，采用引脚式元器件。

4.6.2　自动设计单片机实时时钟电路的PCB任务实施

1. 绘制电路原理图

　　准确无误地绘制图4-145所示的单片机实时时钟电路原理图，绘制时注意正确添加元器件封装。绘制完原理图要进行电气规则检查，有错要改正错误，直到无误为止。

2. 建立PCB文件

　　在Protel 99 SE主窗口中执行菜单命令File → New，建立一个新的设计数据库文件"单片机实时时钟电路 .Ddb"，再次执行菜单命令File → New，选择建立PCB文件。新建一个PCB文件，并将文件名改为"单片机实时时钟电路 .PCB"。

3. 定义 PCB

使用向导定义 PCB 的方法定义该 PCB，执行菜单命令 File→New，在弹出的对话框中选择 Wizards 选项卡，选择 Print Circuit Board Wizard（PCB 向导）图标，单击 OK 按钮，进入 PCB 向导，绘制出 PCB 的电气边界，该 PCB 的外形尺寸长为 4000mil，宽为 3000mil。

4. 加载 PCB 封装库

在 PCB 管理器中选中 Browse PCB 选项卡，在 Browsc 下拉列表框中选择 Libraries，将其设置为元器件库浏览器，加载常用元器件封装库：PCB Footprint.lib、General IC.lib、International Rectifiers.lib、Miscellaneous.lib、Transistors.lib 等。

注意： 加载元器件库的功能只有 XP 系统可用，WIN 7 以上版本的系统此功能不兼容。WIN 7 以上版本的系统，可以将封装库文件导入设计数据库中并打开使用。

自建的封装库，这个封装库包含按钮（ANNIU）和电池（BATTERY）的封装，可以在设计数据库中打开状态下直接使用。如图 4-147 所示。

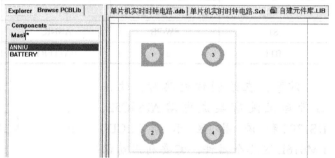

图 4-147　加载自建的封装库

5. 加载网络表及布局

在 PCB 编辑器中，执行菜单命令 Design→Load Nets，找到网络表所在的设计数据库文件路径和名称，在正确选取 .NET 文件后装入网络表。装入网络表后如发现错误应进行修改，直至全部正确无误，载入封装，进行整体布局后的 PCB 图如图 4-148 所示。

6. 设置设计规则

在 PCB 编辑器下执行菜单命令 Design→Rules，将弹出 Design Rules（设计规则）对话框。单击 Routing 选项卡，可对 PCB 布线时的导线宽度进行设置，用于设置布线时的导线宽度如图 4-149 所示。

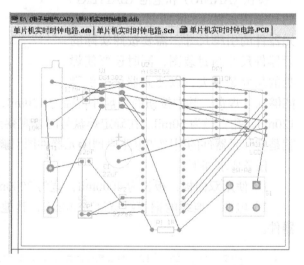

图 4-148　整体布局后的 PCB 图

7. 运行自动布线

设置好布线规则后，就可运行自动布线了。在 PCB 编辑器中执行菜单命令 Auto Route→All，可对整个 PCB 进行自动布线，屏幕弹出自动布线器设置对话框。布线规则和自动布线器各种参数设置完毕，单击 Route All 按钮，系统开始对 PCB 进行自动布线，完成布线后的 PCB 图如图 4-150 所示。

8. 显示 PCB 的 3D 视图

执行菜单命令 View→Board in 3D，或单击主工具栏的 按钮，在工作窗口生成了本例子的 PCB 的三维视图，同时生成 3D 预览文件，如图 4-151 所示。

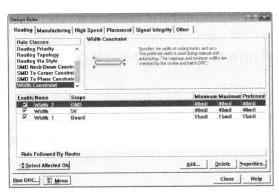

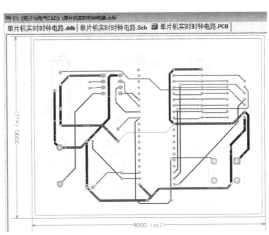

图 4-149　单片机实时时钟电路 PCB 的导线宽度设置　　　　图 4-150　完成布线后的单片机实时时钟电路 PCB 图

9. 保存设计

单击菜单命令 File → Save All，保存项目中的所有文件。

▶ 项目小结 ◀

本项目主要介绍了以下内容：

1）新建 PCB 文件的方法；PCB 编辑器的使用；PCB 编辑器中的画面管理、窗口管理、画面显示和坐标原点。

2）工作层是 PCB 中比较重要的概念，要分清 Protel 99 SE 提供的各种工作层的名称、功能和根据需要如何设置工作层的方法。

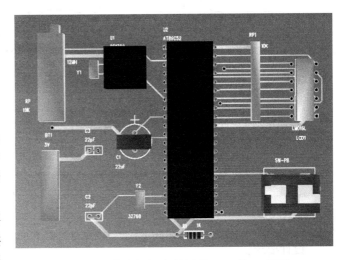

图 4-151　单片机实时时钟电路 PCB 的 3D 视图

3）人工设计 PCB 一般要经过建立 PCB 文件、定义 PCB 图、加载 PCB 元器件库、放置设计对象、人工布局、电路调整和打印 PCB 等几个步骤。

4）详细讲解了 PCB 自动布线技术及有关设计技巧。

5）PCB 自动布线技术一般遵循以下步骤：绘制电路原理图、生成网络表、定义 PCB、加载 PCB 封装库、加载网络表、PCB 封装的布局、设计规则设置、自动布线、人工布线调整、PCB 电气规则检查及标注文字调整、PCB 报表的生成和 PCB 输出等。

项目巩固 🔖

1）如何建立 PCB 文件？

2）如何使用向导定义 PCB ？

3）PCB 的物理边界和电气边界有何区别？

4）填充块与铺铜有什么区别？铺铜格式有哪几种？

5）如何进行焊盘和过孔的补泪滴操作？

6）简述 PCB 自动布线技术的一般步骤。

7）在进行 PCB 设计中，加载网络表和 PCB 封装发生网络宏错误主要有哪几种？应如何解决？

8）Protel 99 SE 提供的群集式和统计式两种自动布局方式各适用于什么场合？

9）简述 PCB 自动布线规则。

10）什么是预布线？在自动布线时如何锁定预布线？

11）如何使用全局编辑对有关对象进行操作？

12）正负电源电路原理图如图 4-152 所示，用自动布线技术设计该电路板。PCB 参考图如图 4-153 所示。

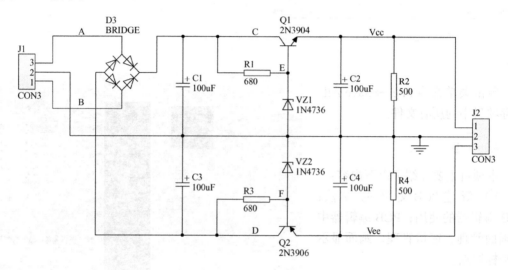

图 4-152　正负电源电路原理图

设计要求：

1）单面板，尺寸为 3000mil × 2000mil。

2）采用插针式 PCB 封装，焊盘之间允许走两根铜膜导线。

3）最小铜膜导线走线宽度为 20mil，电源和地线的铜膜导线宽度为 40mil。

4）人工放置元器件封装。

5）自动布线完成后，要求生成 PCB 信息报表、钻孔报表、插件表报表和 PCB 封装报表。

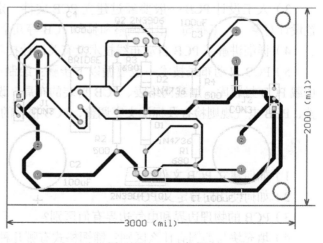

图 4-153　PCB 参考图

项目 5

制作 PCB 并组装电子产品

▶▶ 项目描述 ◀◀

在设计完成后的 PCB 图的基础上，还要按照生产工艺的要求，依次生成层文件，如底层线路、底层阻焊、顶层字符文件等。然后生成打孔文件，并对覆铜板进行打孔和裁切。最后按照生产工艺打印出相对应的胶片，通过过孔、镀锡、蚀刻、退锡、阻焊制作、字符印制等步骤完成 PCB 的制作。本项目以循环彩灯 PCB 的制作过程为例，同时还要进行电子元器件的识别、测量、组装和产品最终调试。

任务 5.1 制作循环彩灯 PCB

任务目标

1）导入 PCB 文件。
2）确定生产工艺。
3）生成层文件。
4）生成打孔文件。
5）打印胶片。
6）制作 PCB。

5.1.1 生成层文件

1）启动 DXP 软件。
2）进入主界面，如图 5-1 所示。
3）执行命令：文件→打开，导入制作完成的 PCB 文件，如图 5-2 所示。
4）选中左侧的"文件查看"，选中一个 PCB 文件，双击该文件，按照向导指示完成，如图 5-3 所示。

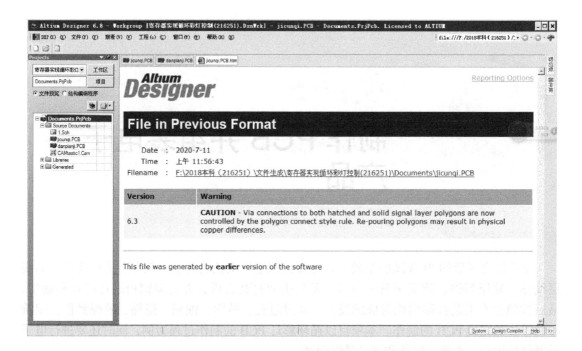

图 5-1　DXP 软件主界面

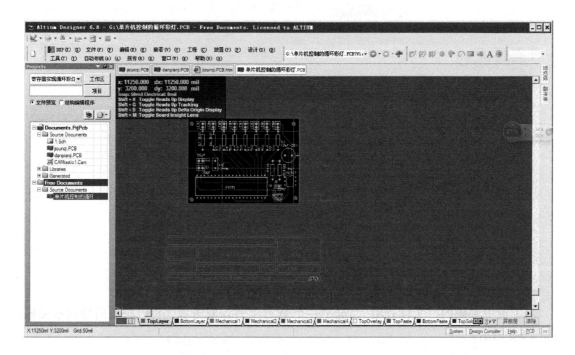

图 5-2　导入 PCB 文件

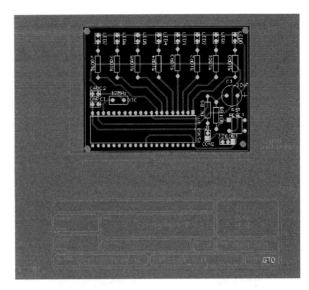

图 5-3　选中文件

5）执行命令：编辑→选中→区域外部，将禁止布线框外部所有线条标注均选中（框选），按 <Ctrl> 键和 <Delete> 键将选中区域删除，如图 5-4 所示。

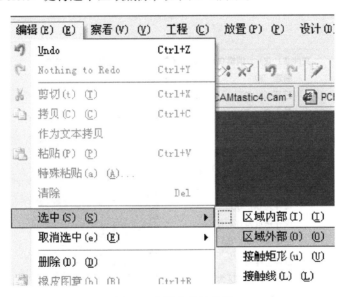

图 5-4　删除电路图外部

6）执行命令：编辑→原点→设置，将指针放在 PCB 的左下角确定原点，如图 5-5 所示。

7）执行命令：文件→制造输出→ Gerber Files，如图 5-6 所示。

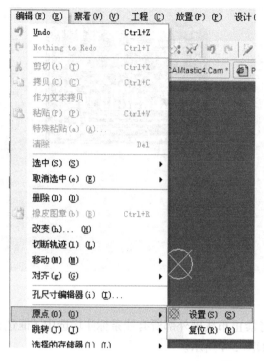

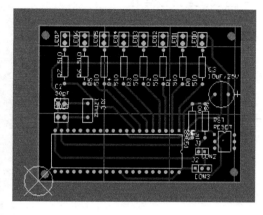

图 5-5　确定原点

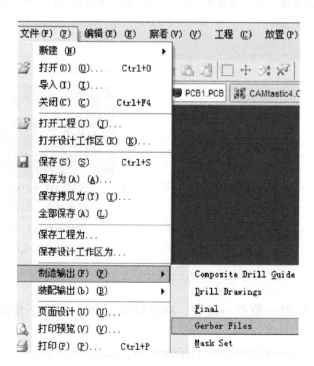

图 5-6　输出 Gerber Files

① 首先在"通常"标签中设置单位和格式，如图 5-7 所示。

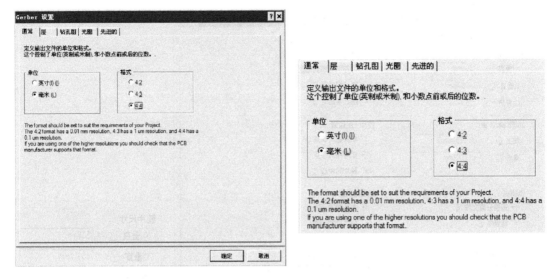

图 5-7　在"通常"标签中设置单位和格式

② 然后在"层"标签设置工作层，如图 5-8 所示，这里以单面板为例。

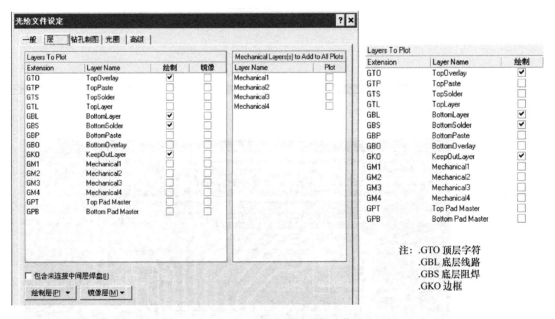

注：.GTO 顶层字符
　　.GBL 底层线路
　　.GBS 底层阻焊
　　.GKO 边框

图 5-8　在"层"标签中设置工作层

③ 再在"先进的"标签中设置其他内容，如图 5-9 所示。

④ 最后在完成"通常""层""先进的"三个标签设置后，单击"确定"按钮，如图 5-10 所示。

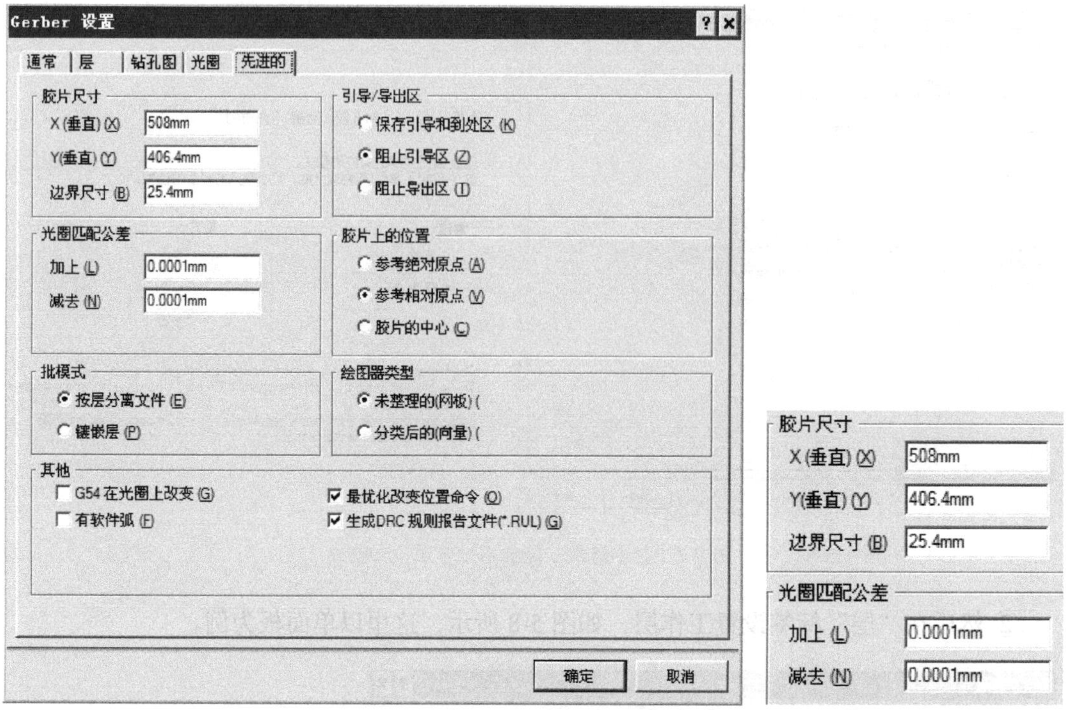

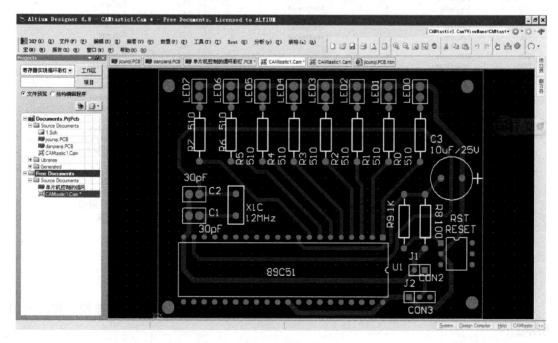

图 5-9　在"先进的"标签中设置其他内容

图 5-10　完成设置

8）执行命令：文件→制造输出→NC Drill Files，开始NC孔设定，如图5-11所示。

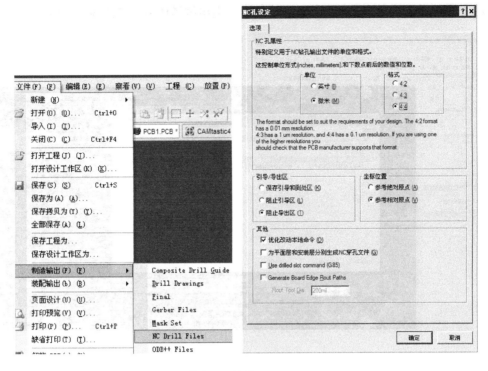

a) 输出NC Drill Files

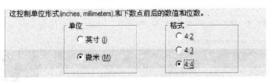

b) "单位"和"格式"设置

图 5-11 NC 孔设定

设置完成后，单击"确定"按钮，显示如图 5-12 所示。

单击图 5-12 中的"单位"按钮，进行设置，显示如图 5-13 所示，设置完成后单击"确定"按钮。

图 5-12 设置完成后显示

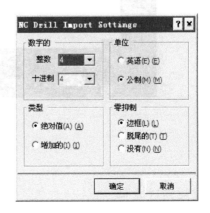

图 5-13 在"单位"标签中设置

9）把所生成的文件全关闭，按照要求保存，退出编译环境，如图 5-14 所示。

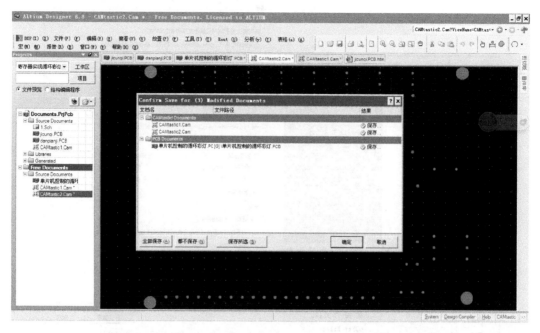

a) 按要求保存

b) 设置文件名称及类型

图 5-14 退出编译环境

5.1.2 制作打孔文件

1）双击 Create-DCM 图标，进入 Create-DCM 双面板雕刻软件。

2）执行命令：打开，在弹出的对话框中打开所需的 .GBL 或 .GBS 文件，如图 5-15 所示。

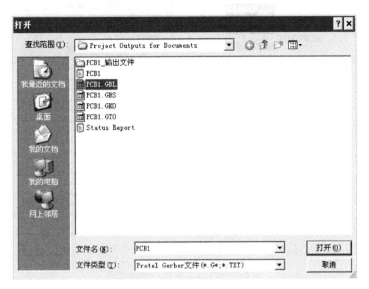

图 5-15　打开"层"文件

3）执行命令：钻孔，在弹出的对话框中，将当前文件孔径全都导入到右侧"已选好刀具"栏，选择"底面加工"，单击"G 代码"按钮，选择路径后确定。产生了以 PCB 命名的输出文件，双击该文件夹，里面有加工文件（即钻孔文件）。将钻孔文件复制到 U 盘的根目录下或用数据线传输到钻孔机手柄里，如图 5-16 所示。

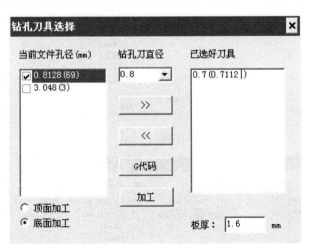

图 5-16　钻孔设置

5.1.3　制作胶片打印文件

1）双击 CAM350 图标，打开软件。

2）执行命令：文件→导入→Gerber 数据，选择数据格式，导入 Gerber 文件，如图 5-17 所示。

a) 设置数据格式   b) 导入Gerber文件

图 5-17 导入及设置 Gerber 数据

3）执行命令："表"→"复合层"，按需要增加添加复合层，如图 5-18 所示。

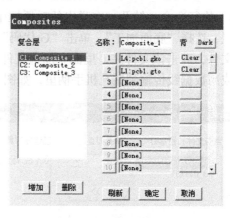

a) 执行命令   b) 添加第一个复合层，选定打印类型

c) 添加第二个复合层，选定打印类型   d) 添加第三个复合层，选定打印类型

图 5-18 添加复合层

顶层字符（GTO+GKO）负片（Clear）打印输出。

底层线路（GBL+GKO）负片（Clear）打印输出。

底层阻焊（GBS+GKO）正片（Dark）打印输出。

每一复合层面必须加边框（GKO）。

4）执行命令"文件"→"打印"→"打印"，如图 5-19 所示。

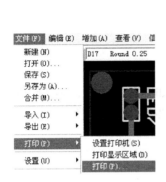 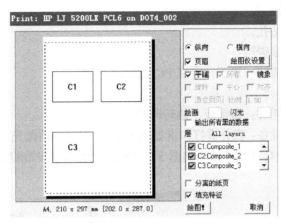

a) 执行命令   b) 添加打印文件、设置打印模式

图 5-19　开始打印

5.1.4　雕刻机打孔

1）固定 PCB。

2）回原点：使钻头回到雕刻机的绝对原点，便于装夹钻头。

3）将钻头调整到电路板的某一合理位置，使其作为 PCB 的工作原点：按 <X+>、<X–> 和 <Y+>、<Y–> 按键，调整钻头的位置至所设置的参考原点，然后按 <X → 0> 和 <Y → 0>，以确定工作原点。

4）按 <Z+>、<Z–> 按键，调整钻头高度，调整好后按 <Z → 0>，确定钻头的打孔深度。

5）选择钻孔文件。

6）单击"运行"按钮。当钻头旋转后，选择 U 盘，单击"确定"，雕刻机即开始自动执行打孔。

5.1.5　制作 PCB

1. 热转印制板

热转印制作 PCB 是这样一种工艺：它先用设计好的 PCB 布线图制板，再把布线图印到透明薄膜上，制成热转印膜，然后通过热转印机，把膜上的图案转印到承印物表面。

2. 热转印制板的特点

1）工艺比较简单。

2）制板速度最快。

3）制作精度一般，适合单面板制作。

4）无锡层及阻焊工艺，焊接困难。

3. 热转印工艺流程

1）PCB电路图设计。

2）打印热转印膜。

3）准备覆铜板并将其抛光、清洗和烘干。

4）贴图及热转印。

5）蚀刻。

6）钻孔。

7）除碳层。

8）清洗、烘干，完成PCB制作。

4. 耗材、设备及工具

1）耗材：覆铜板、热转印胶片。

2）设备：高分辨打印机如图5-20所示，自动抛光机如图5-21所示，热转印机如图5-22所示，全自动数控钻床如图5-23所示，台式自动喷淋腐蚀机如图5-24所示。

图5-20　一种高分辨打印机

图5-21　一种自动抛光机

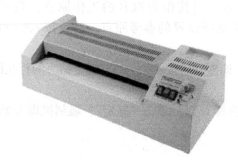

图5-22　一种热转印机

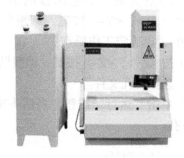

图5-23　一种全自动数控钻床

5. 热转印制板操作细节

1）板材的选择：注意覆铜板质量，要把氧化层清理干净。

2）图纸的保存：打印好的热转印胶片严禁折皱、揉捏。

3）图纸的粘贴：热转印胶片有碳粉层的面要贴向铜箔面。

4）图形的转印：在175℃下，在热转印机下过3遍。

5）腐蚀的方式：注意根据实际情况调整腐蚀机的腐蚀温度和腐蚀时间。

6）钻孔的要点：选择合适直径的钻头，并打在焊盘中心。

7）抛光和打磨：钻孔后需抛光、清洗和烘干，裁边后需磨边。

6. 注意事项

1）设备需开机预热，关机前必须降温到75℃再断电。

2）热转印后，待板降温后才能撕膜。

3）转印后断线、空心处，可用油性笔适当填涂处理。

4）使用有机溶剂除碳层时注意个人防护。

5.1.6　小型工业制板

1. 分类

1）按工艺分：干膜工艺，湿膜工艺。

2）按结构分：单面板，双面板，多层板。

3）按硬度分：硬板，软板，软硬板。

4）按打孔分：通孔板，埋孔板，盲孔板。

5）按基板材质分：有机材质（酚醛树脂、玻璃纤维、环氧树脂等），无机材质（铝、钢、陶瓷等）。

2. 干膜和湿膜制作双面板工艺流程见表5-1和表5-2

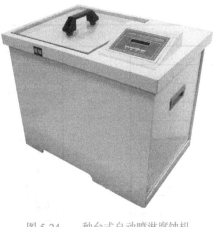

图5-24　一种台式自动喷淋腐蚀机

表5-1　干膜制作双面板工艺流程

步骤	阶段	干膜工艺流程	设备
1		PCB电路设计	
2	制作准备	胶片打印输出： 1）线路：负片输出 2）阻焊：正片输出 3）字符：负片输出	Protel 99 SE底片Gerber图层扩展名： 1）顶层线路：.GTL 2）底层线路：.GBL 3）顶层阻焊：.GTS 4）底层阻焊：.GBS 5）顶层字符：.GTO 6）边框：.GKO
3		裁板下料	手动裁板机
4		数控钻孔	全自动数控钻床
5		清洁板材	全自动抛光机
6	金属化过孔	金属化过孔工艺流程 1）整孔：去污 2）水洗：去预浸液 3）烘干：去除水分 4）黑孔：附着导电层 5）热固化：增强活化 6）微蚀：清洁铜面 7）水洗：去微蚀液 8）电镀：铜化孔壁	智能金属过孔机

（续）

步骤	阶段	干膜工艺流程	设备
7	线路蚀刻	清洁覆铜板	全自动抛光机
8		覆线路感光层	自动覆膜机
9		叠放线路胶片	
10		油墨曝光	曝光箱
11		显影	台式自动喷淋显影机
12		碱性蚀刻	台式自动喷淋腐蚀机
13		脱膜	台式自动喷淋脱膜机
14	阻焊制作	清洁覆铜板	全自动线路板抛光机
15		覆阻焊油墨	丝印机
16		阻焊油墨烘干固化	油墨固化机
17		叠放阻焊胶片	
18		阻焊油墨曝光	曝光箱
19		阻焊显影	台式自动喷淋显影机
20		阻焊油墨热固化	油墨固化机
21	字符印制	覆字符油墨	丝印机
22		字符油墨烘干固化	油墨固化机
23		叠放字符胶片	
24		字符油墨曝光	曝光箱
25		字符显影	台式自动喷淋显影机
26		字符油墨热固化	油墨固化机
27	收尾	沉锡	OSP 防氧化机

表 5-2　湿膜制作双面板工艺流程

步骤	阶段	湿膜工艺流程	设备
1		PCB 电路设计	
2	制作准备	胶片打印输出 1）线路：正片输出 2）阻焊：正片输出 3）字符：负片输出	Protel 99 SE 底片 Gerber 图层扩展名： 1）顶层线路：.GTL 2）底层线路：.GBL 3）顶层阻焊：.GTS 4）底层阻焊：.GBS 5）顶层字符：.GTO 6）边框：.GKO
3		裁板下料	手动裁板机
4		数控钻孔	全自动数控钻床
5		清洁板材	全自动抛光机
6	金属化过孔	金属化过孔工艺流程 1）整孔：去污 2）水洗：去预浸液 3）烘干：去除水分 4）黑孔：附着导电层 5）热固化：增强活化 6）微蚀：清洁铜面 7）水洗：去微蚀液 8）电镀：铜化孔壁	智能金属过孔机

（续）

步骤	阶段	湿膜工艺流程	设备
7	线路蚀刻	清洁覆铜板	全自动线路板抛光机
8		覆线路感光油墨	丝印机
9		线路油墨烘干固化	油墨固化机
10		叠放线路胶片	
11		油墨曝光	曝光箱
12		显影	台式自动喷淋显影机
13		镀锡	镀锡机
14		脱膜	台式自动喷淋脱膜机
15		碱性蚀刻	台式自动喷淋腐蚀机
16		褪锡	台式自动喷淋褪锡机
17	阻焊制作	清洁覆铜板	全自动抛光机
18		覆阻焊油墨	丝印机
19		阻焊油墨烘干固化	油墨固化机
20		叠放阻焊胶片	
21		阻焊油墨曝光	曝光箱
22		阻焊显影	台式自动喷淋显影机
23		阻焊油墨热固化	油墨固化机
24	字符印制	覆字符油墨	丝印机
25		字符油墨烘干固化	油墨固化机
26		叠放字符胶片	
27		字符油墨曝光	曝光箱
28		字符显影	台式自动喷淋显影机
29		字符油墨热固化	油墨固化机
30	收尾	沉锡	OSP 防氧化机

3. 耗材、设备及工具

1）耗材：覆铜板、钻头、感光油墨、阻焊油墨、字符油墨及增黑剂等。

2）设备：裁板机如图 5-25 所示，雕刻机如图 5-26 所示，自动抛光机如图 5-27 所示，金属过孔机如图 5-28 所示，曝光箱如图 5-29 所示，油墨固化机如图 5-30 所示，丝印机如图 5-31 所示，显影机如图 5-32 所示，镀锡机如图 5-33 所示，脱膜机如图 5-34 所示，腐蚀机如图 5-35 所示，褪锡机如图 5-36 所示，OSP 防氧化机如图 5-37 所示，洗网机如图 5-38 所示。

图 5-25 一种手动精密裁板机

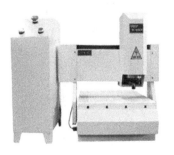

图 5-26 一种双面板雕刻机

图 5-27　一种自动抛光机

图 5-28　一种金属过孔机

图 5-29　一种曝光箱

图 5-30　一种油墨固化机

图 5-31　一种丝印机

图 5-32　一种台式自动喷淋显影机

图 5-33　一种镀锡机

图 5-34　一种台式自动喷淋脱膜机

图 5-35　一种台式自动喷淋腐蚀机

图 5-36　一种台式自动喷淋褪锡机

图 5-37　一种 OPS 防氧化机

图 5-38　一种自动喷淋洗网机

4. 工艺介绍

1）金属化过孔：金属过孔被广泛应用于有通孔的双面或多层板的生产加工中，其主要目的在于通过一系列化学处理方法在非导电基材上沉积一层导电体，以作为后面电镀铜的基底继而通过后续的电镀方法加厚。

2）曝光：曝光是以对孔的方式，在线路油墨板上进行曝光，被曝光油墨在光线作用下发生反应后，经显影后可呈现图形。这样，经光源作用将原始底片上的图像转移到 PCB 上。

3）显影：显影是将没有曝光的干（湿）膜层全部除去得到所需电路图形的过程。

4）镀锡：镀锡主要是在线路部分镀上一层锡，用来保护线路部分不被蚀刻液腐蚀，同时增强线路的可焊接性。

5）脱膜：把 PCB 上所有的感光膜清洗掉，露出非线路铜层。

6）碱性蚀刻：蚀刻是以化学方法将覆铜板上不需要的铜箔除去，使之形成所需要电路图形。

5. 小型工业制板操作细节

1）板材准备又称下料，在 PCB 制作前，应根据设计好的 PCB 图大小来确定所需 PCB 板基的尺寸规格，并根据具体需要进行裁板。

2）雕刻机能根据 Protel 99 SE 生成的 PCB 文件自动识别钻孔数据，并快速、精确地完成终点定位、钻孔等任务。用户只需将设计好的 PCB 文件直接导入雕刻机操作手柄即可自动完成批量钻孔。

3）刮好感光油墨的 PCB 需要烘干，根据感光油墨特性，温度为 75℃，双面烘干时间为 10min。板件烘干后放置时间最好不超过 24h，否则对后续曝光有影响。

4）通过定位孔将底片与曝光板一面对好孔（底片的放置以图形面紧贴 PCB 为最佳）并用透明胶固定。放入覆铜板后盖上曝光机盖并扣紧，按下起动按钮，并尽量保证底片与覆铜板贴合良好。

5）要严格控制显影液的浓度和温度，浓度高或低都易造成显影不净。时间过长或显影温度过高，会对湿膜表面造成劣化，在镀锡或碱性蚀刻时出现严重的渗镀或侧蚀。

任务 5.2 组装循环彩灯

任务目标

1）色环电阻的识别和测量。
2）电容的识别和测量。
3）二极管的识别和测量。
4）晶体管的识别和测量。
5）整机装配。
6）电子产品组装。
7）整机调试。

5.2.1 识别常用元器件

1. 色环电阻

色环电阻用四道色环或者五道色环来表示电阻值的大小，色环颜色与意义对应表见表 5-3。

（1）阻值大小

1）四环电阻：第一色环是十位数，第二色环是个位数，第三色环是应乘次幂，第四色环是误差率。

2）五环电阻：第一色环是百位数，第二色环是十位数，第三色环是个位数，第四色环是应乘次幂，第五色环是误差率。

表 5-3 色环颜色与意义对应表

色环颜色	棕	红	橙	黄	绿	蓝	紫	灰	白	黑	金	银	无色
有效数字	1	2	3	4	5	6	7	8	9	0	—	—	—
次幂	10^1	10^2	10^3	10^4	10^5	10^6	10^7	10^8	10^9	10^0	10^{-1}	10^{-2}	—
允许偏差	±1%	±2%	—	—	±0.5%	±0.25%	±0.1%	±0.05%	—	—	±5%	±10%	±20%

① 例 1：四环电阻，颜色为棕、红、红、金，表示阻值为 $12 \times 10^2 \Omega = 1.2k\Omega$，误差 ±5%。

② 例 2：五环电阻，颜色为红、红、黑、棕、银，表示阻值为 $220 \times 10^1 \Omega = 2.2k\Omega$，误

差 ±10%。

3）其他特例：如果第五条色环为黑色，一般用来表示为绕线电阻；第五条色环如为白色，一般用来表示为熔丝电阻；如果只有中间一条黑色的色环，则代表为零欧姆电阻。

（2）判断技巧

1）先找标志误差的色环，从而排定色环顺序。最常用的表示电阻误差的颜色是金、银、棕，尤其是金环和银环，一般很少用作电阻色环的第一环。

2）在实践中，可以按照色环之间的间隔加以判别，比如对于一个五道色环的电阻而言，第五环和第四环之间的间隔比第一环和第二环之间的间隔要宽一些，据此可判定色环的排列顺序。

3）在仅靠色环间距还无法判定色环顺序的情况下，还可以利用电阻的生产序列值来加以判别。比如有一个电阻的色环读序是棕、黑、黑、黄、棕，其值为：$100 \times 10000\Omega = 1M\Omega$ 误差为 1%，属于正常的电阻系列值，若是反顺序读出棕、黄、黑、黑、棕，其值为 $140 \times 1\Omega = 140\Omega$，误差为 1%。显然按照后一种排序所读出的电阻值，在电阻的生产系列中是没有的，故后一种色环顺序是不对的。

2. 识别电容

（1）电容的分类

1）按介质不同分为：气体介质电容、液体介质电容、无机固体介质电容、有机固体介质电容和电解电容。

2）按极性分为：有极性电容和无极性电容。

3）按结构可分为：固定电容、可变电容和微调电容。

电容类型表见表5-4。

表 5-4　电容类型表

类型	电气符号	名称	
固定电容	—∥—	无机介质电容器	1）云母电容 2）磁介电容 3）独石电容
		有机薄膜电容器	1）纸介电容 2）金属化纸介电容 3）涤纶电容 4）聚苯乙烯电容 5）聚丙烯电容
	—+∥—	铝电解电容	
		钽电解电容	
微调电容		云母微调电容	
		磁介微调电容	
		薄膜微调电容	
可变电容		空气可变电容	
		薄膜可变电容	

（2）电容的容量单位　电容的基本单位是 F（法），其他单位还有：毫法（mF）、微法（μF）、纳法（nF）、皮法（pF）。由于单位 F 太大，所以我们看到的一般都是 μF、nF、pF 的单位。换算关系为：$1F = 10^6\mu F$，$1\mu F = 10^3 nF = 10^6 pF$。

（3）电容的标注方法和容量误差　电容的标注方法分为：直标法、色标法和数标法。

1）对于体积比较大的电容，多采用直标法。这种方法有三种标注方式。第一种标注方式是只标数字不标单位。一般无极性电容默认单位为 pF，电解电容默认单位为 μF。例如无极性电容标注为 18，表示其大小为 18pF。第二种标注方式是用数字与单位一起标注出来，例如 5nF、0.47μF。第三种标注方式采用数字与字母混合标注，例如 4n7 表示 4.7nF。

2）数标法：这种方法一般用 3 位数字表示容量大小，前两位表示有效数字，第 3 位数字是 10 的次幂，单位为皮法（pF），如 102 表示 $10 \times 10^2 pF$，即 1000pF；203 表示 $20 \times 10^3 pF$，即 20000pF。

3）色标法：这种方法沿电容引线方向，用不同的颜色表示不同的数字，第一、二种颜色表示电容量，第三种颜色表示 10 的次幂（单位为 pF）。颜色代表的数值为：黑 =0、棕 =1、红 =2、橙 =3、黄 =4、绿 =5、蓝 =6、紫 =7、灰 =8、白 =9。

4）电容容量误差用符号 F、G、J、K、L、M 来表示，允许误差分别对应为 ±1%、±2%、±5%、±10%、±15%、±20%。

（4）电容的耐压

1）每一个电容都有它的耐压值，单位为 V。一般无极性电容的标称耐压值比较高有：63V、100V、160V、250V、400V、600V、1000V 等。有极性电容的耐压相对比较低，一般标称耐压值有：4V、6.3V、10V、16V、25V、35V、50V、63V、80V、100V、220V、400V 等。

2）有一种电容额定电压的标注方法是用一位数字和一个英文符号组合在一起作为耐压标识的。英文代号前面的数字 X 是指 10 的 X 次方（即为 10^x），与这个英文代号在表格中所对应的数字相乘后得到耐压的具体数值。英文代号代表数字对应表见表 5-5。

表 5-5　英文代号代表数字对应表

英文字母	A	B	C	D	E	F	G	W	H	J	K	Z
代表数字	1.0	1.25	1.6	2.0	2.5	3.15	4.0	4.5	5.0	6.3	8.0	9.0

例如：某电容外壳标注 1J103J，代表此电容器容量为 0.01μF，误差量为 ±5%，耐压值为 63V；某电容外壳标注 3D104M，代表此电容器容量为 0.1μF，误差量为 ±20%，耐压值为 2kV，以此类推。

（5）电容好坏的判断

将欧姆表放在 1k 档，表笔接在电容的两极上，如果指针先往右打，随后缓慢的往左回，说明电容完好。这是电容的充放电过程。反之，则电容损坏。

（6）电容的正负极区分和测量

1）正负极的标注：电容上面有标志的黑块为负极；也有用引脚长短来区别正负极的（长脚为正，短脚为负）；PCB 上电容位置上有两个半圆，涂颜色的半圆对应的引脚为负极。

2）正负极的测量：当不知道电容的正负极时，可以用万用表来测量。电容两极之间的介质并不是绝对的绝缘体，它的电阻也不是无限大，而是一个有限的数值，一般在 1000MΩ 以上。电容两极之间的电阻叫作绝缘电阻或漏电电阻。只有电解电容的正极接电源正极（电阻档时的黑表笔），负端接电源负极（电阻档时的红表笔）时，电解电容的漏电流才小（漏电阻大）。反之，则电解电容的漏电流增加（漏电阻减小）。这样一来，先假定某极为"+"极，万用表选用 $R \times 100$ 或 $R \times 1k$ 档，然后将假定的"+"极与万用表的黑表笔相接，另一电极与万用表的红表笔相接，记下表针停止的刻度（表针靠左阻值大），对于数字万用表来说可以直接读出读数。然后将电容放电（两根引线碰一下），然后两只表笔对调，重新进行测量。两次测量中，表针最后停留的位置最靠左（或阻值大）的那次，黑表笔接的就是电解电容的正极。

3. 识别二极管

（1）观察法

1）小功率二极管的 N 极（负极），在二极管外表大多采用一种色圈标出来，有些二极管也用二极管专用符号来表示 P 极（正极）或 N 极（负极），也有采用符号标志为"P""N"来确定二极管极性的。

2）发光二极管的正负极可从引脚长短来识别，长脚为正，短脚为负。或是金属片小的为正，大的为负。有的做成有平面的为负，没有的为正。

（2）测试法

1）极性的判别将万用表置于 $R \times 100$ 档或 $R \times 1k$ 档，两表笔分别接二极管的两个电极，测出一个结果后，对调两表笔，再测出一个结果。两次测量的结果中，会有一次测量出的阻值较大（为反向电阻），一次测量出的阻值较小（为正向电阻）。在阻值较小的一次测量中，黑表笔接的是二极管的正极，红表笔接的是二极管的负极。

2）二极管单向导电性能的检测及好坏的判断：通常锗材料二极管的正向电阻值为 $1k\Omega$ 左右，反向电阻值为 300Ω 左右。硅材料二极管的正向电阻值为 $5k\Omega$ 左右，反向电阻值为近似无穷大。正向电阻越小越好，反向电阻越大越好。正、反向电阻值相差越悬殊，说明二极管的单向导电特性越好。若测得二极管的正、反向电阻值均接近 0 或阻值较小，则说明该二极管内部已击穿短路或漏电损坏。若测得二极管的正、反向电阻值均为无穷大，则说明该二极管已开路损坏。

用数字式万用表去测二极管时，红表笔接二极管的正极，黑表笔接二极管的负极，这与指针式万用表的表笔接法刚好相反。

4. 识别晶体管

识别晶体管有四句口诀："三颠倒，找基极；PN 结，定管型；顺箭头，偏转大；测不准，动嘴巴。"下面逐句进行解释。

（1）三颠倒，找基极　晶体管是含有两个 PN 结的半导体器件。根据两个 PN 结连接方式不同，可以分为 NPN 型和 PNP 型两种不同导电类型的晶体管。

测试晶体管要使用万用表的电阻档，并选择 $R \times 100$ 或 $R \times 1k$ 档位。红表笔所连接的是表内电池的负极，黑表笔则连接着表内电池的正极。

如果并不知道被测晶体管是 NPN 型还是 PNP 型，也分不清各引脚是什么电极。测试的第一步就是判断哪个引脚是基极。这时任取两个电极（如这两个电极为 1、2），用万用表两支表笔颠倒测量它的正、反向电阻，观察表针的偏转角度；接着，再取 1、3 两个电极和 2、3 两个电极，分别颠倒测量它们的正、反向电阻，观察表针的偏转角度。在这三次颠倒测量中，必然有两次测量结果相近，即颠倒测量中表针一次偏转大，一次偏转小；剩下一次必然是颠倒测量前后指针偏转角度都很小，这一次未测的那只引脚就是要寻找的基极。

（2）PN结，定管型　找出晶体管的基极后，就可以根据基极与另外两个电极之间PN结的方向来确定管子的导电类型。将万用表的黑表笔接触基极，红表笔接触另外两个电极中的任一电极，若表头指针偏转角度很大，则说明被测晶体管为NPN型管；若表头指针偏转角度很小，则被测管为PNP型。

（3）顺箭头，偏转大　找出了基极，另外两个电极哪个是集电极，哪个是发射极呢？这时可以用测穿透电流 I_{CEO} 的方法确定集电极和发射极。

1）对于NPN型晶体管，用万用电表的黑、红表笔颠倒测量两极间的正、反向电阻 R_{ce} 和 R_{ec}，虽然两次测量中万用表指针偏转角度都很小，但仔细观察，总会有一次偏转角度稍大，此时电流的流向一定是：黑表笔→集电极→基极→发射极→红表笔，电流流向正好与晶体管符号中的箭头方向一致（"顺箭头"），所以此时黑表笔所接的一定是集电极，红表笔所接的一定是发射极。

2）对于PNP型的晶体管，道理也类似于NPN型，其电流流向一定是：黑表笔→发射极→基极→集电极→红表笔，其电流流向也与晶体管符号中的箭头方向一致，所以此时黑表笔所接的一定是发射极，红表笔所接的一定是集电极。

（4）测不出，动嘴巴　若在"顺箭头，偏转大"的测量过程中，若由于颠倒前后的两次测量指针偏转均太小难以区分时，就要"动嘴巴"了。具体方法是：在"顺箭头，偏转大"的两次测量中，用两只手分别捏住两表笔与引脚的结合部，用嘴巴含住（或用舌头抵住）基极，仍用"顺箭头，偏转大"的判别方法即可区分开集电极与发射极。其中人体起到直流偏置电阻的作用，目的是使效果更加明显。

常用晶体管的封装形式有金属封装和塑料封装两大类，引脚的排列方式具有一定的规律。底视图位置放置，使三个引脚构成等腰三角形的顶点上，从左向右依次为发射极、基极、集电极。对于中小功率塑料封装晶体管按图使其平面朝向自己，三个引脚朝下放置，则从左到右依次为发射极、基极、集电极。

（5）用数字万用表测量晶体管　首先要先找到基极并判断是PNP还是NPN管。对于PNP管的基极是两个负极的共同点，NPN管的基极是两个正极的共同点。这时可以用数字万用表的二极管档去测基极，对于PNP管，当黑表笔（连表内电池负极）在基极上，红表笔去测另两个极时一般为相差不大的较小读数（一般为0.5～0.8），如表笔反过来接则为一个较大的读数（一般为1）。对于NPN管来说则是红表笔（连表内电池正极）连在基极上。

找到基极和知道是什么类型的管子后，就可以来判断发射极和集电极了。把万用表打到hFE档上，基极对应表上面的B字母，另外两个引脚分别插入E和C，读数，再把它的另两脚反转，再读数，读数较大的那次极性就对上表上所标的字母（集电极为C，发射极为E）。

5.2.2　整机装配的工艺过程

整机装配工艺过程即为整机的装接工序安排，就是以设计文件为依据，按照工艺文件的工艺规程和具体要求，把各种电子元器件、机电元件及结构件装连在PCB、机壳、面板等指定位置上，构成具有一定功能的完整的电子产品的过程。

整机装配工艺过程根据产品的复杂程度、产量大小等方面的不同而有所区别。但总体来看，有装配准备、部件装配、整件调试、整机检验、包装入库等几个环节，其流程图如图 5-39 所示。

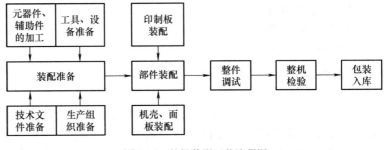

图 5-39 整机装配工艺流程图

5.2.3 整机装配顺序与原则

整机装配的顺序如图 5-40 所示。

1）元器件级：最低的组装级别，其特点是结构不可分。

2）插件级：用于组装和互连电子元器件。

3）插箱板级：用于安装和互连的插件或 PCB 部件。

4）箱、柜级：它主要通过电缆及连接器互连插件和插箱，并通过电源电缆送电构成独立的有一定功能的电子仪器、设备和系统。

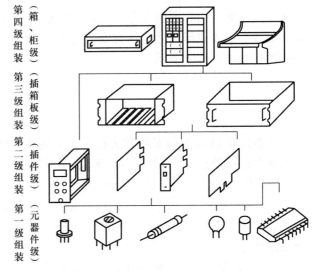

图 5-40 整机装配的顺序

整机装配的一般原则是：先轻后重，先小后大，先铆后装，先装后焊，先里后外，先下后上，先平后高，易碎易损坏后装，上道工序不得影响下道工序。

5.2.4 整机装配的基本要求

1）未经检验合格的装配件（零、部、整件）不得安装，已检验合格的装配件必须保持清洁。

2）认真阅读工艺文件和设计文件，严格遵守工艺规程。装配完成后的整机应符合图样和工艺文件的要求。

3）严格遵守装配的一般顺序，防止前后顺序颠倒，注意前后工序的衔接。

4）装配过程不要损伤元器件，避免碰坏机箱和元器件上的涂覆层，以免损害绝缘性能。

5）熟练掌握操作技能，保证质量，严格执行三检（自检、互检和专职检验）制度。

5.2.5 电子整机装配前的准备工艺

1. 搪锡工艺

搪锡就是预先在元器件的引脚、导线端头和各类接线端子上挂上一层薄而均匀的焊锡，以便整机装配时顺利进行焊接工作。

导线端头和元器件引线的搪锡方法有 3 种：

1）电烙铁搪锡。

2）搪锡槽搪锡。

3）超声波搪锡。

3 种方法的搪锡温度和搪锡时间有所不同。

2. 引脚整形工艺

为了便于安装和焊接，提高装配质量和效率，加强电子设备的防震性和可靠性，在安装前，根据安装位置的特点及技术方面的要求，要预先把元器件引脚弯曲成一定的形状。

引脚成形后，元器件本体不应产生破裂，表面封装不应损坏，引脚弯曲部分不允许出现模印、压痕和裂纹。引脚成形尺寸应符合安装要求。元器件引脚的整形如图 5-41 所示。

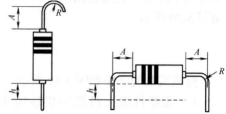

图 5-41　元器件引脚的整形

5.2.6　组装电子产品

1. PCB 的装配工艺

元器件在 PCB 上的安装方法有手工安装和机械安装两种，前者简单易行，但效率低，误装率高；后者安装速度快，误装率低，但设备成本高，引脚整形要求严格。

元器件的安装一般有以下几种形式：

1）贴板安装，其安装形式如图 5-42a 所示，它适用于防震要求高的产品。元器件贴紧板面，安装间隙小于 1mm。当元器件为金属外壳，安装面又有印制导线时，应加垫绝缘衬垫或绝缘管。

2）悬空安装，其安装形式如图 5-42b 所示，它适用于发热元件的安装。元器件距板面要有一定的安装距离，一般安装距离为 3 ～ 8mm。

3）垂直安装，其安装形式如图 5-42c 所示，它适用于安装密度较高的场合。元器件垂直于板面，但大质量细引脚的元器件不宜采用这种形式。

4）有高度限制时的安装，其安装形式如图 5-42d 所示。元器件安装高度的限制一般在图纸上是标明的，通常处理的方法是垂直插入后，再朝水平方向弯曲。

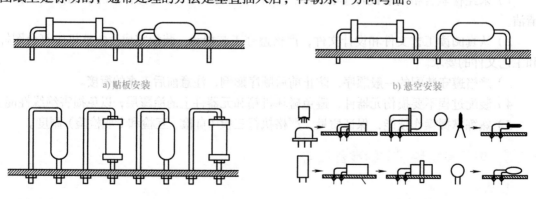

　　a) 贴板安装　　　　　　　　　　　　　　　　　b) 悬空安装

　　c) 垂直安装　　　　　　　　　　　　　　　　　d) 有高度限制时的安装

图 5-42　元器件的安装

2. PCB 的组装工艺流程

（1）手工装配工艺流程　在产品的样机试制阶段或小批量试生产时，PCB 装配主要靠手工把散装的元器件逐个装接到板上。其操作顺序是：待装元器件→引脚整形→插件→调整位置→剪切引脚→固定位置→焊接→检验。

对于这种操作方式，每个操作者都要从头装到结束，效率低，而且容易出差错。对于设计稳定，大批量生产的产品，PCB 装配工作量大，宜采用流水线装配。这种方式可大大提高生产效率，减少差错，提高产品合格率。

流水操作是把一次复杂的工作分成若干道简单的工序，每个操作者在规定的时间内完成指定的工作量（一般限定每人约 6 个元器件插件的工作量）。

（2）自动装配工艺流程　手工装配使用灵活方便，广泛应用于各道工序或各种场合，但速度慢，易出差错，效率低，不适应现代化生产的需要。尤其是对于设计稳定、产量大和装配工作量大而元器件又不用选配的产品，宜采用自动装配方式。

自动装配工艺流程图如图 5-43 所示。经过处理的元器件装在专用的带式输送机上，间断地向前移动，保证每一次有一个元器件进到自动装配机的装插头的夹具里。自动装配工艺流程如图 5-43 所示。

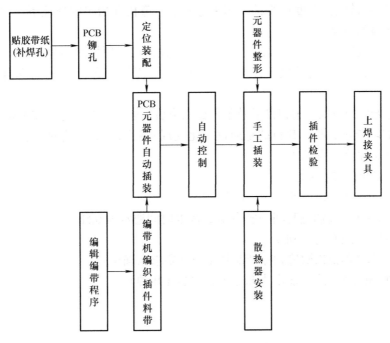

图 5-43　自动装配工艺流程图

5.2.7 整机调试与加电老化

1. 整机调试的内容和程序

（1）整机调试的主要内容　整机调试一般包括调整和测试两部分工作。整机内有电感线圈铁心、电位器、微调可变电容器等可调元件，也有与电气指标有关的机械传动部分、调谐系统部分等可调部件。

1）熟悉产品的调试目的和要求。

2）正确合理地选择和使用测试所需要的仪器仪表。

3）严格按照调试工艺指导卡，对单元PCB或整机进行调试和测试。调试完毕，用封蜡、点漆的方法固定元器件的调整部位。

4）运用电路和元器件的基础理论知识分析和排除调试中出现的故障，对调试数据进行正确处理和分析。

（2）整机调试的一般内容　电子整机因为各自的单元电路的种类和数量不同，所以在具体的测试程序上也不尽相同。通常调试的一般程序是：接线通电、调试电源、调试电路、全参数测量、温度环境试验、整机参数复调。

1）接线通电：按调试工艺规定的接线图正确接线，检查测试设备、测试仪器仪表和被调试设备的功能选择开关、量程档位及有关附件是否处于正确的位置。经检查无误后，方可开始通电调试。

2）电路的调试：电路的调试通常按各单元电路的顺序进行。

3）全参数测试：经过单元电路的调试并锁定各可调元器件后，应对产品进行全参数的测试。

4）温度环境试验：温度环境试验用来考验电子整机在指定的环境下正常工作的能力，通常分低温试验和高温试验两类。

5）整机参数复调：在整机调试的全过程中，设备的各项技术参数还会有一定程度的变化，通常在交付使用前应对整机参数再进行复核调整，以保证整机设备处于最佳的技术状态。

2. 整机的加电老化

（1）加电老化的目的　整机产品总装调试完毕后，通常要按一定的技术规定对整机实施较长时间的加电老化试验。其目的是通过老化发现并剔除早期失效的电子元器件，提高电子设备工作可靠性及使用寿命。

（2）加电老化的技术要求

1）温度（40±2）℃、（55±2）℃和（70±2）℃。

2）循环周期（连续加电时间一般为4h，断电时间通常为0.5h）。

3）积累时间（通常为200h）。

4）测试次数（测试次数应根据产品技术设计要求来确定）。

5）测试间隔时间（通常设定为8h、12h和24h几种）。

些名称都是位于图的底部。选择每一页并书写文字。可将任意文字、符号和图案填充放在任何位置，并设置它的比例、颜色、线型、线宽等设置。

项目 6
AutoCAD 绘制平面图

可创建 3D 实体及表面模型，能对实体本身进行编辑。AutoCAD 是目前普及率最高的计算机辅助绘图软件和工具。AutoCAD 作为工程师的重要工具之一，应用非常广泛，涉及建筑、机械、电子、航天、造船、石油化工、土木工程、冶金、农业、气象、纺织、轻工业等诸多领域。

可利用 AutoLisp、Visual Lisp、VBA、ADS、ARX 等实现二次开发。
AutoCAD 提供 10 多文档的菜单，其用户应可根据需要进行相应的设置，方便绘图。范围广、普遍性强。AutoCAD 作为工程师的重要工具之一。

▶▶ 项目描述 ◀

　　AutoCAD 是由美国 Autodesk 公司于 20 世纪 80 年代初为在微型计算机上应用 CAD 技术而开发的绘图程序软件包，经过不断的完善，现已经成为国际上广为流行的绘图工具。AutoCAD 具有良好的用户界面，通过交互菜单或命令行方式便可以进行各种操作。它的多文档设计环境，让非计算机专业人员也能很快地学会使用。在不断实践的过程中更好地掌握它的各种应用和开发技巧，从而不断提高工作效率。AutoCAD 同时具有广泛的适应性，它可以在各种操作系统支持的微型计算机和工作站上运行，并支持分辨率由 320×200 到 2048×1024 的各种图形显示设备 40 多种，以及数字仪器和鼠标 30 多种，绘图仪和打印机数十种，这就为 AutoCAD 的普及创造了条件。

　　AutoCAD 软件具有如下特点：

　　具有完善的图形绘制功能。

　　有强大的图形编辑功能。

　　可以采用多种方式进行二次开发或用户定制。

　　可以进行多种图形格式的转换，具有较强的数据交换能力。

　　支持多种硬件设备。

　　支持多种操作平台。

　　具有通用性、易用性。

　　从 AutoCAD 2000 开始，该软件又增添了许多强大的功能，如 AutoCAD 设计中心（ADC）、多文档设计环境（MDE）、Internet 驱动等，但是 AutoCAD 软件其基本功能如下：

　　1. 平面绘图

　　能以多种方式创建直线、圆、椭圆、多边形、样条曲线等基本图形对象。作为绘图辅助工具，AutoCAD 提供了正交、对象捕捉、极轴追踪、捕捉追踪等绘图辅助工具。正交功能使用户可以很方便地绘制水平、竖直直线，对象捕捉可帮助拾取几何对象上的特殊点，而追踪功能使画斜线及沿不同方向定位点变得更加容易。

　　2. 编辑图形

　　AutoCAD 具有强大的编辑功能，可以移动、复制、旋转、阵列、拉伸、延长、修剪、缩放对象等。标注尺寸可以创建多种类型尺寸，标注外观可以自行设定。书写文字也能轻易在图形的任何位置、沿任何方向书写文字，可设定文字字体、倾斜角度及宽度缩放比例等属性。其图层管理功能的图形对象都位于某一图层上，可设定图层颜色、线型、线宽等特性。

3. 三维绘图

可创建 3D 实体及表面模型，能对实体本身进行编辑。网络功能可将图形在网络上发布，或是通过网络访问 AutoCAD 资源。AutoCAD 提供了多种图形图像数据交换格式及相应命令，亦可进行数据交换。同时，AutoCAD 允许用户定制菜单和工具栏，并能利用内嵌语言 Autolisp、Visual Lisp、VBA、ADS、ARX 等进行二次开发。

AutoCAD 经过 10 余次的升级更新，其应用领域也越来越广泛，如在工程制图领域的建筑工程、装饰设计、环境艺术设计、水电工程、土木施工等；在工业制图领域，可完成精密零件、模具、设备的设计绘制等；在服装加工领域的服装制版以及在电子工业领域的 PCB 设计等均有很好的适用范围，因此其广泛应用于土木建筑、装饰装潢、城市规划、园林设计、电子电路、机械设计、服装鞋帽、航空航天、轻工化工等诸多领域。

任务 6.1　绘图准备

任务目标

1）学会 AutoCAD 的开启方法并熟知界面。
2）能够完成用鼠标和键盘对 AutoCAD 软件的基本操作。
3）学会执行 AutoCAD 命令的方式及调用命令的方式。
4）掌握 AutoCAD 图形管理中的创建、打开并能够保存图形。
5）能够完成图档图形显示控制并建立图层。

6.1.1　AutoCAD 的一般操作

学习 AutoCAD 首先要了解软件的界面和开启方法与基本操作方法，并对界面有清晰的认知，这样才能更方便、快捷地进行精确的设计工作。AutoCAD 的主要功能有二维绘图与编辑、创建表格、文字标注、尺寸标注、参数化绘图、三维绘图与编辑、视图显示控制、各种绘图实用工具、数据库管理、Internet 功能、图形的输入与输出、图纸管理、开放的体系结构。

AutoCAD 各个版本的软件都以光盘或官方网络下载的形式提供，光盘中有名为 SETUP.EXE 的安装文件。执行 SETUP.EXE 文件，根据弹出的窗口选择、执行下一步、正确操作即可。

首先，是如何启动 AutoCAD，这里以 AutoCAD 2018 为例，常用方法有以下三种：
从 Windows "开始"菜单中选择"程序"中的 AutoCAD 2018 选项。
在 Windows 资源管理器中双击 AutoCAD 2018 的文档文件。
在桌面上建立 AutoCAD 2018 的快捷方式，然后双击该快捷图标，即可直接开启。
其次是熟知 AutoCAD 的工作界面。AutoCAD 启动之后，不论版本，都将出现图 6-1 所示的 AutoCAD 的工作界面，AutoCAD 2018 的默认界面较以前的各个版本都有了较大的变化，将更多的功能进行分类并集中在面板上，但是 AutoCAD 软件均具有通用性，因此在下面的介绍中，会结合其经典界面进行讲解，以方便使用各个版本的读者轻松地学习与掌握，它主要由标题栏、绘图区、菜单栏、工具栏、状态栏、命令窗口、用户坐标系及滚动条等组成，如图 6-2 所示，为 AutoCAD 的经典界面。

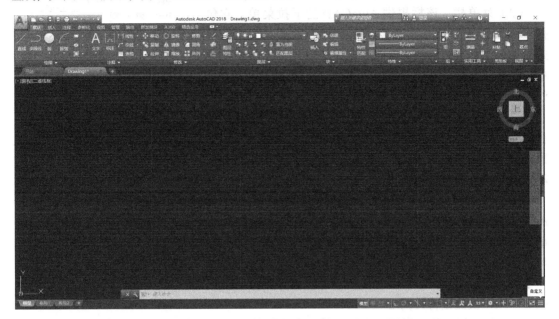

图 6-1 AutoCAD 的工作界面

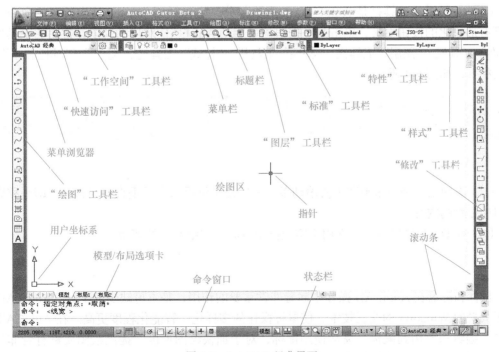

图 6-2 AutoCAD 经典界面

（1）标题栏　该栏中显示软件名称（AutoCAD）和当前打开的文件名。标题栏右上角的三个按钮，可分别实现AutoCAD窗口的最小化、还原（或最大化）以及关闭等操作，与其他 Windows 应用程序类似。

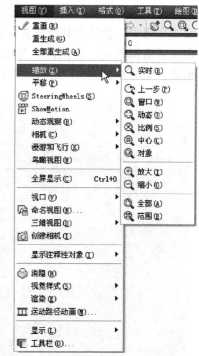

（2）菜单栏　该栏提供 AutoCAD 的下拉菜单，它包括了 AutoCAD 的大多数命令。AutoCAD 的菜单包括下拉式菜单、上下文跟踪菜单（即单击鼠标右键弹出的快捷菜单）和屏幕菜单三种。如果下拉菜单中右侧有小三角的，如图 6-3 所示，表示它还有子菜单。

（3）绘图区　该区亦称视窗，它是用来绘图的地方。在 AutoCAD 的视窗中有十字指针、用户坐标系。利用视窗右边和下面的两个滚动条可以进行视图的上下或左右移动，以观察图纸的任意部位。

（4）命令窗口　命令窗口显示从键盘键入的命令和AutoCAD 信息与提示的窗口，AutoCAD 在命令窗口保留最后三行所执行的命令或提示信息。用户可以通过拖动窗口边框的方式改变命令窗口的大小，使其显示多于 3 行或少于 3 行的信息。如果不小心关闭了命令窗口，可以使用 <Ctrl>+<9> 快捷键将其调出。

图 6-3　菜单栏中有子菜单的下拉菜单

（5）状态栏　状态栏用于显示当前十字指针的三维坐标和 AutoCAD 绘图辅助工具的切换按钮。

（6）工具栏　工具栏是 AutoCAD 的重要部分，它包括了 AutoCAD 中所有的命令，并且都有形象化的按钮工具，单击某一按钮均可启动 AutoCAD 对应的功能，常用的工具栏有"标准"工具栏、"图层"工具栏、"特性"工具栏、"样式"工具栏、"绘图"工具栏和"修改"工具栏等，如图 6-4 所示。

图 6-4　常用工具栏

（7）滚动条　利用水平和垂直滚动条，可以使图纸沿水平或垂直方向移动，即平移绘图窗口中显示的内容。

（8）模型 / 布局选项卡　它用于实现模型空间与图纸空间的切换。

6.1.2　鼠标和键盘的基本操作

鼠标和键盘在 AutoCAD 操作中起着非常重要的作用，是不可缺少的工具。AutoCAD 采用了大量的 Windows 的交互技术，使鼠标操作的多样化、智能化程度更高。在 AutoCAD 中绘图、编辑都要用到鼠标，灵活使用鼠标，对于加快绘图速度，提高绘图质量有着非常重要的作用，所以有必要先介绍一下鼠标指针在不同情况下的形状和鼠标的几种使用方法。

1. 鼠标指针的形状

作为 Windows 的用户，大家都知道鼠标的指针有很多样式，不同的形状表示系统处在不同的状态，AutoCAD 也不例外。了解鼠标指针的形状对用户进行 AutoCAD 操作非常重要。各种鼠标指针形状的含义见表 6-1。

表 6-1　各种鼠标指针形状含义

形状	含义	形状	含义
┼	正常绘图状态	↗	调整右上左下大小
↖	指向状态	↔	调整左右大小
＋	输入状态	↘	调整左上右下大小
□	选择对象状态	↕	调整上下大小
◓	缩放状态	✋	视图平移符号
≑	调整命令窗大小	Ⅰ	插入文本符号

此外，在 AutoCAD 中，指针被提升为带有反应操作状态的标记，如执行"缩放"命令时，指针旁增加了缩放标记，如图 6-5a 所示。还添加了常用编辑命令的预览，如执行"修剪"命令时，将被删除的线段会稍暗显示，而且指针标记变为"◻ˣ"指示该线段将被修剪，如图 6-5b 所示。

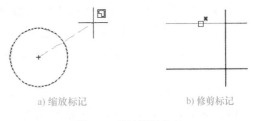

a) 缩放标记　　　　　　b) 修剪标记

图 6-5　指针显示状态

2. 鼠标的基本操作

鼠标的基本操作主要包括以下几种：

（1）指向　把鼠标指针移动到某一个面板按钮上，系统会自动显示出该图标按钮的名称和说明信息。

（2）单击左键　鼠标左键主要用于选择命令、选择对象、绘图等。

（3）单击右键　鼠标右键用于结束选择目标、弹出快捷菜单、结束命令等。

（4）双击左键　在某一图形对象上双击鼠标左键，可在打开的特性对话框中修改其特性。

（5）间隔双击　主要用于对文件或层进行重命名。

（6）拖动　在某对象上按住鼠标左键，移动鼠标指针位置，在适当的位置释放，可改变对象位置。

（7）滚动中键　在绘图区滚动鼠标中键可以实现对视图的实时缩放。

（8）拖动中键　在绘图区直接拖动鼠标中键可以实现视图的实时平移；按住 <Ctrl> 键拖动鼠标中键可以沿某一方向实时平移视图；按住 <Shift> 键拖动鼠标中键可以实时旋转视图。

（9）双击中键　在图形区双击鼠标中键，可以将所绘制的全部图形完全显示在屏幕上，使其便于操作。

3. 键盘的基本操作

使用 AutoCAD 软件绘制图形，键盘一般用于输入坐标值、输入命令和选择命令选项等。

以下介绍最常用的几个按键的作用：

（1）<Enter>键　表示确认某一操作，提示系统进行下一步操作。例如：输入命令结束后，需按 <Enter> 键。

（2）<Esc>键　表示取消某一操作，恢复到无命令状态。若要执行一个新命令，可按 <Esc> 键退出当前命令。

（3）<Enter>键和 <Space>键　无命令状态下按下表示重复上一次的命令。

（4）<Delete>键　用于快速删除选中的对象。

6.1.3　AutoCAD 命令

1. 执行 AutoCAD 命令的方式

使用 AutoCAD 绘制图形，必须对系统下达命令，系统通过执行命令，在命令行窗口出现相应的提示，用户根据提示输入相应的指令，完成图形的绘制。所以，用户应当熟练掌握命令调用的方式和命令的操作方法，还需掌握命令提示中常用选项的用法及含义。

2. 命令调用的方式

（1）单击功能区按钮　单击功能区中的图标按钮调用命令的方法形象、直观，是初学者最常用的方法。将鼠标在按钮处停留数秒，会显示该按钮工具的名称，帮助用户识别。如单击功能区"默认"选项卡→"绘图"面板→"直线"按钮／，可以启动绘制直线命令。

（2）选择菜单栏命令　一般的命令都可以通过菜单栏找到，它是一种较实用的命令执行方法。

（3）在命令行中输入命令　在命令行输入相关操作的完整命令或快捷命令，然后按 <Enter> 键或 <Space> 键即可执行命令。如绘制直线，可以在命令行输入" line"或"l"，然后按 <Enter> 键或 <Space> 键执行绘制直线命令。

提示：AutoCAD 的完整命令一般情况下是该命令的英文，快捷命令一般是英文命令的首字母，当两个命令首字母相同时，大多数情况下使用该命令的前两个字母即可调用该命令，需要用户在使用过程中记忆。直接输入命令是执行最快速的方式。

（4）使用右键菜单　单击鼠标右键，在出现的快捷菜单中单击选取相应命令或选项即可激活相应功能。

（5）使用快捷键和功能键　使用快捷键和功能键是最简单快捷的执行命令的方式，常用的快捷键和功能键见表 6-2。

表 6-2　常用快捷键和功能键

快捷键或功能键	功能	快捷键或功能键	功能
<F1>	AutoCAD 帮助	<Ctrl + N>	新建文件
<F2>	文本窗口开 / 关	<Ctrl + O>	打开文件
<F3> / <Ctrl+F>	对象捕捉开 / 关	<Ctrl + S>	保存文件
<F4>	三维对象捕捉开 / 关	<Ctrl + Shift + S>	另存文件
<F5> / <Ctrl+E>	等轴测平面转换	<Ctrl + P>	打印文件
<F6> / <Ctrl+D>	动态 UCS 开 / 关	<Ctrl + A>	全部选择图线
<F7> / <Ctrl+G>	栅格显示开 / 关	<Ctrl + Z>	撤消上一步的操作

（续）

快捷键或功能键	功能	快捷键或功能键	功能
<F8> / <Ctrl+L>	正交开 / 关	<Ctrl + Y>	重复撤消的操作
<F9> / <Ctrl+B>	栅格捕捉开 / 关	<Ctrl + X>	剪切
<F10> / <Ctrl+U>	极轴开 / 关	<Ctrl + C>	复制
<F11> / <Ctrl+W>	对象追踪开 / 关	<Ctrl + V>	粘贴
<F12>	动态输入开 / 关	<Ctrl + J>	重复执行上一命令
<Delete>	删除选中的对象	<Ctrl + K>	超级链接
<Ctrl + 1>	对象特性管理器开 / 关	<Ctrl + T>	数字化仪开 / 关
<Ctrl + 2>	设计中心开 / 关	<Ctrl + Q>	退出 CAD

调用命令后，系统并不能够自动绘制图形，用户需要根据命令行窗口的提示进行操作才能绘制图形。常见的命令提示有以下几种形式：

（1）直接提示　这种提示直接出现在命令行窗口，用户可以根据提示了解该命令的设置模式或直接执行相应的操作完成绘图。

（2）中括号内的选项　有时在提示中会出现中括号，中括号内的选项称为可选项。想使用该选项，可直接用鼠标单击选项或者使用键盘输入相应选项后小括号内的字母，按 <Enter> 键完成选择。

（3）尖括号内的选项　有时提示内容中会出现尖括号，尖括号中的选项为默认选项，直接按 <Enter> 键即可执行该选项。

3. 命令的重复、终止和撤销

AutoCAD 可以方便地使用重复的命令，命令的重复指的是执行已经执行过的命令。

在 AutoCAD 中，提供有以下 5 种方法重复执行命令：

1）无命令状态下，按 <Enter> 键或 <Space> 键即可重复执行上一次的命令。

2）无命令状态下，按键盘上的 < ↑ >键或 < ↓ >键，可以上翻或下翻已执行过的命令，翻至命令行出现所需命令时，按 <Enter> 键或 <Space> 键即可重复执行命令。

3）无命令状态下，在绘图区中单击鼠标右键，在弹出的快捷菜单中选择"重复"命令，即可执行上一次的命令，如图 6-6 所示；若选择"最近的输入"命令，即可选择重复执行之前的某一命令，如图 6-7 所示。

4）在命令行上单击鼠标右键，在弹出的快捷菜单中选择"最近使用的命令"，即可选择重复执行之前的某一命令，如图 6-8 所示。

5）无命令状态下，单击命令行的 按钮，通过弹出的快捷菜单选择最近使用的命令，如图 6-9 所示。

AutoCAD 在命令执行的过程中，有以下两种方法终止命令：

1）按 <Esc> 键。

2）在绘图区单击鼠标右键，弹出如图 6-10 所示的快捷菜单。通过选择其中的"确认"或"取消"命令均可终止命令。选择"确认"表示接受当前的操作并终止命令，选择"取消"表示取消当前操作并终止命令。

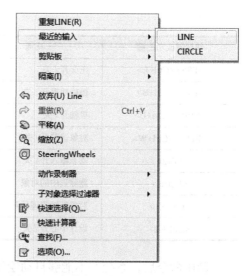

图 6-6　无命令状态下在绘图区单击鼠标右键　　　　图 6-7　重复执行之前的某一命令
出现的快捷菜单

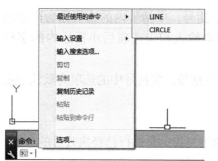

图 6-8　在命令行单击鼠标右键出现的快　图 6-9　单击命令行按　图 6-10　命令执行过程当中的
捷菜单　　　　　　　　　钮重复命令　　　　　右键快捷菜单

AutoCAD 2018 提供了撤销命令，比较常用的有 U 命令和 UNDO 命令。每执行一次 U 命令即放弃一步操作，直到图形与当前编辑任务开始时相同为止；而 UNDO 命令可以一次取消数个操作。

如以图 6-11 所示的"正在绘制的直线"为例描述撤销命令的使用方法。

若只放弃最近一次绘制的直线，如只撤销第 3 条直线，可以按以下这 4 种方法执行撤销命令：

1）在命令行中输入"U"或"UNDO"。

2）按 <Ctrl+Z> 组合键。

3）在绘图区单击鼠标右键，选择"放弃"命令。

4）选择菜单栏"编辑"→"放弃"命令。

若将图 6-11 所示的已绘制的 3 条直线全部放弃，可单击快速访问工具栏中的"放弃"按钮 。

如图 6-12 所示，若已绘制完当前所需绘制的直线，此时在命令行中输入"U"或

"UNDO"、按 <Ctrl+Z> 组合键、在绘图区单击鼠标右键→选择"放弃"命令、单击菜单栏"编辑"→"放弃"命令、单击快速访问工具栏中的"放弃"按钮 ↩，都可以将已绘制好的3 条直线一次性放弃。

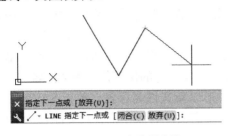

图 6-11　正在绘制直线

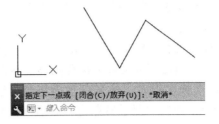

图 6-12　已绘制完当前所需绘制的直线

注意： 单击快速访问工具栏中的"重做"按钮 ↪，则恢复已经被放弃的操作，必须紧跟在撤销命令之后。

6.1.4　管理图形文件

1. 创建新图形

单击"标准"工具栏上的"新建"按钮，或选择"文件"→"新建"命令，即执行NEW 命令，AutoCAD 弹出"选择样板"对话框，如图 6-13 所示。

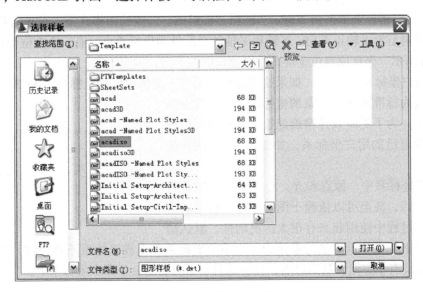

图 6-13　"选择样板"对话框

通过此对话框选择对应的样板后（初学者一般选择样板文件 acadiso.dwt 即可），单击"打开"按钮，就会以对应的样板为模板建立一个新图形。

2. 打开图形

单击"标准"工具栏上的 ⌷ 按钮，或选择"文件"→"打开"命令，即执行 OPEN 命令，AutoCAD 弹出与前面的图类似的"选择文件"对话框，可通过此对话框确定要打开的文件并打开它。

3. 保存图形

（1）用QSAVE命令保存图形　单击"标准"工具栏上的 ![save] 按钮，或选择"文件"→"保存"命令，即执行QSAVE命令，如果当前图形没有命名保存过，AutoCAD会弹出"图形另存为"对话框。通过该对话框指定文件的保存位置及名称后，单击"保存"按钮，即可实现保存。

如果执行QSAVE命令前已对当前绘制的图形命名保存过，那么执行QSAVE后，AutoCAD直接以原文件名保存图形，不再要求用户指定文件的保存位置和文件名。

（2）换名存盘　换名存盘指将当前绘制的图形以新文件名存盘。执行SAVEAS命令，AutoCAD弹出"图形另存为"对话框，要求用户确定文件的保存位置及文件名，用户响应即可。

6.1.5　设置坐标

在绘图过程中，如果要精确定位某个对象的位置，则应以某个坐标系作为参照。

1. 世界坐标系和用户坐标系

AutoCAD中包括两种坐标系：世界坐标系（WCS）和用户坐标系（UCS），默认状态下是世界坐标系（WCS），用户也可以定义自己的坐标系，即用户坐标系（UCS）。

（1）世界坐标系（WCS）　世界坐标系（WCS）是AutoCAD中默认的坐标系，进行绘图工程时，用户可以将绘图窗口设想成一张无限大的图纸，在这张图纸上已经设置世界坐标系（WCS）。世界坐标系由 X 轴、Y 轴和 Z 轴组成。二维绘图模式下，水平向右为 X 轴正方向，竖直向上为 Y 轴正方向。X 轴和 Y 轴的交汇处为坐标原点，有一个方框形标记"□"，如图6-14a所示。坐标原点位于屏幕绘图窗口的左下角，固定不变。

（2）用户坐标系（UCS）　如果绘图过程中用户一直使用世界坐标系（WCS），则需要每次都以原点为标准来确定对象的坐标位置，这样会降低绘图效率。为了更高效并精确地绘图，用户可以根据需求创建自己的用户坐标系，如图6-14b为用户坐标系。

在用户坐标系中，原点和 X、Y、Z 轴的方向都可以移动或旋转，甚至可以依赖于图形中某个特定的对象，在绘图过程中使用起来有很大的灵活性。默认情

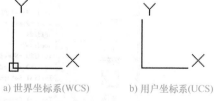

a) 世界坐标系(WCS)　　b) 用户坐标系(UCS)

图6-14　WCS与UCS

况下，用户坐标系和世界坐标系重合，当用户坐标系和世界坐标系不重合时，用户坐标系的图标中将没有小方框，利用这点，很容易辨别当前绘图处于哪个坐标系中。

2. 坐标格式

AutoCAD中的坐标共有4种格式，分别为绝对直角坐标（笛卡儿坐标）、相对直角坐标、绝对极坐标和相对极坐标，各坐标格式说明如下：

（1）绝对直角坐标　它是相对于坐标原点的坐标值，以分数、小数或科学计数表示点的 X、Y、Z 的坐标值，其间用逗号隔开，例如：（-30，50，0）。

（2）相对直角坐标　它是相对于前一点（可以不是坐标原点）的直角坐标值，表示方法为在坐标值前加符号"@"，例如：（@-30，50，0）。

（3）绝对极坐标　它是用距离坐标原点的距离（极径）和与 X 轴的角度（极角）来表示

点的位置，以分数、小数或科学计数表示极径，在极角数字前加符号"<"，两者之间没有逗号，例如：（4<120）。

（4）相对极坐标　它是与相对直角坐标类似，在坐标值前加符号"@"表示相对极坐标，例如：（@4<120）。

6.1.6　AutoCAD 的图形显示控制

按照一定的比例、观察位置和角度显示图形称为视图。视图的控制是指图形的缩放、平移、命名等功能。下面对这些功能进行简单的介绍。

1. 缩放视图

缩放命令的功能如同照相机中的变焦镜头，它能够放大或缩小当前视口中观察对象的视觉尺寸，而对象的实际尺寸并不改变。放大一个视觉尺寸，能够更详细地观察图形中的某个较小的区域，反之，可以更大范围地观察图形。

在 AutoCAD 中，有以下 3 种方法执行"缩放"操作：

选择菜单栏"视图"→"缩放"命令，显示"缩放"子菜单。

单击"导航栏"中的缩放系列按钮。

在命令行中输入命令：ZOOM（或 Z），然后按 <Enter> 键。

在"缩放"子菜单和导航栏中有各种缩放工具。运行 ZOOM 命令后，在命令行中也会出现图 6-15 的提示相应信息。

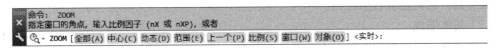

图 6-15　命令行的提示信息

这些选项和"缩放"子菜单以及导航栏中的缩放工具一一对应。

常用的缩放工具有：实时缩放、窗口缩放、动态缩放、比例缩放、中缩放、对象缩放、放大、缩小、全部缩放、范围缩放。下面分别介绍这些缩放工具的含义。

（1）实时缩放　选择该缩放工具后，按住鼠标左键，向上拖动鼠标，就可以放大图形，向下拖动鼠标，则缩小图形。按 <Esc> 键或 <Enter> 键结束实时缩放操作，或者单击鼠标右键，选择快捷菜单中的"退出"项也可以结束当前的实时缩放操作。

实际操作时，一般滚动鼠标中键完成视图的实时缩放。当指针在绘图区时，向上滚动鼠标滚轮为实时放大视图，向下滚动鼠标滚轮为实时缩小视图。

（2）窗口缩放　选择该缩放工具后，通过指定要查看区域的两个对角，可以快速缩放图形中的某个矩形区域。确定要察看的区域后，该区域的中心成为新的屏幕显示中心，该区域内的图形被放大到整个显示屏幕。在使用窗口缩放后，图形中所有对象均以尽可能大的尺寸显示，同时又能适应当前视口或当前绘图区域的大小。

角点在选择时，将图形要放大的部分全部包围在矩形框内。矩形框的范围越小，图形显示的越大。

（3）动态缩放　动态缩放与窗口缩放有相同之处，它们放大的都是矩形选择框内的图形，但动态缩放比窗口缩放灵活，可以随时改变选择框的大小和位置。

选择"动态缩放"工具后，绘图区会出现选择框，如图 6-16a 所示。此时拖动鼠标可移动选择框到需要位置，单击鼠标左键后选择框的形状如图 6-16b 所示。此时拖动鼠标即可按箭头所示方向放大或反向缩小选择框，并可上下移动。在图 6-16b 状态下单击鼠标左键可以变换为图 6-16a 所示的状态，拖动鼠标可以改变选择框的位置。用户可以通过单击鼠标左键在两种状态之间切换。

不论选择框处于何种状态，只要将需要放大的图样选择在框内，按 <Enter> 键即可将其放大并且为最大显示。**注意**：选择框越小，放大的倍数越大。

a) 选择框可移动时的状态　　　　b) 可缩放的选择框

图 6-16　绘图区选择框

（4）范围缩放　范围缩放使用尽可能大的、可包含图形中所有对象的放大比例显示视图。此视图包含已关闭图层上的对象，但不包含冻结图层上的对象。图形中所有对象均以尽可能大的尺寸显示，同时又能适应当前视口或当前绘图区域的大小。

（5）对象缩放　对象缩放命令使用尽可能大的、可包含所有选定对象的放大比例显示视图。可以在启动 ZOOM 命令之前或之后选择对象。

（6）全部缩放　全部缩放显示用户定义的绘图界限和图形范围，无论哪一个视图较大。在当前视口中缩放显示整个图形。在平面视图中，所有图形将被缩放到栅格界限和当前范围两者中较大的区域中。图形栅格的界限将填充当前视口或绘图区域，如果在栅格界限之外存在对象，它们也被包括在内。

（7）其他缩放

比例缩放：以指定的比例因子缩放显示图形。

上一个缩放：恢复上次的缩放状态。

中心缩放：缩放显示由中心点和放大比例（或高度）所定义的窗口。

2. 平移视图

视图的平移是指在当前视口中移动视图，在不改变图形的缩放显示比例的情况下，观察当前图形的不同部位。该命令的作用如同通过一个显示窗口审视一幅图纸，可以将图纸上、下、左、右移动，而观察窗口的位置不变。

视图平移可以使用以下 3 种方法：

1）单击"导航栏"中的平移按钮🖐即可进入视图平移状态，此时鼠标指针形状变为✋，按住鼠标左键拖动鼠标，视图的显示区域就会随着实时平移。按 <Esc> 键或 <Enter> 键退出该命令。

2）当指针位于绘图区时，按下鼠标中键，此时鼠标指针形状变为✋，按住鼠标中键拖动鼠标，视图的显示区域就会随着实时平移。松开鼠标中键，可以直接退出该命令。

3）在命令行中输入命令 PAN，并按 <Enter> 键。同样，此时鼠标指针形状变为✋，按住鼠标左键拖动鼠标，可实现视图的实时平移。按 <Esc> 键或 <Enter> 键可退出该命令。

提示：注意命令 PAN 和 MOVE 的区别。

6.1.7　建立图层

图层像没有厚度的透明纸，各层之间的坐标基点完全对齐，可以给不同的层指定线型、颜色和状态。绘图时，可将同一类的图形对象绘制在相应的图层上，这样在绘制或修改图形对象时，只需确定它的几何参数和所在的图层，不仅方便图形的绘制与修改，而且节省了绘图工作量与存储空间。

1. 图层的特性

1）系统对图层数没有限制，对每一图层上的对象数也没有任何限制，但只能在当前图层上绘图。

2）每个图层都有一个名字以示区别，0 层为自动生成的层。

3）每个图层都可以设置单独的线型和颜色，图层之间的线型和颜色可以相同，也可以不同；在某一图层上绘图时，绘出的线型为该图层的线型。一个图层只有一种线型，一种颜色。

4）各图层具有相同的坐标系、绘图界限、显示时的缩放倍数，可以对不同层上的对象同时进行编辑。

5）可以对各图层进行打开、关闭、冻结、解冻、锁定与解锁等操作。各选项意义如下：

打开 / 关闭———一般情况下，图层是保持打开状态的；如果选择关闭，则隐藏层的画面，使其不可见。

冻结 / 解冻——该选项可以让用户关闭图层并在随后的重新生成层时消除它们。**注意：** 该命令不同于"打开 / 关闭"选项，当用户关闭层时，该层是不显示的，但可以再生；而冻结的层既不能显示也不能再生。不能冻结当前层，也不能将冻结层改为当前层。

锁定 / 解锁——若选择锁定，则该层既不能编辑也不能设置为当前层，但可以执行一些特定的操作。**注意：** 不能锁定当前层、0 层。

2. 图层的操作

AutoCAD 2018 是通过"图层特性管理器"对话框对图层的特性进行操作和管理的。启动图层命令的方法有 3 种。

1）命令：LAYER 或 LA。

2）"格式"菜单：在"格式"菜单上单击"图层"子菜单。

3）"对象特性"工具栏：在"对象特性"工具栏上单击图层按钮

用上述方法中的任一种后，AutoCAD 就会弹出如图 6-17 所示的"图层特性管理器"对话框，其主要操作的具体含义如下：

"新建"为建立新图层。单击"新建"按钮，AutoCAD 就会自动生成新图层。

"图层列表"为如图 6-17 中的大矩形区域内显示已有图层及其设置的列表。

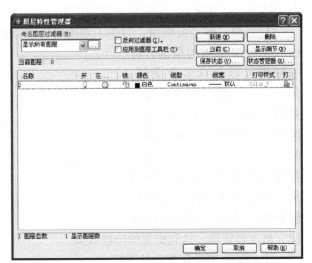

图 6-17　"图层特性管理器"对话框

图层列表中，各选项含义如下：

1）名称：显示对应各图层的名字，用户在新建图层时，一般必须先定义图层的层名。

2）开：指针对准灯泡图标单击就可以进行开关切换。

3）冻结：指针对着太阳或雪花图标单击，可以在冻结（雪花）和解冻（太阳）之间切换。

4）锁：指针对着锁图标单击，可以进行锁定或者解锁切换。

5）颜色：显示图层的颜色。

6）线型：显示对应图层的线型。用户可以利用该选项控制图层的线型。单击该图层的线型名，则会弹出如图 6-18 所示的"选择线型"对话框，可利用该对话框进行线型选择和加载。当"选择线型"对话框中无所需要的线型时，在该框中单击"加载"按钮，出现如图 6-19 所示"加载或重载线型"对话框，在该框中选择需要的线型并单击"确定"按钮即可。反复操作直至加载完所有需要的线型为止。

7）线宽：控制线宽。

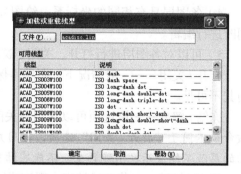

图 6-18 "选择线型"对话框　　　　　图 6-19 "加载或重载线型"对话框

8）打印样式：用户可以通过该选项设置图层的打印样式。单击该选项时，会出现"设置打印样式"对话框，可利用该对话框设置图层的打印样式。

9）打印：是否打印。AutoCAD 2007 之后版本新增加的"是否打印"图层属性有助于在保持图形可见性不变的前提下控制图形打印特性。

① 当前：即当前图层。与手工绘图时所有图纸要素都绘制在一张纸上不同，AutoCAD 引入了分层绘图的概念，即一幅图可以包含多个图层，每一个图层都可以看成是一张透明的纸。在不同的层上绘制不同的图纸要素，所有的图层最终叠加后，形成一张完整的图纸，如图 6-20 所示，图层的运用使得用户能够更加方便地进行图纸的阅读、修改和管理，达到想要的绘制效果。

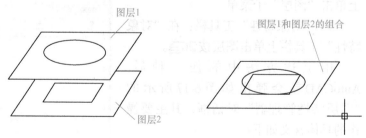

图 6-20 "加载或重载线型"对话框

② 删除：删除所选取的图层。

③ 显示 / 隐藏细节：显示或隐藏所选图层的详细资料。

④ 反向过滤器：AutoCAD 2018 的过滤器的反转功能，可帮助用户方便地访问那些被过滤的图层。

⑤ 应用到对象特性工具栏：选中时，AutoCAD 将会把"图层属性管理器"中的信息应用到"对象特性"工具栏。

⑥ 命名图层过滤器：AutoCAD 2018 中特有的，该项功能可以使用户通过下拉列表选项或快捷菜单选用已命名的图层过滤器。

由于图层的操作与区分，不少用户在绘图准备的过程中，希望根据个人喜好与需求，对背景颜色进行更改，具体操作如下：第一种方法是在下拉菜单的"工具"，弹出的"选项"窗口，单击"显示"标签，单击"颜色"按钮，弹出"图形窗口颜色"窗口；第二种方式是直接在命令行中输入"OP"命令；第三种方法是在绘图区单击鼠标右键，然后选择"选项"，就可以在窗口中设置需要的颜色。

如图 6-21 所示，单击"颜色"按钮，弹出"图形窗口颜色"窗口，分别选择"二维模型空间"，在右侧的界面元素选择"统一背景"，就可以指定所需要的背景颜色。

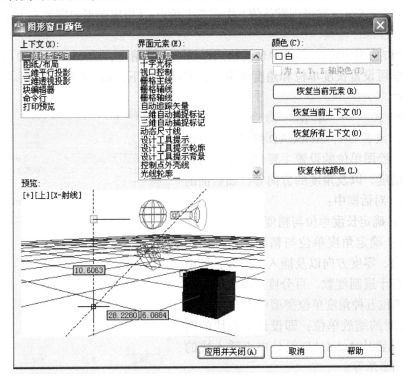

图 6-21　"图形窗口颜色"对话框

任务6.2　绘制图纸边框

任务目标

1）掌握设置图幅、线型比例及绘图单位。

2）能够对常用辅助对象工具进行设置。

3）学会绘制线条、矩形并完成所需设计。

4）能够学会常用的选择对象、删除命令与恢复命令。

5）学会机械制图常用图纸边框的绘制，完成 A4、A3 图纸边框的设计与绘制。

6.2.1　设置图幅、线型比例及绘图单位

1. 设置图幅

图幅又叫图形界限，是绘图时指定的一个矩形绘图区域，用户在绘图时应该合理的设置其大小，避免超出这个区域进行作图。因此，合理的设置图形界限类似于手工绘图时选择绘图图纸的大小，但具有更大的灵活性。

其执行方式为：下拉菜单选择"格式"→"图形界限"，或在命令行中输入 LIMI 命令。

完成上述操作后，AutoCAD 提示：

指定左下角点或［开（ON）/关（OFF）］<0.0000,0.0000>:（指定图形界限的左下角位置，直接按 Enter 键或 Space 键采用默认值）指定右上角点:（指定图形界限的右上角位置）

2. 设置绘图单位格式

设置绘图的长度单位、角度单位的格式以及它们的精度，运用 AutoCAD 提供的"图形单位"对话框可设置长度单位和角度单位。在默认情况下，AutoCAD 的图形单位用十进制进行数值显示。

选择"格式"→"单位"命令，即执行 UNITS 命令，或者 UN，AutoCAD 弹出"图形单位"对话框，绘图单位的设置主要包括长度与角度的类型、精度，以及角度的方向等，如后面的图 6-22 所示，对话框中：

1）长度：确定长度单位与精度。

2）角度：确定角度单位与精度，还可以确定角度正方向、零度方向以及插入单位等，其中角度的类型有十进制度数、百分度、度 / 分 / 秒、弧度、勘测单位五种角度单位类型可以选择。

3）插入时的缩放单位：即设计中心块的图形单位，可设置从 AutoCAD 设计中心插入块的图形单位，如毫米等。

4）输出样例：显示当前设置的单位和角度的举例。

图 6-22　"图形单位"对话框

当然，AutoCAD 提供了强大的帮助功能，用户在绘图或开发过程中可以随时通过该功能得到相应的帮助。

选择"帮助"菜单中的"帮助"命令，AutoCAD 弹出"帮助"窗口，用户可以通过此窗口得到相关的帮助信息，或浏览 AutoCAD 的全部命令与系统变量等。

选择"帮助"菜单中的"新功能专题研习"命令，AutoCAD 会打开"新功能专题研习"窗口。通过该窗口，用户可以详细了解 AutoCAD 的新增功能。

3. 设置线型比例

有时用户选取点画线、中心线时，在屏幕上看起来仍是直线。使用线型缩放命令配制适

当的线型比例，就可显示真实的线型。方法如下：

1）在"命令"窗口中键入命令：LTSCALE。

2）在"格式"菜单中单击"线型比例"子菜单。

利用上述方法中的任意一种后，会出现图 6-23 所示的"线型管理器"对话框。单击该对话框中的"全局比例因子"输入框并输入新的比例数值，然后单击"确定"，AutoCAD 就会按新的比例重新生成图形，通过该框也可选择或加载线型。

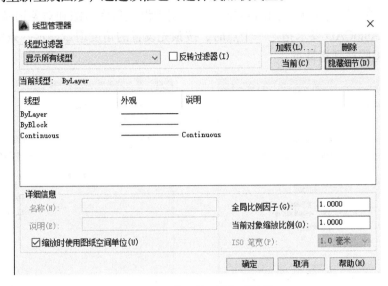

图 6-23　"线型管理器"对话框

6.2.2　设置常用辅助对象工具

为了快速准确地绘图，AutoCAD 2018 提供了辅助绘图工具供用户选择。下面介绍常用的几种。它们位于平面底部的状态栏上，可以通过单击鼠标左键开启或关闭。

（1）捕捉　捕捉是 AutoCAD 约束鼠标每次移动的步长。即规定鼠标每次在 X 轴和 Y 轴的移动距离，通过这个固定的间距可以控制绘图精确度。如果这个固定间距是1，在捕捉模式打开的状态下，用鼠标拾取点的坐标值都是 1 的整数倍。使用命令 SNAP、直接用鼠标单击状态栏上的"捕捉"附签或按下 <F9> 键可控制捕捉的开启或关闭。

（2）栅格　栅格是一种可见的位置参考图标，它是由一系列有规则的点组成，类似于在图形下放置带栅格的纸。栅格有助于排列物体并可看清它们之间的距离。如与捕捉功能配合使用，对提高绘图的精确度作用更大。

（3）正交模式　当用户绘制水平或垂直直线时，可以使用 AutoCAD 的正交模式进行图形绘制。使用正交模式，还可以方便绘制或编辑水平或垂直的图形对象。使用 ORTHO 命令、直接用鼠标左键单击状态栏上的"正交"或按下 <F8> 键，即可打开或关闭正交状态。

（4）"草图设置"对话框　AutoCAD2018 新提供了一个"草图设置"对话框，用于设置栅格的各项参数和状态、捕捉的各项参数和状态及捕捉的样式和类型、对象捕捉的相应状态、角度追踪和对象追踪的相应参数等，这个对话框打开方式有两种。

1）"工具"菜单：在"工具"菜单中选择"草图设置"选项，打开"草图设置"对话框。

2）快捷方式：用鼠标右键单击状态栏上的"捕捉""栅格""正交""极轴""对象捕捉"及"对象追踪"按钮，并从弹出的快捷菜单中选择"设置"选项。

在"草图设置"对话框中，共有 3 张选项卡："捕捉和栅格""极轴追踪"和"对象捕捉"。各选项卡含义为：

1）"捕捉和栅格"选项卡：如图 6-24 所示，用于设置栅格的各项参数和状态、捕捉的各项参数和状态及捕捉的样式和类型。

2）"极轴追踪"选项卡：如图 6-25 所示，用于设置角度追踪和对象追踪的相应参数。该功能可以在 AutoCAD 要求指定一个点时，按预先设置的角度增量显示一条辅助线，用户可以沿辅助线追踪得到指针点。

图 6-24 "捕捉和栅格"选项卡

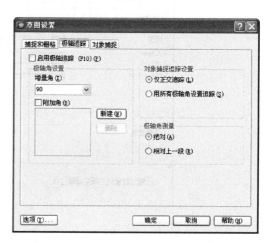

图 6-25 "极轴追踪"选项卡

3）"对象捕捉"选项卡：该选项卡如图 6-26 所示，用于设置对象捕捉的相应状态。

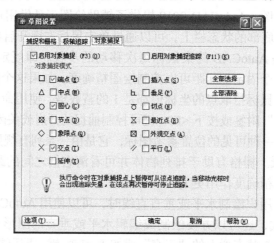

图 6-26 "对象捕捉"选项卡

6.2.3 绘制线条、绘制矩形

所需绘图命令 AutoCAD 2018 提供了多种实体绘图命令，调用方法有以下三种：

1）通过"绘制"菜单调用。

2）在"绘制"工具栏中调用。

3）在命令提示行中输入。

不少情况下，熟练掌握后的用户常用绘图的命令快捷方式进行绘图的基本操作，由于此种方式可以快速、准确地完成图形的绘制，常用绘图命令和视窗缩放命令快捷键见表 6-3，识记常用的可以大大提高用户的工作效率。

表 6-3　常用绘图命令和视窗缩放命令快捷键

快捷键	绘图命令	快捷键	绘图命令	缩写	视窗缩放命令
PO	*POINT（点）	EL	*ELLIPSE（椭圆）	P	*PAN（平移）
L	*LINE（直线）	REG	*REGION（面域）	Z + A	* 显示全部绘图区域
XL	*XLINE（射线）	MT	*MTEXT（多行文本）	Z	* 局部放大
PL	*PLINE（多段线）	T	*MTEXT（多行文本）	Z + P	* 返回上一视图
ML	*MLINE（多线）	B	*BLOCK（块定义）	Z + E	显示全图
SPL	*SPLINE（样条曲线）	I	*INSERT（插入块）	Z + W	显示窗选部分
POL	*POLYGON（正多边形）	W	*WBLOCK（定义块文件）		
REC	*RECTANGLE（矩形）	DIV	*DIVIDE（等分）		
C	*CIRCLE（圆）	ME	*MEASURE（定距等分）		
A	*ARC（圆弧）	H	*BHATCH（填充）		
DO	*DONUT（圆环）				

1. 绘制线条

（1）绘制直线 LINE（／）　直线是 AutoCAD 图形中最基本和最常用的对象。使用 LINE 命令，如图 6-27 所示，可以创建一系列连续的直线段。每条线段都是可以单独进行编辑的直线对象。

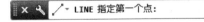

图 6-27　直线命令

具体的方式如下：

1）在"命令"窗口中键入命令 LINE 或 L，然后按 <Enter> 键或 <Space> 键，即执行 LINE 命令（注意在"命令"窗口中对于输入点位置的提示）。

2）在"绘图"菜单中单击"直线"子菜单，继续指定点，就可绘制出下一线段。绘制两条以上线段后，若输入 C，则形成闭合折线；若输入 U，则取消最后绘制的线段。

3）在"绘图"工具栏上单击直线图标，若要绘制直线，可单击"直线"工具，如图 6-28 所示。

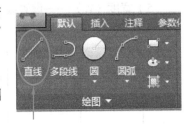

图 6-28　直线选项工具

在 AutoCAD 中，"直线"命令绘制的直线实际上是一条或多条连续的直线段。在指定直线第一点时，直接按 <Enter> 键，将直接以上次绘图命令的终点作为起点画直线，如果上次命令绘制的是圆弧，所画直线将在该点处与圆弧相切。若要指定该直线的起点，可以键入坐标（0，0）。最好将模型的一个角点定位在（0，0），即原点。若要定位其他点，可以在绘图区域中指定其他 X，Y 坐标位置。执行 U 命令撤销最后一段执行 C 命令使其与起点间连直线形成闭合，也可利用角度覆盖方式在指定方向上绘制长度不确定的线段。格式为"<Y"，Y 为相对零度方向的偏转角度。即在输入点的极坐标时不指定相对的距离，而用鼠标在指定角度上定点。

（2）绘制射线 RAY（／） 射线为始于一点并无限延伸的线性对象，一般用作辅助线。起点和通过点定义了射线延伸的方向，射线在此方向上延伸到显示区域的边界。可以通过重显示输入通过点的提示为创建多条射线提供方便。按 <Enter>键可结束命令。

（3）构造线 XLINE（／） 构造线对于创建构造线和参照线以及修剪边界是十分有用的，如图 6-29 所示为构造线示意图。

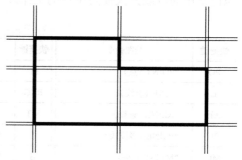

图 6-29　构造线示意图

2. 绘制矩形

矩形也是常用的绘制图形，其具体绘制方式为：

1）在"命令"窗口中键入命令 REC，然后按 <Enter> 键或 <Space> 键。

2）在"绘图"菜单上单击"矩形"子菜单即可绘制。

3）在"绘图"工具栏上单击矩形图标□。

使用上述方法后，系统提示"确定第一角点"或"[倒角（C）/ 标高（E）/ 圆角（F）/ 厚度（T）/ 宽度（W）]"：

如果选择第一角点，则会继续出现确定第二角点的命令提示，然后确定另外一个角点，以此类推，这时将自动绘出一个矩形，矩形的其他外观形式及旋转角度的矩形，如图 6-30 所示，其他选项的具体含义为：

1）倒角（C）——设定矩形四角为倒角及大小。

2）标高（E）——确定矩形在三维空间内的某面高度。

3）圆角（F）——设定矩形四角为圆角及大小。

4）厚度（T）——设置矩形厚度。

5）宽度（W）——设置线宽。

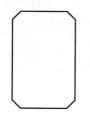　　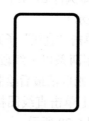　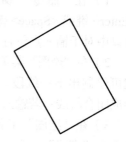

a) 参数C画有斜角的矩形　　b) 参数F画有圆角的矩形　　c) 参数W指定线宽画矩形　　d) 画旋转角度的矩形

图 6-30　矩形的其他外观形式及旋转角度的矩形

通过指定的矩形参数创建矩形多段线（长度、宽度、旋转角度）和角点类型（圆角、倒角或直角）也可绘制如图 6-31 所示的圆角矩形。

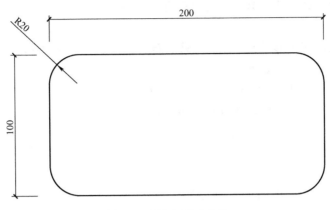

图 6-31 圆角矩形示意图

6.2.4 使用删除、恢复、偏移、修剪命令

1. 删除命令

功能：删除指定的实体，如图 6-32 所示。

其执行方式的调用方法如下：

1）在"命令"窗口中键入命令：ERASE 或 E 命令。

2）在"修改"菜单上单击"删除"子菜单。

3）在"修改"工具栏上单击删除图标 ✏。

系统提示：

命令：Erase

选择需要删除的对象；

继续选择需要删除的对象；

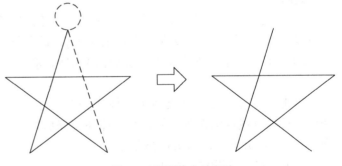

图 6-32 删除命令的应用

若要继续删除实体，可以在"选择需要删除的对象:"的提示下继续选取要删除的对象；若按下 <Enter> 键，则结束选择实体并删除已选择的实体；若进行误操作使用了删除命令，删除了一些有用的实体，可用 OOPS 或取消命令将删除的实体恢复。

2. 恢复命令

功能：恢复误操作删除的实体，如图 6-33 所示。

其执行方式的调用方法如下：

1）在"命令"窗口中键入命令：OOPS。

2）在"编辑"菜单上单击"放弃"子

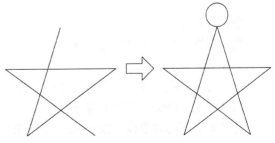

图 6-33 恢复命令的应用

菜单。

注意：恢复命令只能恢复最近一次删除命令删除的实体。若连续多次使用删除命令，又想要恢复前几次删除的实体，只能使用"取消"命令。

3. 偏移命令

功能：生成从已有图形对象等距离偏移的新对象，如图6-34所示。

其执行方式的调用方法如下：

1）在"命令"窗口中键入命令OFFSET或O。

2）在"修改"菜单上单击"偏移"子菜单。

3）在"修改"工具栏上单击偏移图标⬚。

系统提示：

命令：Offset

指定偏移距离或［通过（T）］＜通过＞：

各选项含义如下：

a) 选定对象　　b) 通过点　　c) 对象偏移

图6-34　指定通过点偏移命令的应用

偏移距离为对象之间的偏移距离。选择该项后系统继续提示：

选择要偏移的对象或＜退出＞：

指定点以确定偏移所在一侧：

通过（T）为通过指定点来确定偏移距离。选择该项后系统继续提示：

选择要偏移的对象或＜退出＞：

选定通过点：

说明：

1）直线的等距离偏移为平行等长线段；圆弧的等距离偏移为圆心角相同的同心圆弧；多段线的等距离偏移为多段线，其组成部分将自动调整。

2）如果用给定距离的方式生成等距离偏移对象，对于多段线其距离按中心线计算。

4. 修剪命令

功能：以选定的一个或多个实体作为裁剪边，修剪过长的直线或圆弧等，使被切实体在与修剪边交点处被切断并删除，如图6-35所示。

其执行方式的调用方法如下：

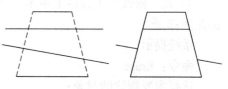

图6-35　修剪命令的应用

1）在"命令"窗口中键入命令：TRIM。

2）在"修改"菜单单击"修剪"子菜单。

3）在"修改"工具栏上单击修剪图标⊀。

系统提示：

命令：Trim

当前设置：投影＝UCS 边＝无

选择剪切边 ...

选择对象：用各种对象选择方法指定剪切边界

选择对象：Enter（结束对象选择）

选择要修剪的对象或［投影（P）/边（E）/放弃（U）］：

各选项含义如下。

1）选择要修剪的对象：默认项。用指定点选取被修剪对象的被修剪部分。

2）投影（P）：确定执行修剪的空间。

3）边（E）：确定修剪方式是直接相交还是延伸相交。

4）放弃（U）：取消上一次操作。

注意："修剪"命令与"删除"命令的不同在于，"删除"命令删除选中的整个对象，"修剪"命令只去掉对象的一部分，留下一部分。

6.2.5　创建图块

用 AutoCAD 绘图的最大优点就是 AutoCAD 具有库的功能且能重复使用图形的部件。利用 AutoCAD 提供的块、写入块和插入块等操作就可以把用 AutoCAD 绘制的图形作为一种资源保存起来，在一个图形文件或者不同的图形文件中重复使用。创建图块的过程中可能需要选择所需的对象并进行多行文字的输入。图块的使用可大大方便图形绘制。

1. 创建、存储与插入图块

（1）创建及插入　AutoCAD 2018 中的块分为内部块和外部块两种，用户可以通过"块定义"对话框精确设置创建块时的图形基点和对象取舍。

（2）图块及其作用　图块是由一个或者多个对象组成的对象集合，其特点为：

1）使用图块可以简化绘图过程。

2）使用图块能系统地组织绘图任务。

3）使用图块能减小图形文件的大小。

（3）存储图块（WBLOCK）　可在"写块"对话框中，确定块的组成对象、插入基点、图块文件名及存盘位置等。需要注意的是，启动存储图块命令的方法是：在命令窗口键入 WBLOCK 或别名 W。

执行 WBLOCK 命令之前，构成块的组成对象必须已经生成。

用存储图块命令定义的图块能被别的图形文件引用。

（4）插入图块（INSERT）　可在"插入"对话框中确定图块文件名、插入点、比例因子和旋转角度等。最好在 0 层定义图块，这样做的好处是：无论图块被插入到哪一个图层，块中对象的颜色、线型和线宽特性都将与插入层的颜色、线型和线宽设置保持一致。

2. 选择对象

当对图块的实体等进行操作时，需要选中这些对象。绝大部分针对对象的操作，可以先选中对象，再执行相应命令，也可以先执行相应命令，在命令行出现"选择对象"提示时，再选中对象。被选中的对象变成虚线显示。

在 AutoCAD 中对图形进行编辑和修改时，经常需要选择一个或多个对象进行编辑。系统提供了多种选择方式，其中最常用的有以下几种：

（1）单个点选方式　即直接用鼠标拾取，单击图形对象，被选中的图形将变成虚线并亮显，可连续选中多个对象。

（2）参数方式　当命令行出现"选择对象"提示时，输入相应的参数来选择对象，常用的参数如下。

1）参数 F：栏选方式，与该方式下产生的虚折线相交的实体将被选中。

2）参数 ALL：在"选择对象"提示下输入 ALL 并按下 <Enter> 键，系统将自动选择当前图形的所有对象。

3）参数 R：删除方式，撤销同一命令中选中的任一个或多个实体。

4）参数 A：返回，从删除状态返回添加状态。

（3）按键方式　利用 <Ctrl> 键循环选择（重叠对象的选取），利用 <Shift> 键来取消已选择的对象。

（4）用矩形框构造选择集　当系统提示"选择对象"时，用鼠标输入矩形框的两个对角点，则框内对象被选中。对角点指定顺序不同，可形成不同的选择结果。

1）窗口方式：单击鼠标左键，先指定矩形框的左角点 1，向右拖出的矩形框显示为实线。此时只有图形对象完全处在矩形框内才被选中，而位于窗口外部或与窗口边界相交的对象不能被选中，如图 6-36 所示。

2）交叉方式：单击鼠标左键先指定矩形框的右角点，向左拖出的矩形框显示为虚线。此时完全处在矩形框内的图形对象和与窗口边界相交即部分处在矩形框内的图形对象均被选中，如图 6-37 所示。

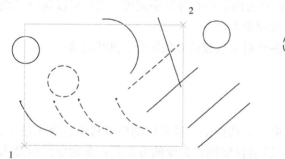 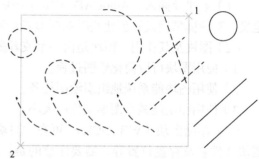

图 6-36　用窗口方式选择对象　　　　　　　图 6-37　用交叉方式选择对象

（5）快速选择对象　通过给定条件来选择对象。

3. 输入多行文字

文字的输入方式有两种：一种是利用 TEXT 和 DTEXT 命令向图中输入单行文字；另一种是利用 MTEXT 命令（即多行文字编辑器）向图中输入多行文字。由于两种命令的操作方法类似，且 MTEXT 命令将文字作为一个对象来处理，特别适合于处理成段的文字，其功能远远比 TEXT 和 DTEXT 命令强大灵活得多，因此，这里只介绍多行文字的输入。

其输入方式为：

1）在"命令"窗口中键入命令：MTEXT。

2）在"绘图"菜单中选取"文字"子菜单的"多行文字"命令。

3）在"绘图"工具栏中单击图标 **A**。

系统提示：

当前文字样式：当前样式。文字高度：当前值。

指定第一角点：

指定对角点或 ［高度（H）/ 对正（J）/ 行距（L）/ 旋转（R）/ 样式（S）/ 宽度（W）］:

各选项意义如下。

指定对角点：默认项，确定另一角点后，AutoCAD 将以两个点为对角点形成的矩形区域的宽度作为文字宽度。

高度：指定多行文字的字符高度。

对正：选择文字的对齐方式，同时决定了段落的书写方向。

行距：指定多行文字间的间距。

旋转：提示用户指定文字边框的旋转角度。

样式：提示用户为多行文字对象指定文字样式。

宽度：提示用户为多行文字对象指定宽度。

对于设置的多行文字编辑器，在用户设置了各选项后，系统会再次显示前面的提示。当用户指定了矩形区域的另一点后，将出现如图6-38所示的多行文字编辑器。该编辑器的对话框中有4个选项卡，分别用于字符格式化、改变特性、改变行距以及查找和替换文字。

1）"字符"选项卡：用于控制所标注文字的字符格式，包括文字的字体、字高、字的颜色等。该选项卡的各按钮功能如下。

字体：从下拉列表框中选择字体。

字高：在输入框中输入字高值或在下拉列表中选择字高值。

颜色：在下拉列表中选择颜色，一般选择随层。

特殊字符：在下拉列表中选择要输入的特殊字符。AutoCAD中，"%%C"是标注直径"φ"的符号；"%%D"是标注度"°"的符号；"%%P"是标注正负"±"的符号。

2）"特性"选项卡：用于设置多行文字对象的特性。包括文字的式样、排列方式、文字行的宽度、倾斜角度等。

3）"行距"选项卡：用于调整多行文字之间的行距。

4）"查找/替换"选项卡：用于查找用户指定的字符串，并且用新的文字替换查找到的字符串。

输入并编辑完多行文字对象后，单击"确定"按钮，退出多行文字编辑器，并在图形中指定的位置插入对象。

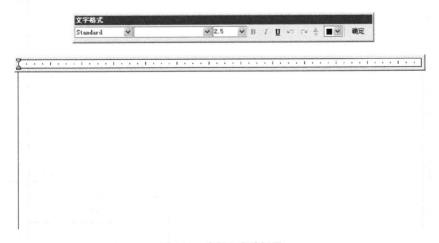

图6-38　多行文字编辑器

图6-39为利用多行文字编辑器输入的技术要求。

需要注意的是，在绘制图框和标题栏时，能根据已知条件合理运用直线、删除、修剪、延伸、偏移命令，正确进行图幅、单位、角度的设置，灵活运用栅格、正交、极轴追踪、对象捕捉、对象捕捉追踪等精确绘图工具，下面读者可自行尝试上面所学内容，正确绘制A4、A3图纸边框及正多边形等图形。

A4图纸边框及尺寸要求如图6-40所示。

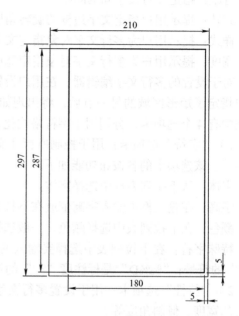

技术要求

1. 铸件不得有砂眼、气孔等缺陷；

2. 未注圆角R3。

图 6-39   多行文字编辑器输入文字   图 6-40   A4图纸边框及尺寸要求

A3图纸边框及尺寸要求如图6-41所示，注意A3与A4尺寸的关系。

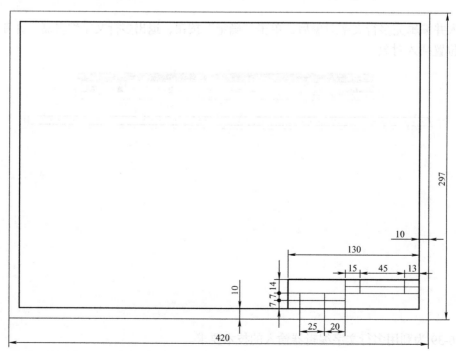

图 6-41   A3图纸尺寸边框及尺寸要求

A3 图纸完成后应如图 6-42 所示。

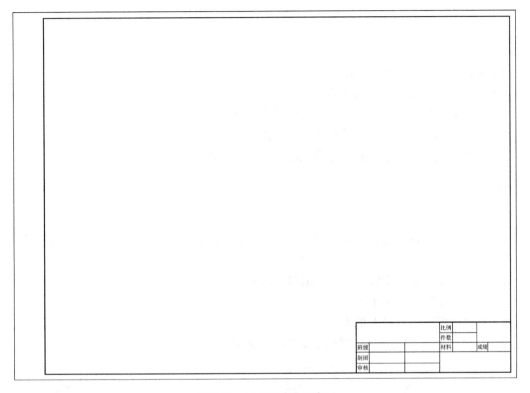

图 6-42　A3 图纸完成示意图

注意： A3 纸的大小为 297mm×420mm，是 A4 纸的 2 倍。A4 纸规格为 210mm×297mm。这是由国际标准化组织的 ISO216 定义的，世界上多数国家所使用的纸张尺寸都是采用这一国际标准。

接下来，请读者利用本次任务所学绘制线条的方法，绘制及输入图 6-43 ～图 6-45 所示的图形及文字，进行相应的使用练习。

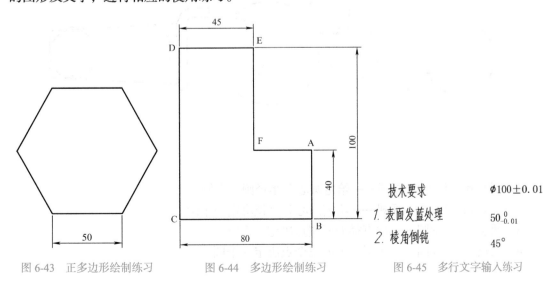

图 6-43　正多边形绘制练习　　　　图 6-44　多边形绘制练习　　　　图 6-45　多行文字输入练习

任务 6.3 绘 制 垫 板

任务目标

1）学会绘制圆、圆弧的方法。

2）能够操作倒角及圆角的功能。

3）学会设置标注文字样式，能够完成基本尺寸标注。

4）能够在已完成的图纸中绘制垫板机械图。

5）掌握常用绘图命令，利用综合绘图命令完成练习。

6.3.1 绘制圆及圆弧

1. 绘制圆

在完成绘制垫板机械图的所需图形中，绘制符合规范的圆是基本命令。所谓绘制圆，就是基于圆心和半径或直径值创建圆，其具体方式有：

1）在"命令"窗口中键入命令 CIRCLE 或 C。

2）在"绘图"菜单中单击"圆"子菜单。

3）在"绘图"工具栏上单击图标⊘。

如图 6-46 所示，AutoCAD 提供了 6 种画圆方式：

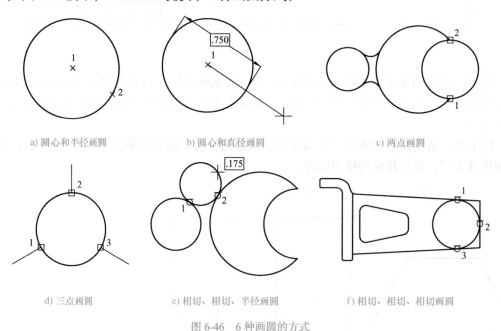

a) 圆心和半径画圆   b) 圆心和直径画圆   c) 两点画圆

d) 三点画圆   e) 相切、相切、半径画圆   f) 相切、相切、相切画圆

图 6-46 6 种画圆的方式

1）圆心和半径（R）画圆——给定圆心和半径画一个圆。

2）圆心和直径（D）画圆——给定圆心和直径决定一个圆。

3）两点（2）画圆——用直径的两端点决定一个圆。

4）三点（3）画圆——用圆弧上的三个点决定一个圆。

5）相切、相切、半径（T）画圆——选择两个对象（直线、圆弧或其他圆）并指定圆半径，系统绘制圆与选择的两个对象相切。

6）相切、相切、相切（A）画圆——选择3个对象（直线、圆弧或其他圆），系统绘制圆与选择的三个对象相切。

例：如图6-47、图6-48所示，利用圆心和半径画圆。

图 6-47 选择绘制圆的方式

图 6-48 根据圆心和半径画出的圆

命令：CIRCLE

系统提示：

命令：_circle

指定圆的圆心或［三点（3P）/两点（2P）/相切、相切、半径 T)]：指定点 P1

指定圆的半径或［直径（D）]：5

圆环由两条圆弧多段线组成，这两条圆弧多段线首尾相接而形成圆形。如需绘制圆环，其多段线的宽度由指定的内直径和外直径决定。如果将内径指定为0（零），则圆环将填充为圆。选择"绘图"→"圆环"命令，即可执行 DONUT 命令。

2. 绘制圆弧

要绘制圆弧，可以指定圆心、端点、起点、半径、角度、弦长和方向值的各种组合形式。默认情况下以逆时针方向绘制圆弧。按住 <Ctrl> 键的同时拖动，则以顺时针方向绘制圆弧。

绘制圆弧具体方式如下：

1）在"命令"窗口中键入命令 ARC 或 A。

2）在"绘图"菜单上单击"圆弧"子菜单。

3）在"绘图"工具栏上单击图标。

如图6-49所示，AutoCAD 提供了10种画圆弧的方法、图6-50所示为绘制圆弧的方式选择菜单。

1）以三点（起始点、第二点、终点）（P）方式绘制圆弧。

2）以起点、圆心、端点（S）方式绘制圆弧。

3）以起点、圆心、角度（T）方式绘制圆弧。

4）以起点、圆心、长度（A）方式绘制圆弧。

5）以起点、端点、角度（N）方式绘制圆弧。

6）以起点、端点、方向（D）方式绘制圆弧。

7）以起点、端点、半径（R）方式绘制圆弧。

8）以圆心、起点、端点（C）方式绘制圆弧。

9）以圆心、起点、角度（E）方式绘制圆弧。

10）以圆心、起点、长度（L）方式绘制圆弧。

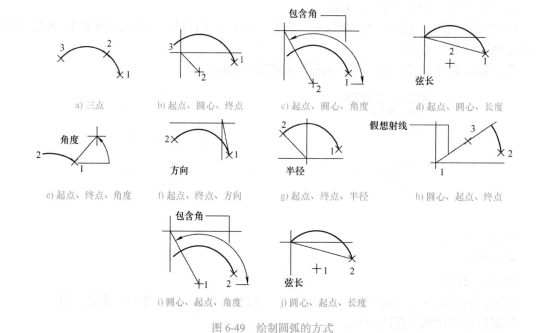

a) 三点　　b) 起点、圆心、终点　　c) 起点、圆心、角度　　d) 起点、圆心、长度

e) 起点、终点、角度　　f) 起点、终点、方向　　g) 起点、终点、半径　　h) 圆心、起点、终点

i) 圆心、起点、角度　　j) 圆心、起点、长度

图 6-49　绘制圆弧的方式

6.3.2　绘制圆角

绘制圆角是为了用光滑的圆弧平滑连接两个实体，其方式如下：

1）在"命令"窗口中键入命令 FILLET 或 F。

2）在"修改"菜单上单击"圆角"子菜单。

3）在"修改"工具栏上单击图标 。

系统提示：

命令：_fillet

当前模式：模式 = 修剪，半径 =10.0000

选择第一个对象或［多段线（P）/ 半径（R）/ 修剪（T）］：

各选项含义如下：

1）选择第一个对象：默认项。若取一条直线，则系统提示选取第二条直线，此时用户选取另一条相邻的直线后，AutoCAD 就会以默认半径对这两条直线进行倒圆角，如图 6-51 所示。

图 6-50　绘制圆弧的方式选择菜单

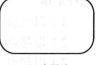

a) 应用前　　　　b) 应用后

图 6-51　圆角命令的应用

2）半径（参数 R）：确定要倒圆角的圆角半径。

参数 T：是否保留所切的角。

参数 P：多线段圆角，对多义线的每处折角进行圆角。

参数 M：连续进行多个圆角。

例如要绘制平键，可以先绘制一个"矩形"，设置好水平长、宽，然后如图 6-52 所示，对矩形进行"圆角"命令。

利用上面所学的基本操作及圆角后，在中心线层过圆弧圆心绘制水平及垂直的中心线、对称线，得出如图 6-53 所示的普通平键绘制完成图，也可根据需要自行再加工。

a) 矩形　　　　b) 进行"圆角"命令后的矩形(平键)

图 6-52　普通平键绘制步骤

图 6-53　普通平键绘制图

6.3.3　设置尺寸标注

尺寸标注是零件加工、制造、装配的重要依据。尺寸描述了零件各部分的真实大小和相对位置关系．尺寸标注包括标注尺寸和注释。

AutoCAD 的尺寸标注采用半自动方式，系统按图形的测量值和标注样式进行标注，此外，它还提供了尺寸编辑功能。

尺寸标注的样式是一组尺寸变量设置的有名集合，它用于控制尺寸标注的外观形式（尺寸线间的距离、箭头的形式和大小、标注文字的位置等），这些参数可以在有关对话框中十分直观的进行修改。当零件的图形绘制完成后，应按机械制图国家标准标注零件各部分的尺寸、尺寸公差、形位公差等。因此，尺寸标注是绘图过程中的重要环节。下面主要介绍尺寸标注样式的设置、尺寸标注编辑的方法。

在尺寸标注时，尺寸标注样式控制尺寸线、标注文字、尺寸界线、箭头的外观和方式。它是一组系统变量的集合，可以用对话框的方式直观地设置这些变量，也可以在命令行输入。

1. 建立尺寸标注样式

建立方式如下：

1）调用命令行 DDIM。

2）菜单"格式"→"标注样式（D）"。

3）在标注工具栏中单击相应的图标。

采用上述任何一种方式后，显示如图 6-54 所示的标注样式管理器对话框。在该对话框中设置尺寸标注的构成要素和设置标注格式。

其中，"当前标注样式"标签显示出当前标注样式的名称。"样式"列表框用于列出已有标注样式的名称。"列出"下拉列表框确

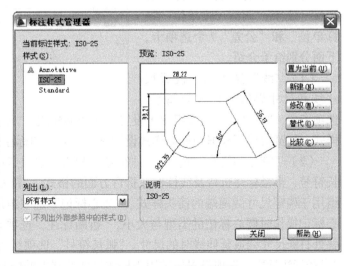

图 6-54　标注样式管理器

定要在"样式"列表框中列出哪些标注样式。"预览"图片框用于预览在"样式"列表框中所选中标注样式的标注效果。

"说明"标签框用于显示在"样式"列表框中所选定标注样式的说明。"置为当前"按钮把指定的标注样式置为当前样式。"新建"按钮用于创建新标注样式。"修改"按钮则用于修改已有标注样式。"替代"按钮用于设置当前样式的替代样式。"比较"按钮用于对两个标注样式进行比较，或了解某一样式的全部特性。

在"标注样式管理器"对话框中单击"新建"按钮，系统弹出图 6-55 所示的"创建新标注样式"对话框，此时即可进行操作设置。

图 6-55 "创建新标注样式"对话框

可通过图 6-55 所示对话框中的"新样式名"文本框指定新样式的名称；通过"基础样式"下拉列表框确定用来创建新样式的基础样式；通过"用于"下拉列表框，可确定新建标注样式的适用范围。下拉列表中有"所有标注""线性标注""角度标注""半径标注""直径标注""坐标标注"和"引线和公差"等选择项，分别用于使新样式适于对应的标注。确定新样式的名称和有关设置后，单击"继续"按钮，系统弹出"新建标注样式"对话框，如图 6-56 所示。

对话框中有"线""符号和箭头""文字""调整""主单位""换算单位"和"公差"7 个选项卡，下面分别给予介绍。

（1）"线"选项卡　设置尺寸线和尺寸界线的格式与属性。

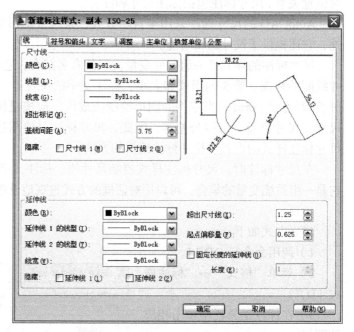

图 6-56 "新建标注样式"对话框

选项卡中，"尺寸线"选项组用于设置尺寸线的样式。"延伸线"选项组用于设置尺寸界线的样式。预览窗口可根据当前的样式设置显示出对应的标注效果示例。

（2）"符号和箭头"选项卡　"符号和箭头"选项卡用于设置尺寸箭头、圆心标记、弧长符号、半径标注折弯及线性标注折弯方面的格式。"符号和箭头"选项卡中，"箭头"选项组用于确定尺寸线两端的箭头样式。"圆心标记"选项组用于确定当对圆或圆弧执行标注圆心标记操作时圆心标记的类型与大小。"折断标注"选项确定在尺寸线或延伸线与其他线重叠处打断尺寸线或延伸线时的尺寸。"弧长符号"选项组用于为圆弧标注长度尺寸时的设置。"半径标注折弯"选项设置通常用于标注尺寸的圆弧的中心点位于较远位置时。"线性折弯标注”选项用于线性折弯标注设置。

（3）“文字”选项卡 此选项卡用于设置尺寸文字的外观、位置以及对齐方式等，用户可根据对应的对话框按照需要分别设置文字样式、文字颜色、文字高度、文字位置、文字对齐方式等。“文字”选项卡中，“文字外观”选项组用于设置尺寸文字的样式等。“文字位置”选项组用于设置尺寸文字的位置。“文字对齐”选项组则用于确定尺寸文字的对齐方式。

（4）“调整”选项卡 此选项卡用于控制尺寸文字、尺寸线以及尺寸箭头等的位置和其他一些特征。“调整”选项卡中，“调整选项”选项组用于确定当尺寸界线之间没有足够的空间同时放置尺寸文字和箭头时，应首先从尺寸界线之间移出尺寸文字和箭头的哪一部分，用户可通过该选项组中的各单选按钮进行选择。“文字位置”选项组用于确定当尺寸文字不在默认位置时，应将其放在何处。“标注特征比例”选项组用于设置所标注尺寸的缩放关系。“优化”选项组该选项组用于设置标注尺寸时是否进行附加调整。

1）“调整选项”选项组可设置：

文字或箭头——为缺省项，文字和箭头会自动选择最佳位置。

箭头——优先将箭头移至尺寸界线外。

文字——优先将文本移到尺寸界线外面。

文字和箭头——如空间不足，则将文字和箭头都放在尺寸界线之外（为标注方便，建议选取此项）。

隐蔽箭头复选框——如不能将文字和箭头放在尺寸界线内，则隐藏箭头。

2）“文字位置”选项组可选择：

将文字放在尺寸线旁边。

将文字放在尺寸线上方，加引线。

将文字放在尺寸线上方，不加引线。

3）“标注特征比例”选项组可设置：

尺寸元素的正体缩放比例因子。

系统自动根据当前模型空间视口比例因子设置标注比例因子。

4）“优化”选项组有两项：

第一项为标注时手动放置文字。选择此项尺寸文字位置标注灵活。

第二项为始终在尺寸界线之间绘制尺寸线，为缺省项。

注意：若两项都选择，标注尺寸时更方便。

（5）“主单位”选项卡 此选项卡用于设置主单位的格式、精度以及尺寸文字的前缀和后缀。“主单位”选项卡中，“线性标注”选项组用于设置线性标注的格式与精度。“角度标注”选项组确定标注角度尺寸时的单位、精度以及是否消零。

（6）“换算单位”选项卡 “换算单位”选项卡用于确定是否使用换算单位以及换算单位的格式，其外观如图 6-57 所示。

“替换单位”选项卡中，“显示换算单位”复选框用于确定是否在标注的尺寸中显示换算单位。“换算单位”选项组确定换算单位的单位格式、精度等设置。“消零”选项组确定是否消除换算单位的前导或后续零。“位置”选项组则用于确定换算单位的位置。用户可在“主值后”与“主值下”之间选择。

（7）“公差”选项卡 “公差”选项卡用于确定是否标注公差，如果标注公差的话，以何种方式进行标注，具体参照其对应的选项组。

"公差"选项卡中，"公差格式"选项组用于确定公差的标注格式。"换算单位公差"选项组确定当标注换算单位时换算单位公差的精度与是否消零。

利用"新建标注样式"对话框设置样式后，单击对话框中的"确定"按钮，完成样式的设置，系统返回到"标注样式管理器"对话框，单击对话框中的"关闭"按钮关闭对话框，完成尺寸标注样式的设置。

图 6-57 "换算单位"选项卡

2. 设置尺寸标注样式

AutoCAD将尺寸标注分为线性标注、对齐标注、半径标注、直径标注、弧长标注、折弯标注、角度标注、引线标注、基线标注、连续标注等多种类型，而线性标注又分水平标注、垂直标注和旋转标注。

如图 6-58 所示为尺寸标注的菜单和工具栏，其中应说明的是：

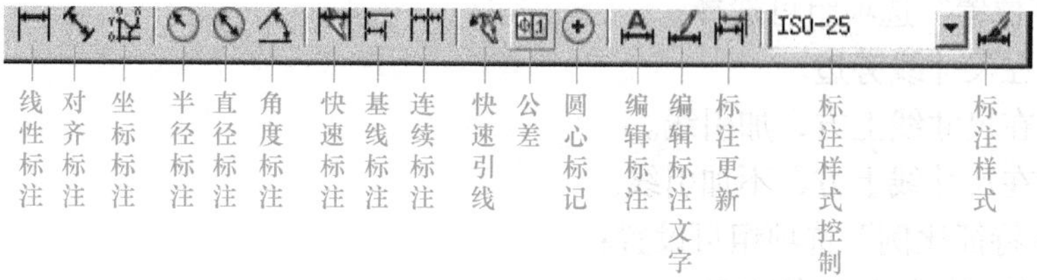

線性標注　對齐標注　坐標標注　半径標注　直径標注　角度標注　快速標注　基线標注　連續標注　快速引线　公差標記　圆心標記　編輯標注文字　編輯標注　標注更新　標注樣式控制　標注樣式

图 6-58 尺寸标注的菜单和工具栏

1）线性尺寸标注（DIMLINEAR）。

命令：DIMLINEAR

系统提示：

指定第一条尺寸界线原点或＜选择对象＞：

指定第二条尺寸界线原点：

指定尺寸线位置或→［多行文字（M）/文字（T）/角度（A）→/水平（H）/垂直（V）/旋转（R）］：

其中角度（A）为尺寸文字与 X 轴正向的夹角；旋转（R）为尺寸线与 X 轴正向的夹角。

2）引线标注（QLEADER）。

命令：QLEADER

系统提示：

指定第一个引线点或［设置（S）］＜设置＞：指定下一点：

3）圆心标记（DIMCENTER），即为已画出的圆或圆弧添加中心线。

步骤如下：

① 设定当前图层为"中心线"图层。

② 打开"尺寸样式管理器"，选择"修改"选项。

③ 设置圆心标记的类型为"直线"，大小为圆的半径加 2 ～ 5mm。

④ 执行 DIMCENTER 命令，选择圆或圆弧。

4）快速标注（QDIM）。

命令：QDIM

系统提示：

选择要标注的几何图形：

指定尺寸线位置或［连续（C）/并列（S）→/基线（B）/坐标（O）/半径（R）/直径（D）→/基准点（P）/编辑（E）/设置（T）]＜半径＞:

接下来，读者可根据上面所学内容，尝试正确绘制图形，将图 6-59 所示的"垫板"机械图绘制在一张 A3 图纸中，并尝试正确绘制图 6-60 和图 6-61 所示的练习图形。

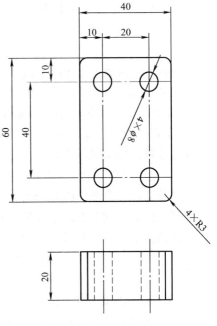

图 6-59　垫板机械图

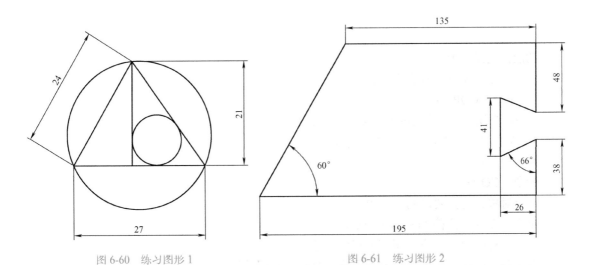

图 6-60　练习图形 1　　　　　　　　图 6-61　练习图形 2

任务 6.4　绘制连接轴套

任务目标

1）掌握绘制椭圆的方法。

2）能够熟练掌握复制命令、打断命令、延伸命令等编辑命令。

3）学会绘图的基本步骤。

4）绘制"连接轴套"机械图。

5）利用所学完成任务练习。

6.4.1　绘制椭圆

椭圆和椭圆弧命令 ELLIPSE（）：椭圆由定义其长度和宽度的两条轴决定，其常用的绘制方式有如下 3 种：

1）在"命令"窗口中键入命令 ELLIPSE。

2）在"绘图"菜单上单击"椭圆"子菜单，如图 6-62 所示，它提供了 3 种绘制椭圆的方法。

图 6-62　"椭圆"子菜单

3）在"绘图"工具栏上单击图标⬯。

系统提示：命令：ELLIPSE

指定椭圆的轴端点或［圆弧（A）/中心点（C）］：

在该提示行中，有以下几种选择：

1）利用椭圆某一轴上的两个端点以及另一轴的半长绘制椭圆。

2）利用椭圆某一轴上的两个端点的位置以及一个转角绘制椭圆。

3）利用椭圆的中心坐标，某一轴上的一个端点的位置以及另一轴的半长绘制椭圆。

4）利用椭圆的中心坐标，某一轴上的一个端点的位置以及任一转角绘制椭圆。

6.4.2　使用复制、打断、延伸命令

1. 复制命令

功能：复制图形实体。

复制命令的实现方式有 3 种：

1）命令：COPY 或 CO。

2）在"修改"菜单上单击"复制"子菜单。

3）在"修改"工具栏上单击图标⬚。

系统提示：

命令：COPY

选择对象：选择要复制的对象

指定基点或［位移（D）模式（O）］：

指定位移的第二点或＜用第一点做位移＞：

对于系统的提示，用户给出不同响应会产生不同结果：

指定基点和位移第二点，则这两点间的距离确定了所选对象的移动距离。

指定基点并用 <Enter> 键响应"指定位移的第二点"提示，则系统将基点的坐标值作为所选对象沿 X 轴和 Y 轴的位移。

"重复（M）"选项用于多重复制，这时系统要求用户指定基点并重复提示用户输入位移第二点，进行多重复制。

如图 6-63 所示，图 6-63b 为图 6-63a 中小圆的复制；图 6-63c 为图 6-63a 中小圆的多重复制。

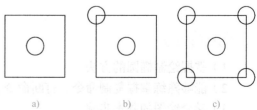

图 6-63　复制命令的应用

2.打断命令

功能：将一个图形实体分解为两个或删除图形实体的某一部分，如图 6-64 所示。

具体操作如下：默认以选择实体时点取的部位为断点 1，再确定断点 2，被选实体两点之间的部分将被去除。操作过程中，应先选实体，再指定断点 1 和断点 2。

"打断"命令在指定断点 2 时，输入"@"并按下 <Enter> 键，所选实体将以断点 1 为起始，断分为两实体（相当于"打断于点"命令）。

打断命令的实现方式有 3 种：

1）命令：BREAK 或 BR。

2）在"修改"菜单上单击"打断"子菜单。

3）在"修改"工具栏上单击图标 。

系统提示：

命令：Break

命令：break

选择对象：

指定第二个打断点或［第一点（F）］：

此时，可有如下几种方式输入：

1）若直接点取对象上的一点，则将对象上所点取的两点之间的那部分实体删除。

2）若键入 @，则将对象在选取点一分为二。

3）若在对象外面的一端的方向上取一点，则把两个点之间的那部分删除。

4）若键入 F，系统提示："选取第一点"或"选取第二点"。

此时，可按前面介绍的几种方式选取断点 2。

注意： 在对圆执行此命令时，AutoCAD 会将圆上第一个拾取点与第二个拾取点之间沿逆时针方向的圆弧删除，例如想要删除图 6-65a 所示直线上 1、2 点线段和圆弧 ab，使其形如图 6-65b 所示，操作过程如下：

命令：_break 选择对象：点击 A 点选择直线

指定第二个打断点或［第一点（F）］：F

指定第一个打断点：利用对象捕捉指定点 1

指定第二个打断点：指定点 2

命令：_break 选择对象：指定圆弧上 a 点

指定第二个打断点或［第一点（F）］：指定圆弧上 b 点

图右上角：

图 6-64 打断命令的应用

a) 原状态　　　　b) 目标状态

图 6-65 打断命令的应用

3.延伸命令

功能：延伸实体到选定的边界上，如图 6-66 所示。

延伸命令的实现方式有 3 种：

1）命令：EXTEND 或 EX。

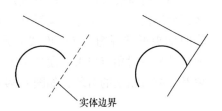

图 6-66 延伸命令的应用

2）在"修改"菜单上单击"延伸"子菜单。

3）在"修改"工具栏上单击图标 。

系统提示：

命令：Extend

当前设置：投影 =UCS 边 = 无

选择边界的边 …

选择对象：选择边界边

选择对象：继续选取或回车结束选取

选择要延伸的对象或［投影（P）/ 边（E）/ 放弃（U）]：

各选项含义同修剪（Trim）命令。

常用编辑命令快捷键见表 6-4。

表 6-4　常用编辑命令快捷键

快捷键	编辑命令	快捷键	编辑命令	快捷键	编辑命令
CO	*COPY（复制）	X	*EXPLODE（分解）	CHA	*CHAMFER（倒角）
MI	*MIRROR（镜像）	TR	*TRIM（修剪）	F	*FILLET（倒圆角）
AR	*ARRAY（阵列）	EX	*EXTEND（延伸）	PE	*PEDIT（多段线编辑）
O	*OFFSET（偏移）	S	*STRETCH（拉伸）	ED	*DDEDIT（修改文本）
RO	*ROTATE（旋转）	LEN	*LENGTHEN（直线拉长）	E	DEL 键 *ERASE（删除）
M	*MOVE（移动）	SC	*SCALE（比例缩放）	BR	*BREAK（打断）

6.4.3　选取对象的方法

1. 编辑命令前直接选取对象

对于简单对象（包括图元、文本等）的编辑，用户常常可以先选择对象，然后选择对其如何编辑。

（1）单击选取　该方式如图 6-67 所示。

a) 单击前　　　　　　　　b) 单击后

图 6-67　单击选取对象

（2）窗口选取　该方式是在绘图区某处单击，从左至右移动鼠标，即产生一个临时的矩形选择窗口（以实线方式显示），在矩形选择窗口的另一对角点单击，此时便选中了矩形窗口中的对象，如图 6-68 所示。

a) 选取前　　　　　　　　b) 选取后

图 6-68　窗口选取对象

（3）窗口交叉选取　该方式是用鼠标在绘图区某处单击，从右至左移动鼠标，即可产生一个临时的矩形选择窗口（以虚线方式显示），在此窗口的另一对角点单击，便选中了该窗口中的对象及该窗口相交的对象，如图 6-69 所示。

2. 编辑命令后选取对象

在选择某个编辑命令后，系统会提示选择对

a) 选取前　　　　　　　　b) 选取后

图 6-69　窗交选取对象

象,如图 6-70 所示。此时可以选择单个对象或者使用其他的对象选择方法(例如用"窗口"或"窗交"的方式)来选择多个对象。在选择对象时,即把它们添加到当前选择集中。

```
需要点或窗口(W)/上一个(L)/窗交(C)/框(BOX)/全部(ALL)/栏选(F)/圈围(WP)/圈交(CP)/编组(G)/添加(A)/删除(R)/多个(M
/前一个(P)/放弃(U)/自动(AU)/单个(SI)/子对象/对象
选择对象:
```

图 6-70　系统提示选择对象的窗口

3. 使用 SELECT 命令选取对象

使用 SELECT 命令可创建一个选择集,并将获得的选择集用于后续的编辑命令中。

4. 全部选择(<CTRL+A>)

选择下拉菜单"编辑"→"全部选择",可选择界面中所有可见和不可见的对象,例外的是,当对象在冻结或锁定层上则不能用该命令选取。

5. 快速选择(QSE)

选择下拉菜单"工具"→"快速选择",用户可以选择与一个特殊特性集合相匹配的对象,比如选取在某个图层上的所有对象或者以某种颜色绘制的对象,如图 6-71 所示。

6. 过滤选择(FILTER)

在命令行中输入 FILTER 命令后,按回车键。使用过滤选择功能可以在绘图区中快速地选择具有某些特征的对象,如图 6-72 所示。

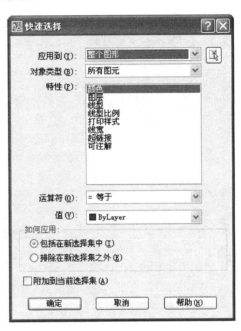

图 6-71　快速选择窗口

6.4.4　绘图基本步骤

1)根据绘图所需设置图层,将不同的图层设置成不同的颜色,绘图时便于分辨,用绘图设备出图时可根据颜色设置线宽。

2)设置绘制图样的基准,一般情况下,零件为圆形或有圆孔的都以圆的中心线为基准首先绘制中心线;其他情况可以根据零件特点找边线、对称线等。

3)熟悉视图之间的关系,利用主视图找出俯视图或侧视图的轮廓线。

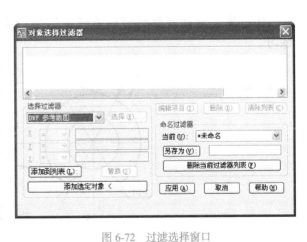

图 6-72　过滤选择窗口

4)图样完成后再完成尺寸标注。

5)熟练掌握常用辅助对象工具的设置,灵活应用捕捉点。

下面请读者观察图 6-73 所示的绘图界面,根据上述步骤完成图样所需要求。

然后,将图 6-73 所示界面里的"连接轴套"机械图正确绘制在 A4 图纸中,注意标注尺寸，完成图如图 6-74 所示。

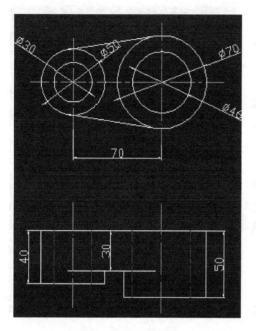

图 6-73　绘图界面

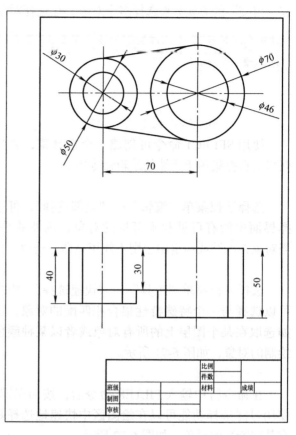

图 6-74　"连接轴套"机械图

接下来，请读者熟练使用本任务所学，完成图 6-75、图 6-76 所示机械图的绘制练习。

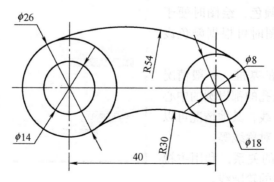

图 6-75　绘制练习图 1

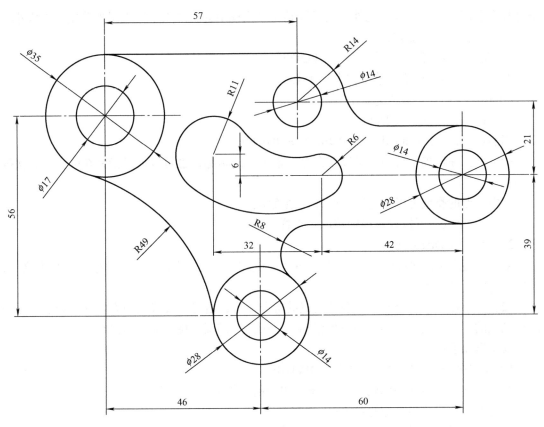

图 6-76　绘制练习图 2

任务 6.5　绘制法兰盘

任务目标

1）学会常用绘图命令进行绘制点及等分方式。

2）掌握图案填充的方法。

3）能够熟练使用阵列命令与移动命令。

4）能够根据绘制法兰盘的步骤完成法兰盘机械图。

5）根据所学完成扳手和法兰盘的练习。

6.5.1　绘制点及图案填充

1. 绘制点

绘制点对象一般用于定数等分。在绘制点时，建议先设置点的样式。点样式可用"格式"→"点样式"命令设置，即执行 DDPTYPE 命令，此时 AutoCAD 弹出如图 6-77 所示的"点样式"对话框，用户可通过该对话

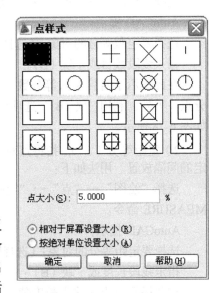

图 6-77　"点样式"对话框

框选择自己需要的点样式。此外，还可以利用对话框中的"点大小"编辑框确定点的大小。

（1）绘制点的实现方式

1）在"命令"窗口中键入命令：POINT。

2）在"绘图"菜单上单击"点"子菜单。

3）在"绘图"工具栏上单击图标 .。

系统提示：命令：POINT

当前点模式：PDMODE = 0 PDSIZE = 0.0000

指定点：在该提示行中，可以在命令行输入点的坐标，也可以通过指针在屏幕上直接确定一点。

其中，点的类型可以通过以下两种途径确定：

1）在"格式"下拉式菜单中选取"点样式"项。

2）命令：DDPTYPE。

采用上述任意一种方法，将出现图 6-77 所示的点样式对话框，用鼠标选中其中之一，设置为当前点的类型。

（2）等分点　所谓等分点，即利用点的等分命令，沿着直线或圆周方向均匀间隔一段距离排列点的实体或块，可等分的对象包括圆、圆弧、椭圆、椭圆弧、多段线等。

其操作如下：

1）在"命令"窗口中键入命令：DIVIDE。

2）在"绘图"菜单上单击"点"子菜单中的"等分点"选项。

系统提示：选取要等分的对象：

输入等分段的数目或［块］：直接输入等分段的数目或输入要插入的块名后以不同排列方式插入块。

（3）绘制点的常见用法

1）定数等分（ ），指将点对象沿对象的长度或周长等间隔排列。用法如下：

选择"绘图"→"点"→"定数等分"命令，即执行 DIVIDE 命令。

AutoCAD 提示：

选择要定数等分的对象：（选择对应的对象）

输入线段数目或［块（B）］：

在此提示下直接输入等分数，即响应默认项，AutoCAD 就会在指定的对象上绘制出等分点。另外，利用"块（B）"选项可以在等分点处插入块，如图 6-78 所示。

2）定距等分（ ），指将点对象在指定的对象上按指定的间隔放置。用法如下：

选择"绘图"→"点"→"定距等分"命令，即执行 MEASURE 命令。

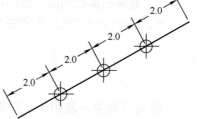

图 6-78　定数等分

AutoCAD 提示：

选择要定距等分的对象：（选择对象）

指定线段长度或［块（B）］：

在此提示下直接输入长度值，即执行默认项，AutoCAD 会在对象上的对应位置绘制出点。同样，可以利用"点样式"对话框设置所绘制点的样式。如果在"指定线段长度或［块（B）］："提示下执行"块（B）"选项，则表示将在对象上按指定的长度插入块，如图6-79所示。

图6-79　定距等分

2. 图案填充

在机械设计、建筑设计等设计绘图中，需要在某些区域内填入某种图案（例如剖视图），这种操作称为图案填充。AutoCAD为用户提供了图案填充功能，在进行图案填充时，用户需要确定的内容有3个：一是填充的区域；二是填充的图案；三是图案填充的方式。

填充操作的实现方式有3种：

1）"绘图"工具栏→"图案填充"。

2）"绘图"→"图案填充"。

3）在"命令"窗口中键入命令：BHATCH、HATCH。

其具体操作如下：

1）单击"图案填充"，弹出"图案填充和渐变色"对话框，如图6-80所示。

2）确定填充图案，单击"图案"右侧按钮。

3）确定填充区域，单击"拾取点"，此时提示选择"内部点"，在图形内部单击会有高亮度虚线显示，按下 <Enter> 键，单击确定。

图6-80　"图案填充和渐变色"对话框

这里选择图6-81所示图案，最终得到剖面线。

图6-81　剖面线

6.5.2　使用阵列命令、移动命令

1. 阵列命令

功能：对已存在对象进行矩形或环形阵列式复制。

阵列命令实现方式有 3 种：

1）在"命令"窗口中键入命令：ARRAY 或 AR。

2）在"修改"菜单上单击"阵列"子菜单。

3）在"修改"工具栏上单击阵列图标，出现图 6-82 所示"阵列"对话框，通过设置有关参数，完成阵列。

1）矩形阵列：由图 6-82 可以看到有矩形阵列和环形阵列两种，选择完成矩形阵列操作，可得到图 6-83 所示的图形效果。

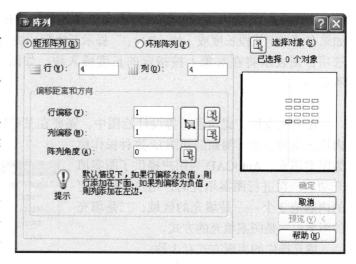

图 6-82 "阵列"对话框

a) 行、列间距均为正值，阵列角度为0　　b) 行、列间距均为负值，阵列角度为0　　c) 行、列间距均为正值，阵列角度为30°

图 6-83　矩形阵列的不同效果

2）环形阵列：完成环形阵列操作分为 4 个步骤。

① 选择要阵列的对象。

② 指定阵列的中心点。

③ 指定环形阵列的数目（包括原始对象）或通过 A 参数确定相邻项目间的角度。

④ 指定环形阵列的填充角度，正值为逆时针阵列，负值为顺时针阵列。

完成上述步骤后，可得到如图 6-84 所示图形。

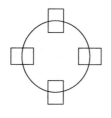 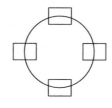 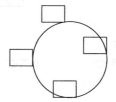

a) 单元图案旋转，旋转　　　　b) 单元图案不旋转，基点　　　c) 单元图案不旋转，基点
基点为矩形中心　　　　　　为矩形中心　　　　　　　为矩形右下角

图 6-84　环形阵列的不同效果

3）路径阵列：完成路径阵列操作，分为 4 个步骤。

① 选择要阵列的对象。

② 选择要阵列的路径。

③ 输入路径阵列的数目（包括原始对象）。

④ 输入项目之间沿路径的距离，或通过 <Enter> 键 /D 参数进行等分路径的阵列，也可通过 T 参数指定路径阵列的总距离。

路径阵列的不同效果如图 6-85 所示。

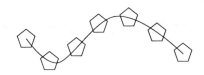 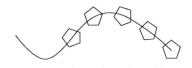

a) 阵列数目为7个，等分路径的阵列，　　　　b) 阵列数目为5个，输入项目之间沿路径的距离，或通过
单元图案不沿路径对齐　　　　　　　　　T参数指定路径阵列的总距离，单元图案沿路径对齐

图 6-85　路径阵列的不同效果

AutoCAD 较新版本的阵列命令虽然取消了对话框形式，但实际上功能有所加强，增加了路径阵列功能。如果不习惯命令行形式，可以先随意进行阵列，完成后再双击阵列图案，在出现的对话框中进行如图 6-86 的参数修改。

阵列(矩形)		
图层	0	
类型	矩形	
列	3	
列间距	123.339	
行	3	
行间距	63.8229	
行标高增量	0	

 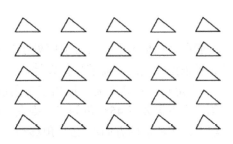

a) 双击阵列图案　　　　　　　　　b) 修改参数后的效果(行数、列数均改为5)

图 6-86　修改阵列图案的参数

2. 移动命令

功能：将图形实体从一个位置移动到另一个位置。

移动命令的实现方式有 3 种：

1）在"命令"窗口中键入命令：MOVE 或 M。

2）在"修改"菜单上单击"移动"子菜单。

3）在"修改"工具栏上单击图标✛。

系统提示：

命令：Move

选择对象：选择要移动的对象

选择对象：Enter（结束对象选择）

指定基点或位移：用指针定点或用输入坐标的方法选定基点

指定位移第二点或＜用第一点作位移＞：输入位移终点坐标或按 <Enter> 键以起点坐标值作为所选对象沿 X 轴和 Y 轴上的位移值。

一般在编辑命令时，为确保模型所需要的精度，有几种可用的精度功能，包括极轴追踪。捕捉到最近的预设角度并沿该角度指定距离。

锁定角度：锁定到单个指定角度并沿该角度指定距离。

对象捕捉：捕捉到现有对象上的精确位置，例如多线段的端点、直线的中点或圆的中心点。

栅格捕捉：捕捉到矩形栅格中的增量。

坐标输入：通过笛卡儿坐标或极坐标指定绝对或相对位置。

其中三个最常用的功能是极轴追踪、锁定角度和对象捕捉。

1）极轴追踪：需要指定点时（例如在创建直线时），可以使用极轴追踪来引导光标以特定方向移动。例如指定直线的第一个点后，将指针移动到右侧，然后在"命令"窗口中输入距离以指定直线的精确水平长度，如图 6-87 所示。

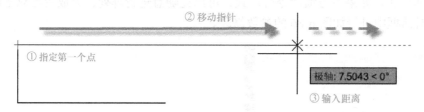

图 6-87　极轴追踪示意

一般在默认情况下，极轴追踪处于打开状态并引导指针以水平或垂直方向（0° 或 90°）移动，可根据绘制图的需求自行设计。

2）锁定角度：如果需要以指定的角度绘制直线，可以锁定下一个点的角度。例如某直线的第二个点需要以 45° 角创建，则在"命令"窗口中输入 <45，如图 6-88 所示。

综上，按所需的方向沿 45° 角移动指针后，可以输入直线的长度。

图 6-88　"命令"窗口

3）对象捕捉：在对象上指定精确位置的最重要方式是使用对象捕捉，如图 6-89 所示，可通过标记来表示多个不同种类的对象捕捉。只要 AutoCAD 提示指定点，对象捕捉就会在命令执行期间变为可用。例如想要创建一条新线时，将指针移动到已有直线端点的附近，指针将自动捕捉它。

想要实现对象捕捉，首先需要设置默认对象捕捉：输入 OSNAP 命令以设置默认对象捕捉，也称为"运行"对象捕捉，如图 6-90 所示。

此处的建议是，在提示输入点时，可以指定替代所有其他对象捕捉设置的单一对象捕捉。按住 <Shift> 键，在绘图区域中单击鼠标右键，然后从"对象捕捉"菜单中选择对象捕捉。然后，移动指针在对象上选择一个位置。

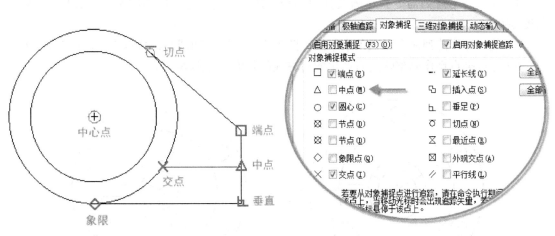

图 6-89　对象捕捉示意　　　　　　　　　　图 6-90　设置示意图

其次，完成对象捕捉追踪：在命令执行期间，可以从对象捕捉位置水平和垂直对齐点，如图 6-91 所示，首先将指针悬停在端点①上，然后悬停在端点②上。指针移近位置③时，指针将锁定到水平和垂直位置，如图 6-91 所示。

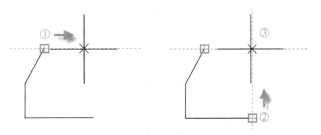

6.5.3　绘制法兰盘的步骤

图 6-91　对象捕捉追踪示意图

法兰盘绘制实施步骤如下：

1）设置 0 层线宽为 0.30mm，新建中心线层，法兰盘绘制的线型为 CENTER，设置线型全局比例因子为 0.3。

2）在中心线层绘制水平直线和过其中点的垂线，以两线交点为圆心，在零层绘制各同心圆。

3）在中心线层绘制圆弧，与垂直线上部相交，然后以该交点处为圆心，在 0 层画圆，使用偏移、修剪等命令绘制右侧直线，如图 6-92 所示。

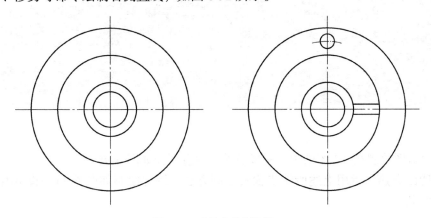

图 6-92　法兰盘绘制阶段 1

4）使用环形阵列命令画小圆及其中心线、弧。阵列中心为同心圆圆心，数目 6，填充角度 360。

5）使用环形阵列命令画三条水平线，阵列中心为同心圆圆心，数目 3，填充角度 360。

6）通过夹点操作调整阵列后产生的对称线的长度，如图 6-93 所示。

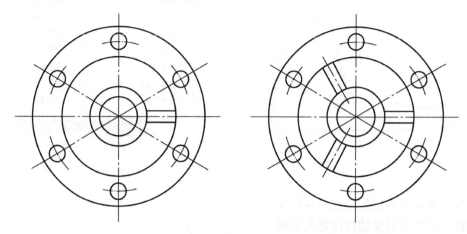

图 6-93　法兰盘绘制阶段 2

具体的法兰盘绘制界面如图 6-94 所示，观察其细节并通过绘制达到设计所需要求。

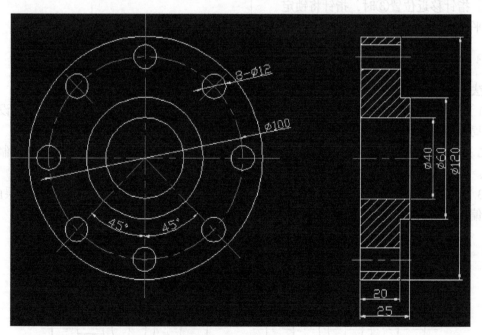

图 6-94　法兰盘绘制界面

将法兰盘图绘制在 A3 图纸中，完成后的法兰盘图样如图 6-95 所示。

下面请读者熟练运用上述所学步骤及绘制方法，练习绘制如图 6-96 ～图 6-100 所示的扳手和法兰盘。

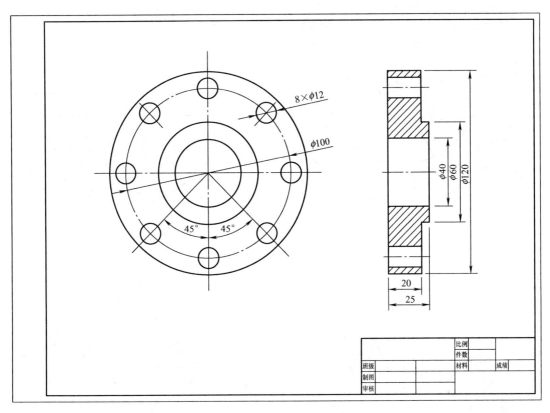

图 6-95　法兰盘图样

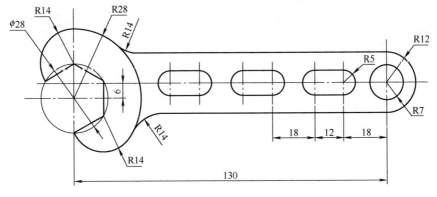

图 6-96　扳手练习图

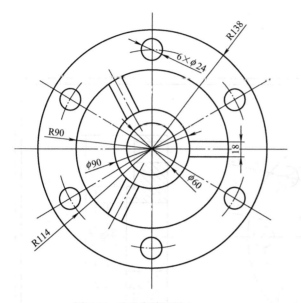

图 6-97 法兰盘练习图 1

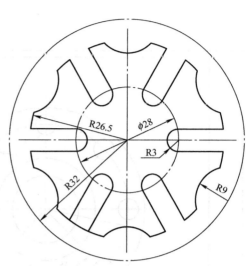

图 6-98 法兰盘练习图 2

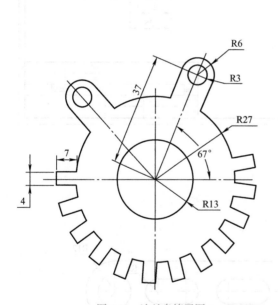

图 6-99 法兰盘练习图 3

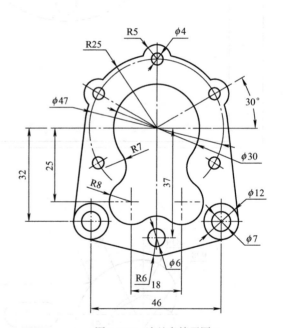

图 6-100 法兰盘练习图 4

任务 6.6 绘制轴套

任务目标

1）熟练使用镜像命令、旋转命令、拉长命令。

2）能够根据轴套机械图的绘图步骤完成绘制。

3）绘制完成轴套机械练习图。

6.6.1　使用镜像、旋转、拉长命令

1. 镜像命令

功能：将图形实体镜像复制。

镜像命令的实现方式有 3 种：

1）在"命令"窗口中键入命令：MIRROR 或 MI。

2）在"修改"菜单上单击"镜像"子菜单。

3）在"修改"工具栏上单击图标。

系统提示：

命令：Mirror

选择对象：选择要进行镜像的对象

选择对象：继续选择或按 <Enter> 键结束选择

指定镜像线第一点：指定镜像线的第 1 点

指定镜像线的第 2 点 < 正交开 >：指定镜像线的第 2 点

是否删除源对象？［是（Y）否（N）］<N>：默认是保留原对象；键入"Y"则将原对象删除。图 6-101 所示为上述命令应用的结果。

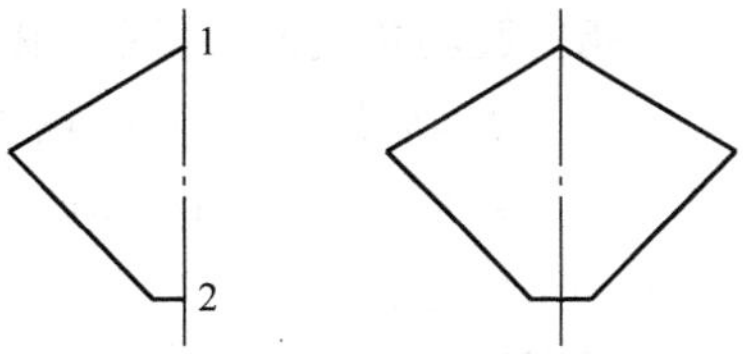

对于同一源对象，镜像线不同，镜像的结果将不一样，如图 6-102 所示。对于带文字的图案来说，镜像还有

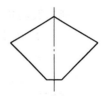

图 6-101　镜像命令的应用

文字反转和不反转两种效果，如图 6-103 所示，可以通过 MIRRTEXT 变量控制（在命令行输入 MIRRTEXT，确认后指定相应值）。MIRRTEXT=1 时，文字反转；MIRRTEXT=0 时，文字不反转。

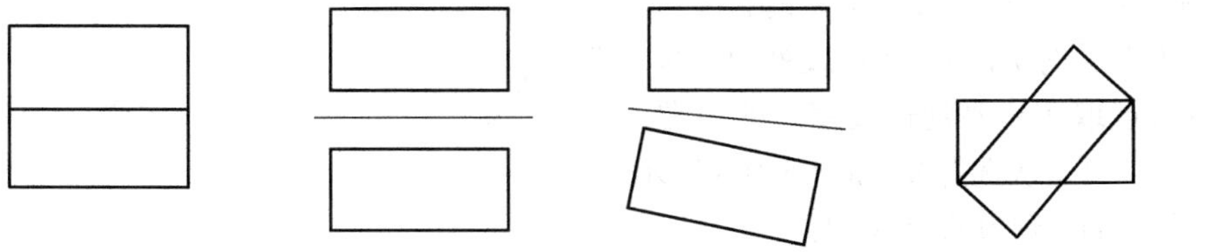

a) 以边为镜像线　　　　b) 以直线为镜像线　　　c) 以斜线为镜像线　　d) 以左下右上对角为镜像线

图 6-102　镜像命令的不同示例

吊钩　　　　　　吊钩　　　　　　吊钩　　　　　　钩吊

a) MIRRTEXT=0　　　　　　　　　　　　b) MIRRTEXT=1

图 6-103　MIRRTEXT 变量控制

2. 旋转命令

功能：使图形实体绕给定点旋转一定角度，如图 6-104 所示。

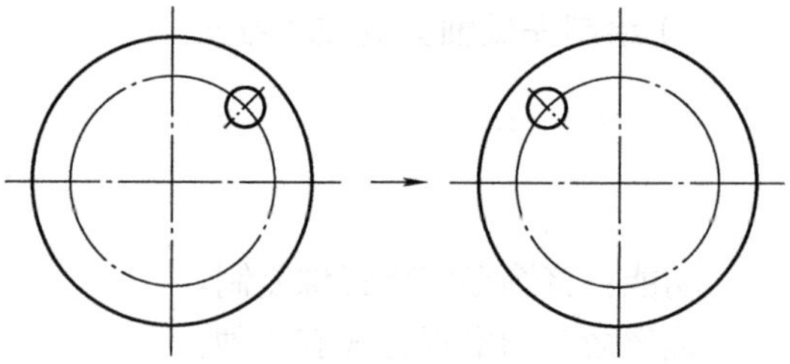

旋转命令的实现方式有 3 种：

1）在"命令"窗口中键入命令：ROTATE 或 RO。

2）在"修改"菜单上单击"旋转"子菜单。

3）在"修改"工具栏上单击图标 。

图 6-104　旋转命令的应用

系统提示：

命令：Rotate

UCS 当前的正角方向：ANGDIR= 逆时针 ANGBASE=0

选择对象：指定要旋转的对象

选择对象：继续指定要旋转的对象或按 <Enter> 键结束选择

指定基点：输入旋转基点

指定旋转角度或［参照（R）］：在此提示下输入旋转角度有两种方法。

1）< 旋转角度 >：直接输入一个角度值，此值为正则逆时针旋转；为负则顺时针旋转。

2）参照（R）：默认选项，该选项表示将所选对象以参考的方式旋转。执行该项，系统提示如下信息：

指定参考角 <0>：输入参考角度

指定新角度：输入新的角度

这时图形对象绕指定基点的实际旋转角度为：实际旋转角度＝新角度—参考角度。

3. 拉长命令

功能：改变直线的长度或圆弧的圆心角。"拉长"命令可用于查看选中实体的长度（直接单击选中要查看的实体）、延长或缩短实体（选择参数后再点取实体要延长或缩短的一端，一次选择一个，可多次选择），如图 6-105 所示。

图 6-105　拉长命令的应用

拉长命令的实现方式有 3 种：

1）在"命令"窗口中键入命令：LENGTHEN 或 LEN。

2）在"修改"菜单上单击"拉长"子菜单。

3）在"修改"工具栏上单击图标 。

系统提示：

命令：Lengthen

选择对象或［增量（DE）/ 百分数（P）/ 全部（T）动态（DY）］

各选项意义如下。

增量：该选项表示通过指定增量来改变选定对象。选择此项并按 <Enter> 键后系统显示：

输入长度增量或［角度（A）］<0.0000>：输入长度值或角度值，增量是从离拾取点最近的对象端点开始量取的，正值表示加长，负值表示缩短。

百分数：该选项表示通过指定百分比来改变选定对象。

全部：该选项表示要用户指定所选对象从固定端开始的新长度或角度。

动态：动态拖动所选对象。离拾取点较近的一端被拖动到新的位置，另一端不变。

6.6.2　简单轴绘制步骤

1）设置 0 层线宽为 0.30mm，新建中心线层，线型为 CENTER，设置线型全局比例因子为 0.5。

2）绘制轴的各段轮廓。使用直线命令在中心线层绘制水平轴线，如图 6-106 所示。

3）完成轮廓定位。依次移动各个矩形，使左边第一个矩形的左边中点与水平中心线的左端点重合或距离适当，相邻矩形的相邻边重合，如图 6-107 所示。

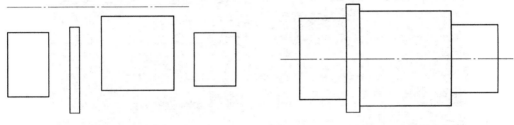

图 6-106　绘制中心线及轴的各段轮廓　　　　　　　　图 6-107　完成轮廓定位

4）删除重合图线。使用分解命令将所有矩形分解为直线段，从左至右拉出实线窗口来选择要删除的重合短边线，使用删除命令删除重合的短边线，如图 6-108 所示。

5）端面倒角。使用倒角命令对轴的两端进行倒角，倒角距离 1 为 4、距离 2 也为 4。再使用直线命令补画倒角投影线，如图 6-109 所示。

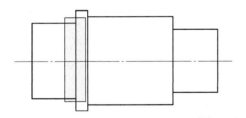
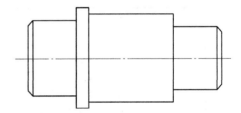

图 6-108　分解矩形并删除重合的短边线　　　　　　　图 6-109　画出端面倒角

6）绘制键槽轮廓。圆命令绘制圆，圆心距轴肩右端面 5，直径 24；重复圆命令绘制等直径圆，圆心右移 26；直线命令绘制两水平直线分别于圆相切。修剪命令修剪图线，延长命令或夹点操作调整中心线的长度，完成轴的绘制，如图 6-110 所示。

根据本节给出的步骤，就能灵活运用矩形、移动、分解等命令绘制出轴的主体结构，并完成简单的轴绘制。

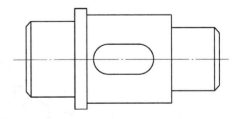

图 6-110　绘制键槽轮廓并完成轴的绘制

6.6.3　绘制轴套

本节请读者根据 6.6.2 节所学，观察图 6-111 所示的轴套，将图正确绘制在 A3 图纸中，如图 6-112 所示。

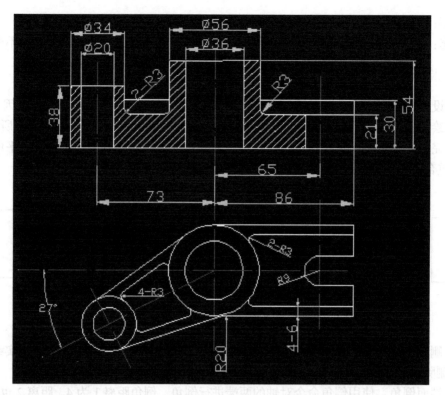

图 6-111　轴套绘制界面

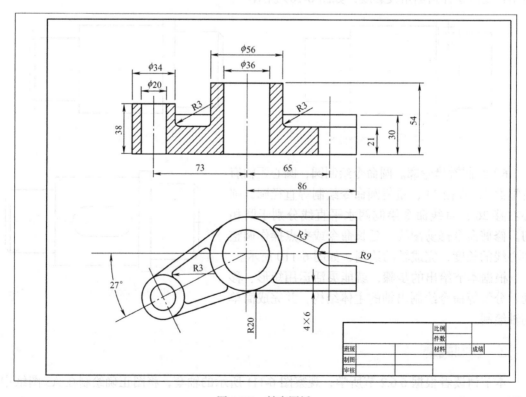

图 6-112　轴套图纸

画图时，应保证图形画法思路清晰，方法正确，计算准确。下面请读者自行完成图 6-113 ～图 6-115 所示的绘图练习。

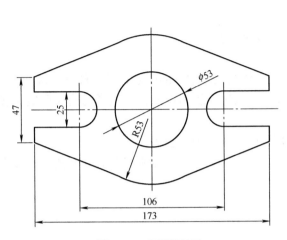

图 6-113 机械练习图 1

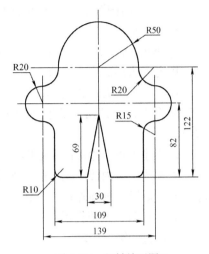

图 6-114 机械练习图 2

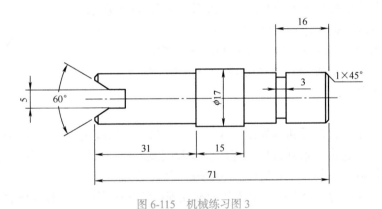

图 6-115 机械练习图 3

任务 6.7 绘制装配图

任务目标

1）学会绘制正多边形、多段线的方法。

2）能够完成比例命令、拉伸命令、倒角命令。

3）能够根据螺母绘制步骤，完成螺钉机械图。

4）完成装配图的绘制及练习。

6.7.1 绘制正多边形、多段线

1. 绘制正多边形

绘制正多边形命令的实现方式有 3 种：

1）在"命令"窗口中键入命令：POLYGON。

2）在"绘图"菜单上单击"正多边形"子菜单。

3）在"绘图"工具栏上单击图标◯。

系统提示：

_polygon 输入边的数目 <4>：指定正多边形的边数

指定多边形的中心点或 [边（E）]

在该提示下有两种选择，一是直接输入一点作为正多边形的中心；另一种是输入 E，即指定两个点，以该两点的连线作为正多边形的一条边，利用输入正多边形的边长确定正多边形。

直接输入正多边形的中心时，AutoCAD 提示行中有两种选择：

输入选项 [内接于圆（I）/外切于圆（C）] <I>：输入 I，指定画圆内接正多边形；如果输入 C，则指定画圆外切正多边形。

输入 E 时，系统提示：

指定边的第一个端点：

指定边的第二个端点：

系统根据指定的边长就可绘制出正多边形，如图 6-116 所示。

命令：_polygon 输入边的数目 <4>：6

指定多边形的中心点或 [边（E）]：在绘图区指定点 P1

输入选项 [内接于圆（I）/外切于圆（C）] <I>：C

指定圆的半径：5

图 6-116　绘制正多边形图

2. 绘制多段线

二维多段线是由直线段和圆弧段组成的单个对象。多段线是 AutoCAD 中最常用且功能较强的实体之一，它由一系列首尾相连的直线和圆弧组成，可以具有宽度和绘制封闭区域，因此多段线可以取代一些 AutoCAD 的一些基本实体，如直线、圆弧等。

二维多段线是作为单个平面对象创建的相互连接的线段序列。可以创建直线段、圆弧段或两者的组合线段。多段线除了用"多段线"命令直接绘制之外，还可用"多段线编辑"命令将一根或首尾相接的多根图线修改为多段线。

绘制多段线实现方式有 3 种：

1）在"命令"窗口中键入命令：PLINE。

2）在"绘图"菜单上单击"多段线"子菜单。

3）在"绘图"工具栏上单击图标⤴。

系统提示：

指定起点：

当前线宽为 0.000

指定下一点或 [圆弧（A）/闭合（C）/半宽（H）/长度（L）/放弃（U）/宽度（W）]：

用户通过键盘或鼠标给定多段线的起点后，系统显示当前默认的线宽，随后显示其他选项。各选项含义如下：

闭合——用一段直线连接多段线最后一段的终点和第一段的起点，使多段线封闭。

长度——用设置的长度绘制一段直线，AutoCAD 按上一段多段线的方向绘制这段直线，如果上一段为圆弧，则该直线段与圆弧相切。

宽度——设定多段线的宽度，系统提示输入线段的起点宽度和终点宽度，起点宽度和终点宽度可以不同。

半宽度——指定多段线的半宽值。

圆弧——用于设置多段线的圆弧模式。

角度——圆弧模式下用于指定圆弧的包角。如果角度为负值圆弧按顺时针绘制；角度为正值，则圆弧按逆时针绘制。

圆心——圆弧模式下指定圆弧的圆心，所生成的圆弧与上一段圆弧或直线相切。

闭合——圆弧模式下用一段圆弧封闭多段线。

方向——圆弧模式下默认情况下，多段线所绘制的圆弧的方向为前一段直线或圆弧的切线方向，该选项可以改变圆弧的起始方向。系统提示用户输入一点，以起点到该点的连线作为圆弧的起始方向。

半宽度——设置圆弧线的半宽，该选项在直线模式和圆弧模式下功能相同。

直线——将多段线绘制切换到直线模式。

半径——圆弧模式下设置所绘制圆弧的半径。

第二点——圆弧模式下输入第二点、第三点，采用三点方式绘制圆弧。

放弃——取消上一段多段线的操作。

宽度——设置圆弧线的宽度，该选项在直线模式和圆弧模式下功能相同。

例：绘制图 6-117a 所示的图形。操作步骤如下：

输入 PLINE 命令，依次输入"20,100"（A 点）、"100,100"（B 点）、"A"（改为圆弧模式）、"100,20"（C 点，绘制弧 BC）、"W"（改变线宽）、"3"（起始线宽为 0）、"0"（终止线宽为 3）、"50，60"（E 点，绘制变宽圆弧 DE）。

如果继续输入"CL"（Close）闭合多段线，即可得到如图 6-117b 所示的多段线。

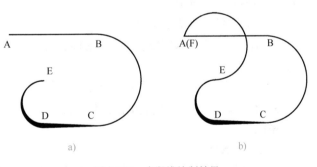

图 6-117　多段线绘制效果

6.7.2　使用比例命令、拉伸命令、倒角命令

1. 比例（缩放）命令

功能：放大或缩小图形实体。

实现比例命令的方式有 3 种：

1）在"命令"窗口中键入命令：SCALE 或 SC。

2）在"修改"菜单上单击"比例"子菜单。

3）在"修改"工具栏上单击图标 。

系统提示：

命令：Scale

选择对象：指定被缩放的对象

选择对象：Enter（结束对象选择）

指定基点：指定不动的基准点

指定比例因子或［参照（R）］：输入缩放比例因子或键入 R 表示以参考方式缩放

各选项意义如下。

比例因子：图形放大或缩小的倍数。该值小于 1 时，图形缩小；该值大于 1 时，图形放大。用户可以直接输入数值，也可以用鼠标移动指针来指定。

参照：根据用户指定的参照长度和新长度计算出缩放比例因子，对图形进行缩放。如果新长度大于参考长度，则图形被放大；否则图形被缩小。

例：完成以下操作，将图形对象放大 2 倍，结果如图 6-118 所示。

命令：Scale

选择对象：指定被缩放的正六边形

选择对象：Enter（结束对象选择）

指定基点：捕捉中心点

指定比例因子或［参照（R）］：2

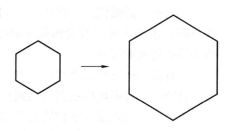

图 6-118　比例命令的应用

2. 拉伸命令

功能：拉伸图形中指定部分，使图形沿某个方向改变尺寸，但保持与原图中不动部分的相连，如图 6-119 所示。

拉伸命令的实现方式有 3 种：

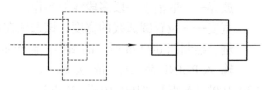

图 6-119　拉伸命令的应用

1）在"命令"窗口中键入命令：STRETCH 或 S。

2）在"修改"菜单上单击"拉伸"子菜单。

3）在"修改"工具栏上单击图标 。

系统提示：

命令：Stretch

选择对象：用 C 或 CP 方式选取图形对象（图例中用鼠标单击点 A，再指定对角点 B，选中要拉伸的图形范围）

指定位移的基点：输入位移起点坐标

指定位移的第二点：输入位移终点坐标或按 <Enter> 键以起点坐标作为位移值

在选取对象时，对于由 LINE、ARC 等命令绘制的直线段或圆弧段，若其整个对象均在窗口内，则执行的结果是对其移动；若一端在选取窗口内，另一端在外，则有以下拉伸规则。

直线（Line）：窗口外端点不动，窗口内端点移动，图形改变。

圆弧（Arc）：窗口外端点不动，窗口内端点移动，并且在圆弧的改变过程中，圆弧的弦高保持不变，由此来调整圆心位置。

3. 倒角命令

功能：在两条不平行的直线间生成直线倒角。

倒角命令的实现方式有 3 种：

1）在"命令"窗口中键入命令：CHAMFER 或 CHA。

2）在"修改"菜单上单击"倒角"子菜单。

3）在"修改"工具栏上单击图标 。

系统提示：

命令：Chamfer

（"修剪"模式）当前倒角距离 1=10.0000，距离 2=10.0000

选择第一条直线或［多段线（P）/距离（D）/角度（A）/修剪（T）/方式（E）/多个（M）］：d

各选项含义如下。

选择第一条直线：默认项。若取一条直线，则系统提示再选取第二条直线，此时用户选取另一条相邻的直线后，AutoCAD 就会对这两条直线进行倒角，并以第一条线的距离为第一个倒角距离，以第二条线的距离作为第二个倒角距离。

多段线（P）：用默认的倒角距离对整条多段线的各个顶角进行倒角。

距离（D）：确定倒角时的倒角距离。

角度（A）：根据一个倒角距离和一个角度进行倒角。

修剪（T）：确定倒角时是否对相应的倒角边进行修剪。

方式（E）：确定按什么方式倒角。

多个（M）：可进行连续选择倒角。

例：完成以下操作，对矩形进行倒角，效果如图 6-120 所示。

命令：_chamfer

（"修剪"模式）当前倒角距离 1=10.0000，距离 2=10.0000

选择第一条直线或［多段线（P）/距离（D）/角度（A）/修剪（T）/方式（E）/多个（M）］：d

指定第一个倒角距离 <10.0000>：5

指定第二个倒角距离 <5.0000>：<Enter>

命令：Chamfer

（"修剪"模式）当前倒角距离 1=5.0000，距离 2=5.0000

选择第一条直线或［多段线（P）/距离（D）/角度（A）/修剪（T）/方法（M）］：指定角的一条边。

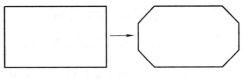

图 6-120　倒角命令的应用

选择第二条直线：指定角的另一条边。

按 <Enter> 键或使用倒角命令按默认模式完成其他 3 个倒角操作。

绘制倒角是为了用一根直线连接两个实体，以正方形为例，切去四个角的时候如果切掉的距离不一样，就形成了不等边的倒角。绘制倒角的方法如下：

1）在"命令"窗口中键入命令：CHA。

2）在"修改"菜单上单击"倒角"子菜单。

3）在"修改"工具栏上，直接单击倒角图标 。

图 6-121 所示即为执行倒角命令时选择对象的次序对应相应的距离，执行倒角命令时应注意命令行提示的当前模式。

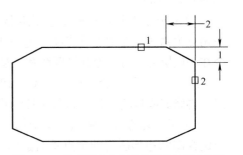

图 6-121　执行倒角命令时选择对象的次序对应相应的距离

图 6-122 所示为利用两直线圆角或倒角制作的各种特殊效果。

a) 圆角半径为0，或倒角距离1、2均为0　　　b) 圆角半径为20mm　　　c) 圆角半径为两直线间距的 $\frac{1}{2}$，先选下部线条

图 6-122　利用两直线圆角或倒角制作的各种特殊效果

6.7.3　绘制螺母步骤

1. 采用比例画法绘制

螺母和螺栓头部的相贯线均用圆弧代替，螺纹底部线和底部圆（小径）统一用细实线绘制，间距（直径）为公称直径的 85%，螺纹底部圆画成约为 $\frac{3}{4}$ 圆，如图 6-123 所示。

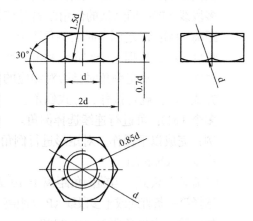

图 6-123　绘制螺母

运用比例画法绘制符合 GB/T 6170—2015 的螺母（M12）的实施步骤如下：

1）设置 0 层线宽为 0.30mm，新建中心线层，线型为 CENTER，设置线型全局比例因子为 0.3。

2）在 0 层绘制直径分别为 10.2mm、12mm 的同心圆，使用打断命令打断直径为 10.2mm 的圆为 $\frac{3}{4}$ 圆弧，并将其线宽改为默认。

3）绘制六边形内接于直径为 24mm 的圆，令其一边水平摆正，再绘制六边形的内切圆，中心线层绘制中心线，完成俯视图绘制，结果如图 6-124 所示。

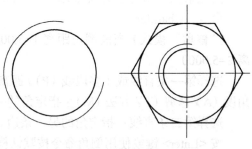

图 6-124　六边形绘制中心线

4）在 0 层执行矩形命令绘制矩形，矩形第一角点为六边形左端点垂直朝上追踪适当距离，对角点由坐标 @24，9.6 确定。使用直线命令在相应层追踪对齐绘制轮廓线和主视图中心线，具体参照图 6-125 所示。

5）在任意位置绘制圆，半径为 18mm；移动该圆，使其上象限点对齐矩形上边线的中点，再修剪或打断该圆，如图 6-126 所示。

6）用三点方式画圆弧，其中第一点为主视图上圆弧的端点，第二点位于矩形上边线，与俯视图六边形斜边的中点垂直追踪对齐，第三点位于矩形侧边线，与第一点水平追踪对齐，结果如图 6-127 所示。

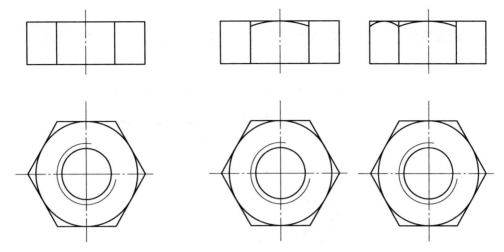

图 6-125　追踪对齐绘制轮廓线和主视图中心线　　图 6-126　修剪或打断圆　　图 6-127　三点方式画圆弧

7）放大显示主视图中第 6）步绘制的圆弧部位，用直线命令绘制直线，第一点通过临时捕捉切点与圆弧相切，第二点由坐标 @10<30 确定，结果如图 6-128 所示。

8）修剪斜线，如图 6-129 所示，使用镜像斜线和圆弧完成效果。

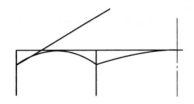

图 6-128　放大显示主视图的圆弧

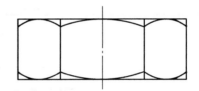

图 6-129　修剪斜线

9）修剪矩形四角和其他图线。向右复制六边形并将其旋转 90°，结果如图 6-130 所示。

10）使用矩形命令追踪绘制矩形，与主视图平齐，并与旋转后的六边形对正。再使用直线命令在相应层绘制轮廓线、中心线，并在任意位置绘制圆，半径为 12mm。然后移动该圆，使其上象限点位于矩形上边线，与六边形斜边中点垂直追踪对齐，最后修剪或打断该圆，如图 6-131 所示。

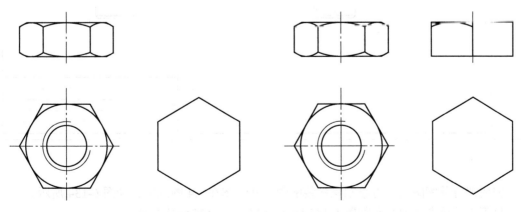

图 6-130　修剪矩形四角和其他图线　　　　　图 6-131　使用矩形命令追踪绘制矩形

2.完成三视图

将圆弧镜像，修剪中部轮廓线，删除六边形，完成螺母三视图的绘制，如图6-132所示。

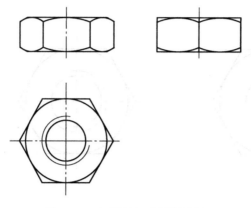

图 6-132　完成螺母三视图的绘制

下面请读者参考上述螺母的绘制过程，完成螺母装配图的绘制，重点有块的定义和块的插入，要求：将图绘制在 A3 图纸中，如图 6-133 所示。

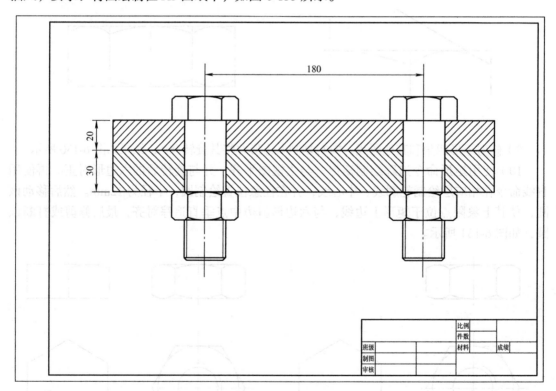

图 6-133　螺母装配图

完成螺母装配图后，再绘制螺栓装配图，并绘制在 A4 图纸中，如图 6-134 所示。

接下来请读者练习绘制如图 6-135 所示的 M16×80 螺栓装配图。

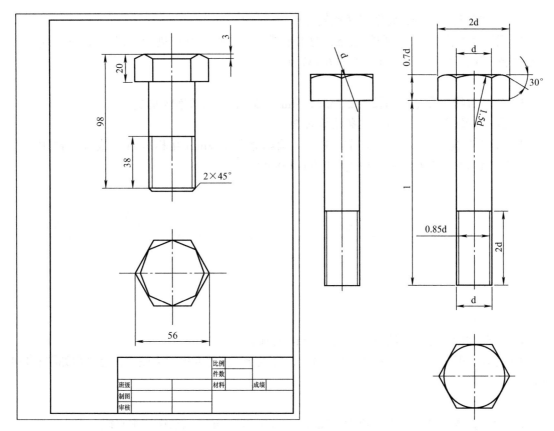

图 6-134 螺栓装配图   图 6-135 M16×80 螺栓装配图

任务 6.8 绘制电气图实例

任务目标

1）学会绘制电气图各个元器件图块。

2）能够根据所学绘制电气接线图。

3）熟练掌握各种绘图方法，完成绘制电气原理图。

6.8.1 绘制元器件

1. 避雷针的绘制

1）用"直线"命令画长为 6mm 的垂线。

2）用"多段线"命令画箭头，其起始宽度 1.5mm，结束宽度 0。

3）保存为图块，全过程如图 6-136 所示。

2. 隔离开关的绘制

1）用"直线"命令，画长为 2.5mm、7mm、3mm 的三条连续垂线。

图 6-136 避雷针的绘制过程

2）用"旋转"命令，将第二条旋转20°。

3）用"直线"命令，画长1.5mm的水平线，以中点为基点进行"移动"，完成隔离开关的绘制。保存为图块，全过程如图6-137所示。

3.断路器的绘制

1）用"直线"命令，画长为2.5mm、7mm、3mm的三条连续垂线。

2）用"旋转"命令，将第二条线旋转20°。

3）用"直线"命令，结合捕捉中点，画两条长为2mm互相垂直的线段，再用"旋转"45°，"移动"完成绘制，全过程如图6-138所示。

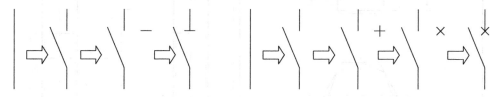

图6-137　隔离开关的绘制过程　　　　　　　　　图6-138　断路器的绘制过程

4.双绕组变压器的绘制

1）打开"圆"命令，绘制半径为3.5mm的圆。

2）打开"正交"模式，用"复制"命令，完成交叉摆放并保存为图块，全过程如图6-139所示。

5.带熔断器隔离开关的绘制

1）用"直线"命令，绘制长为2.5mm、7mm、10mm的三条连续垂直线。

2）用"旋转"命令，将第二条旋转20°。

3）用"直线"命令，绘制长为1.5mm的水平线段，移动到第一条线端点。

4）使用"矩形"命令绘制一个2.5mm×7mm的矩形，移动到第三条直线上，最后保存为图块，全过程如图6-140所示。

6.发电机的绘制

1）打开"圆"命令，绘制半径为3.5mm的圆。

2）使用"多行文字"命令，输入文字"G""～"并保存为图块，全过程如图6-141所示。

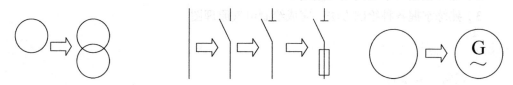

图6-139　双绕组变压器的绘制过程　　　图6-140　带熔断器隔离开关的绘制过程　　　图6-141　发电机的绘制过程

7.电流互感器的绘制

1）用"直线"命令，画长为10.5mm的垂直线段。

2）用"圆"命令，画直径为4.5mm的圆，并移到线上。

3）用"复制"命令，复制圆使上下象限点重合。

4）用"直线"命令，分别画2.25mm长的水平直线。

5）用"修剪"命令裁剪右半圆，保存为图块，全过程如图 6-142 所示。

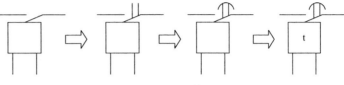

图 6-142　电流互感器的绘制过程

8. 时间继电器的绘制

1）在电流继电器基础上，常开触点开关上画长为 2mm 的两条垂直直线。

2）用"多段线"命令，绘制圆弧。

3）用"多行文字"命令，标注"t"，保存为图块，全过程如图 6-143 所示。

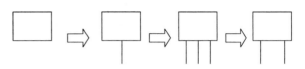

图 6-143　时间继电器的绘制过程

9. 断路器跳闸线圈的绘制

1）用"矩形"命令，绘制 $4.5 \times 6mm^2$ 的矩形。

2）用"直线"命令，在矩形下边中点画 3.5mm 长的垂线段。

3）用"偏移"命令，左右偏移 2mm，删除原线，保存成图块。全过程如图 6-144 所示。

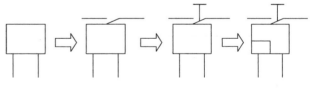

图 6-144　断路器跳闸线圈的绘制过程

10. 信号继电器的绘制

1）在断路器跳闸线圈基础上，用"直线"命令，绘制长为 2.5mm、3.5mm、3.5mm 的 3 条连续水平直线。

2）用"旋转"命令，将第 2 条旋转 20°，并移动到矩形上边上。

3）用"直线"命令，绘制长为 2mm 的水平线和长为 3mm 的垂直线。

4）用"矩形"命令，在矩形左下角绘制一个 $2 \times 3mm^2$ 的矩形，保存为图块，全过程如图 6-145 所示。

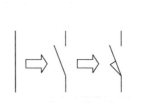

图 6-145　信号继电器的绘制过程

11. 位置开关和常开触点的绘制

1）用"直线"命令，绘制长为 2.5mm、7mm、3mm 的三条连续垂直直线。

2）用"旋转"命令，把第二条旋转 20°。

3）用"多段线"命令，以第二段直线的中点为起点，绘制折线，并保存为图块，全过程如图 6-146 所示。

6.8.2　绘制电气接线图及原理图

学习 AutoCAD 的基本操作之后，就很容易绘制电气接线图或电气原理图了。

1）请根据 6.8.1 节介绍的绘制元器件图块的知识绘制如图 6-147 所示的电器。

2）在 A3 图纸中绘制完成某水电站的主接线图，如图 6-148 所示，其接线方案

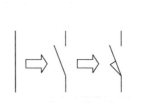

图 6-146　位置开关和常开触点的绘制过程

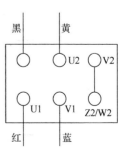

图 6-147　某电器的图块

是采用两台主变压器，单母线分段接线，35kV 高压侧采用单母线接线，近区负荷采用 10kV 供电。

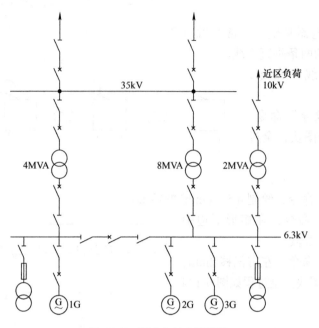

图 6-148　某水电站主接线图

3）绘制某 10kV 线路过电流保护电路接线图，如图 6-149 所示。

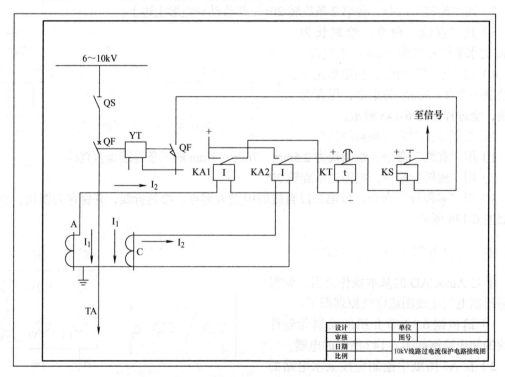

图 6-149　10kV 线路过电流保护电路接线图

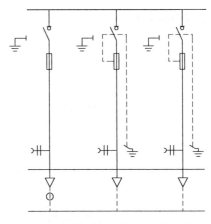

4）绘制某过电流保护电路接线图，如图 6-150 所示。

需要注意的是，接线图中的项目（如元器件、部件、组件、成套装置等）一般采用简化外形符号（正方形、长方形、圆形等）表示，某些引线比较简单的元器件，如电阻、电容、信号灯、熔断器等，也可以采用一般图形符号表示。简化外形符号通常用细实线绘制，在某些情况下，也可以用点画线围框表示，但引线的围框边应用细实线绘制。

在绘制过程中，一定注意插入注释文字的方法，保证绘制的图样最终正确、简洁、可靠。

图 6-150　某过电流保护电路接线图

◥ 项目小结 ◣

本项目主要介绍了 AutoCAD 绘制平面图的 8 个任务，任务从绘图准备中 AutoCAD 的一般操作，包括鼠标和键盘的基本操作、AutoCAD 命令、图形文件管理与图形显示控制开始，到建立图层，讲解了每个任务中所需的绘制功能及命令。

1）绘制图纸边框：设置图幅、线型比例及绘图单位，以及对常用辅助对象工具的设置。包括绘制图纸所需的绘制线条、绘制矩形、删除命令、恢复命令、偏移命令、修剪命令，如何选择对象并完成多行文字输入。

2）绘制垫板：绘制圆及圆弧、绘制圆角，并完成垫板所需的基本尺寸标注。

3）绘制连接轴套：绘制椭圆，选择所需的复制命令、打断命令、延伸命令，通过选取对象后完成连接轴套的绘制。

4）绘制法兰盘：通过绘制点及图案填充功能，使用阵列命令、移动命令完成法兰盘的绘制。

5）绘制轴套：利用镜像命令、旋转命令、拉长命令完成简单轴绘制步骤，最终完成绘制轴套。

6）绘制装配图：通过绘制正多边形、多段线，利用比例命令、拉伸命令、倒角命令，完成绘制螺母的步骤。

最终达成绘制电气图实例，完成元器件及电气接线图、电路原理图的绘制。

项目巩固

1）绘制接触器联锁的正反转控制热继电器保护电路原理图，如图 6-151 所示。

2）绘制双重互锁正反转电路原理图，如

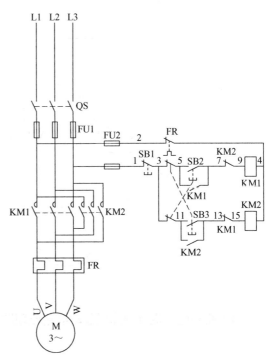

图 6-151　接触器联锁的正反转控制热继电器保护电路原理图

图 6-152 所示。

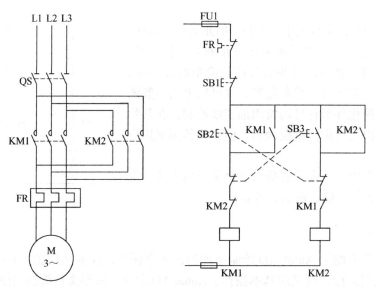

图 6-152　双重互锁正反转电路原理图

3）绘制时间继电器控制双速电动机电路原理图，如图 6-153 所示。

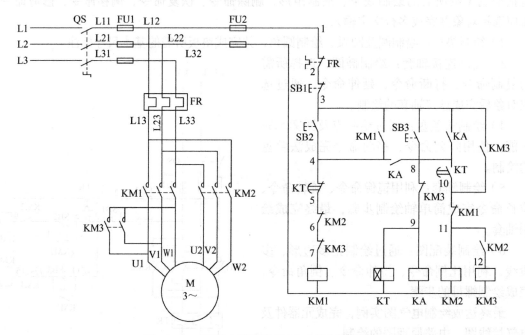

图 6-153　时间继电器控制双速电动机电路原理图

4）绘制电动机自耦降压起动电路原理图，如图 6-154 所示。

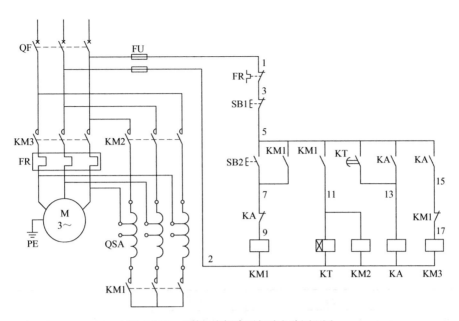

图 6-154 电动机自耦降压起动电路原理图

5）绘制星 – 三角减压起动控制电路原理图，如图 6-155 所示。

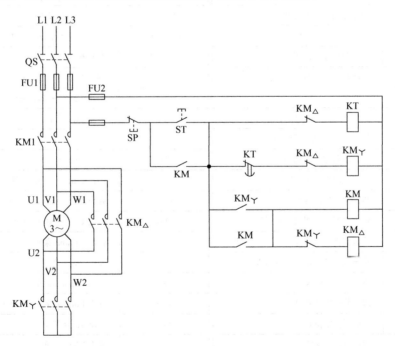

图 6-155 星 – 三角减压起动控制电路原理图

附录

附录 A   Protel 99 SE 快捷方式

快捷键	功能	快捷键	功能
<Enter>	选取或启动	<Home>	以指针位置为中心，刷新屏幕
<Esc>	放弃或取消	<Esc>	终止当前正在进行的操作，返回待命状态
<F1>	启动在线帮助窗口	<Backspace>	放置导线或多边形时，删除最末一个顶点
<Tab>	启动浮动图件的属性窗口	<Delete>	放置导线或多边形时，删除最末一个顶点
<Page up>	放大窗口显示比例	<Ctrl+Tab>	在打开的各个设计文件文档之间切换
<Page down>	缩小窗口显示比例	<Alt+Tab>	在打开的各个应用程序之间切换
<Del>	删除点取的元器件（1个）	<A>	弹出 Edit → Align 子菜单
<End>	刷新屏幕	<B>	弹出 View → Toolbars 子菜单
<Ctrl+Del>	删除选取的元器件	<E>	弹出 Edit 菜单
<X>+<A>	取消所有被选取图件的选取状态	<F>	弹出 File 菜单
<X>	将浮动图件左右翻转	<H>	弹出 Help 菜单
<Y>	将浮动图件上下翻转	<J>	弹出 Edit → Jump 菜单
<Space>	将浮动图件旋转 90°	<L>	弹出 Edit → Set Location Makers 子菜单
<Ctrl+insert>	将选取图件复制到编辑区里	<M>	弹出 Edit → Move 子菜单
<Shift+insert>	将剪切板里的图件贴到编辑区里	<O>	弹出 Options 菜单
<Shift+Del>	将选取图件剪切放入剪贴板里	<P>	弹出 Place 菜单
<Alt+Backspace>	恢复前一次的操作	<R>	弹出 Reports 菜单
<Ctrl+Backspace>	取消前一次的恢复	<S>	弹出 Edit → Select 子菜单
<Ctrl+G>	跳转到指定位置	<T>	弹出 Tools 菜单
<Ctrl+F>	寻找指定的文字	<V>	弹出 View 菜单
<Alt+F4>	关闭 Protel 99 SE	<W>	弹出 Window 菜单
<Space>	绘制导线、直线或总线时，改变走线模式	<X>	弹出 Edit → Deselect 菜单
<V+D>	缩放视图，以显示整张电路图	<Z>	弹出 Zoom 菜单
<V+F>	缩放视图，以显示所有电路元器件	< ← >	指针左移 1 个电气栅格

（续）

快捷键	功能	快捷键	功能
\<Shift+ ←\>	指针左移 10 个电气栅格	\<Ctrl+H\>	将选定对象以左右边缘的中心线为基准，水平居中排列
\< ↓ \>	指针下移 1 个电气栅格	\<Ctrl+V\>	将选定对象以上下边缘的中心线为基准，垂直居中排列
\<Shift+ ↓ \>	指针下移 10 个电气栅格	\<Ctrl+Shift+H\>	将选定对象在左右边缘之间，水平均布
\< → \>	指针右移 1 个电气栅格	\<Ctrl+Shift+V\>	将选定对象在上下边缘之间，垂直均布
\<Shift+ → \>	指针右移 10 个电气栅格	\<F3\>	查找下一个匹配字符
\< ↑ \>	指针左上移 1 个电气栅格	\<Shift+F4\>	将打开的所有文档窗口平铺
\<Shift+ ↑ \>	指针上移 10 个电气栅格	\<Shift+F5\>	将打开的所有文档窗口层叠显示
\<Ctrl+1\>	以零件原来的尺寸的大小显示图纸	\<Shift\>+ 单击鼠标左键	选定单个对象
\<Ctrl+2\>	以零件原来的尺寸的 200% 显示图纸	\<Ctrl\>+ 单击鼠标左键，再释放 \<Ctrl\>	拖动单个对象
\<Ctrl+4\>	以零件原来的尺寸的 400% 显示图纸	\<Shift+Ctrl\>+ 单击鼠标左键	移动单个对象
\<Ctrl+5\>	以零件原来的尺寸的 50% 显示图纸	按 \<Ctrl\> 后移动或拖动鼠标	移动对象时，不受电气栅格限制
\<Ctrl+F\>	查找指定字符	按 \<Alt\> 后移动或拖动鼠标	移动对象时，保持垂直方向
\<Ctrl+G\>	查找替换字符	按 \<Shift+Alt\> 后移动或拖动鼠标	移动对象时，保持水平方向
\<Ctrl+B\>	将选定对象以下边缘为基准，底部对齐	\<*\>	顶层与底层之间层的切换
\<Ctrl+T\>	将选定对象以上边缘为基准，顶部对齐	\<+\> 及 \<-\>	逐层切换，"+"与"−"的方向相反
\<Ctrl+L\>	将选定对象以左边缘为基准，靠左对齐	\<Q\>	mm（毫米）与 mil（密尔）的单位切换
\<Ctrl+R\>	将选定对象以右边缘为基准，靠右对齐		

附录 B　常用元器件名中英文对照

英文	中文	元器件所在库	备注
AND	与门	Miscellaneous Devices.ddb	
ANTENNA	天线	Miscellaneous Devices.ddb	
BATTERY	直流电源	Miscellaneous Devices.ddb	
BELL	铃，钟	Miscellaneous Devices.ddb	
BNC	高频线接插器	Miscellaneous Devices.ddb	
BRIDEG 1	整流桥（二极管）	Miscellaneous Devices.ddb	
BRIDEG 2	整流桥（集成块）	Miscellaneous Devices.ddb	

(续)

英文	中文	元器件所在库	备注
BUFFER	缓冲器	Miscellaneous Devices.ddb	
BUZZER	蜂鸣器	Miscellaneous Devices.ddb	
CAP	电容	Miscellaneous Devices.ddb	
CAPACITOR	电容	Miscellaneous Devices.ddb	
CAPACITOR POL	有极性电容	Miscellaneous Devices.ddb	
CAPVAR	可调电容	Miscellaneous Devices.ddb	
CIRCUIT BREAKER	熔丝	Miscellaneous Devices.ddb	
COAX	同轴电缆	Miscellaneous Devices.ddb	
CON	插口	Miscellaneous Devices.ddb	
CRYSTAL	晶体振荡器	Miscellaneous Devices.ddb	
DB	并行插口	Miscellaneous Devices.ddb	
DIODE	二极管	Miscellaneous Devices.ddb	
DIODE SCHOTTKY	稳压二极管	Miscellaneous Devices.ddb	
DIODE VARACTOR	变容二极管	Miscellaneous Devices.ddb	
DPY_3-SEG	3 段 LED	Miscellaneous Devices.ddb	
DPY_7-SEG	7 段 LED	Miscellaneous Devices.ddb	
DPY_7-SEG_DP	7 段 LED（带小数点）	Miscellaneous Devices.ddb	
ELECTRO	电解电容	Miscellaneous Devices.ddb	
FUSE	熔断器	Miscellaneous Devices.ddb	
INDUCTOR	电感	Miscellaneous Devices.ddb	
INDUCTOR IRON	带铁心电感	Miscellaneous Devices.ddb	
INDUCTOR3	可调电感	Miscellaneous Devices.ddb	
JFET N	N 沟道场效应晶体管	Miscellaneous Devices.ddb	
JFET P	P 沟道场效应晶体管	Miscellaneous Devices.ddb	
LAMP	灯泡	Miscellaneous Devices.ddb	
LAMP NEDN	辉光启动器	Miscellaneous Devices.ddb	
LED	LED	Miscellaneous Devices.ddb	
METER	仪表	Miscellaneous Devices.ddb	
MICROPHONE	送话器	Miscellaneous Devices.ddb	
MOSFET-N1	N 沟道金属氧化物半导体场效应晶体管	Miscellaneous Devices.ddb	
MOTOR AC	交流电动机	Miscellaneous Devices.ddb	
MOTOR SERVO	伺服电动机	Miscellaneous Devices.ddb	
NAND	与非门	Miscellaneous Devices.ddb	
NOR	或非门	Miscellaneous Devices.ddb	
NOT	非门	Miscellaneous Devices.ddb	
NPN	NPN 晶体管	Miscellaneous Devices.ddb	

（续）

英文	中文	元器件所在库	备注
NPN-PHOTO	光电晶体管	Miscellaneous Devices.ddb	
OPAMP	运放	Miscellaneous Devices.ddb	
OR	或门	Miscellaneous Devices.ddb	
PHOTO	光电二极管	Miscellaneous Devices.ddb	
PNP	晶体管	Miscellaneous Devices.ddb	
NPN DAR	NPN 晶体管	Miscellaneous Devices.ddb	
PNP DAR	PNP 晶体管	Miscellaneous Devices.ddb	
POT	滑动变阻器	Miscellaneous Devices.ddb	
PELAY-DPDT	双刀双掷继电器	Miscellaneous Devices.ddb	
RES1	电阻	Miscellaneous Devices.ddb	
RES3	可变电阻	Miscellaneous Devices.ddb	
RESISTOR BRIDGE	桥式电阻	Miscellaneous Devices.ddb	
RESPACK	电阻	Miscellaneous Devices.ddb	
SCR	晶闸管	Miscellaneous Devices.ddb	
PLUG	插头	Miscellaneous Devices.ddb	
SOCKET	插座	Miscellaneous Devices.ddb	
PLUG AC FEMALE	三相交流插头	Miscellaneous Devices.ddb	
SOURCE CURRENT	电流源	Miscellaneous Devices.ddb	
SOURCE VOLTAGE	电压源	Miscellaneous Devices.ddb	
SPEAKER	扬声器	Miscellaneous Devices.ddb	
SW	开关	Miscellaneous Devices.ddb	
SW-DPDY	双刀双掷开关	Miscellaneous Devices.ddb	
SW-SPST	单刀单掷开关	Miscellaneous Devices.ddb	
SW-PB	按钮	Miscellaneous Devices.ddb	
THERMISTOR	电热调节器	Miscellaneous Devices.ddb	
TRANS1	变压器	Miscellaneous Devices.ddb	
TRANS2	可调变压器	Miscellaneous Devices.ddb	
TRIAC	三端双向晶闸管	Miscellaneous Devices.ddb	
TRIODE	三极真空管	Miscellaneous Devices.ddb	
VARISTOR	变阻器	Miscellaneous Devices.ddb	
ZENER	齐纳二极管	Miscellaneous Devices.ddb	
DPY_7-SEG_DP	数码管	Miscellaneous Devices.ddb	
NEON	氖灯	Miscellaneous Devices.ddb	
PHONEJACKl	耳机插座	Miscellaneous Devices.ddb	
RCA	高频线接插器	Miscellaneous Devices.ddb	
SW-12WAY	十二路旋钮转换开关	Miscellaneous Devices.ddb	

（续）

英文	中文	元器件所在库	备注
SW-DIP4	双列直插封装四路开关	Miscellaneous Devices.ddb	DIP8 封装
MOSFET-N2	双栅型 N 沟道金属氧化物半导体场效应晶体管	Miscellaneous Devices.ddb	
MOSFET-N3	增强型 N 沟道金属氧化物半导体效应晶体管	Miscellaneous Devices.ddb	
MOSFET-N4	耗尽型 N 沟道金属氧化物半导体场效应晶体管	Miscellaneous Devices.ddb	
MOSFET-P1	P 沟道金属氧化物半导体场效应晶体管	Miscellaneous Devices.ddb	
MOSFET-P2	双栅型 P 沟道金属氧化物半导体场效应晶体管	Miscellaneous Devices.ddb	
MOSFET-P3	增强型 P 沟道金属氧化物半导体场效应晶体管	Miscellaneous Devices.ddb	
MOSFET-P4	耗尽型 P 沟道金属氧化物半导体场效应晶体管	Miscellaneous Devices.ddb	
OPTO1SO1	光电隔离开关（LED＋光电二极管型）	Miscellaneous Devices.ddb	
OPTOIS02	光电隔离开关（LED+ 光电晶体管型）	Miscellaneous Devices.ddb	
OPTOTRIAC	光电隔离开关（LED+ 三端晶闸管型）	Miscellaneous Devices.ddb	
26PIN	26 脚插座	Miscellaneous Devices.ddb	IDC26 封装
DB9	9 芯插座	Miscellaneous Devices.ddb	DB-9/M 封装

附录 C　常用电子元器件封装

元器件	封装
电阻、2 脚电感线圈	AXIAL0.3 ～ AXIAL1.0
二极管、稳压二极管	DIODE0.4、DIODE0.7
LED	SPADE
晶体管、场效应晶体管	TO-3、TO-5、TO-18、TO-39、TO-46、TO-52、TO-66、TO-72、TO-92A、TO-92B、TO-126、TO-220
三端集成稳压器	TO-220
双 JK 触发器	DIP14
无极性电容	RAD0.1 ～ RAD0.4
电解电容	RB.2/.4、RB.3/.6、RB.4/.8、RB.5/.10
3 脚可调电阻	VR1、VR2、VR3、VR4
晶体振荡器	XTAL1
双列直插芯片	DIP4 ～ DIP40；74LS00 两输入与非门、74LS02 两输入或非门为 DIP14
信号插接座、跳线座	SIP2 ～ SIP20
9 针接口	DB9/M、DB9/M、DB9RA/F
15 针接口	DB15/M、DB15/M、DB15RA/F
25 针接口	DB25/M、DB25/M、DB25RA/F
双排信号接口	IDC10 ～ IDC50
电源接线插座	POWER4、POWER6
4 脚整流桥	FLY4、D-44、D-37、D-46
保险管座	FUSE

附录 D AutoCAD 常用快捷键

1. 字母类常用快捷键

（1）对象特性

ADC，*ADCENTER（设计中心"<Ctrl> + <2>"）

CH，MO *PROPERTIES（修改特性"<Ctrl> + <1>"）

MA，*MATCHPROP（属性匹配）

ST，*STYLE（文字样式）

COL，*COLOR（设置颜色）

LA，*LAYER（图层操作）

LT，*LINETYPE（线形）

LTS，*LTSCALE（线形比例）

LW，*LWEIGHT（线宽）

UN，*UNITS（图形单位）

ATT，*ATTDEF（属性定义）

ATE，*ATTEDIT（编辑属性）

BO，*BOUNDARY（创建边界，包括创建闭合多段线和面域）

AL，*ALIGN（对齐）

EXIT，*QUIT（退出）

EXP，*EXPORT（输出其他格式文件）

IMP，*IMPORT（输入文件）

OP，PR *OPTIONS（自定义 CAD 设置）

PRINT，*PLOT（打印）

PU，*PURGE（清除垃圾）

R，*REDRAW（重新生成）

REN，*RENAME（重命名）

SN，*SNAP（捕捉栅格）

DS，*DSETTINGS（设置极轴追踪）

OS，*OSNAP（设置捕捉模式）

PRE，*PREVIEW（打印预览）

TO，*TOOLBAR（工具栏）

V，*VIEW（命名视图）

AA，*AREA（面积）

DI，*DIST（距离）

LI，*LIST（显示图形数据信息）

（2）绘图命令

PO，*POINT（点）

L，*LINE（直线）

XL，*XLINE（射线）

PL，*PLINE（多段线）

ML，*MLINE（多线）

SPL，*SPLINE（样条曲线）

POL，*POLYGON（正多边形）

REC，*RECTANGLE（矩形）

C，*CIRCLE（圆）

A，*ARC（圆弧）

DO，*DONUT（圆环）

EL，*ELLIPSE（椭圆）

REG，*REGION（面域）

MT，*MTEXT（多行文本）

T，*MTEXT（多行文本）

B，*BLOCK（块定义）

I，*INSERT（插入块）

W，*WBLOCK（定义块文件）

DIV，*DIVIDE（等分）

H，*BHATCH（填充）

（3）修改命令

CO，*COPY（复制）

MI，*MIRROR（镜像）

AR，*ARRAY（阵列）

O，*OFFSET（偏移）

RO，*ROTATE（旋转）

M，*MOVE（移动）

E，<Del>键 *ERASE（删除）

X，*EXPLODE（分解）

TR，*TRIM（修剪）

EX，*EXTEND（延伸）

S，*STRETCH（拉伸）

LEN，*LENGTHEN（直线拉长）

SC，*SCALE（比例缩放）

BR，*BREAK（打断）

CHA，*CHAMFER（倒角）

F，*FILLET（倒圆角）

PE，*PEDIT（多段线编辑）

ED，*DDEDIT（修改文本）

（4）视窗缩放

P，*PAN（平移）

Z＋<Space>键＋<Space>键，*实时缩放

Z，*局部放大

Z+P，* 返回上一视图

Z + E，* 显示全图

（5）尺寸标注

DLI，*DIMLINEAR（直线标注）

DAL，*DIMALIGNED（对齐标注）

DRA，*DIMRADIUS（半径标注）

DDI，*DIMDIAMETER（直径标注）

DAN，*DIMANGULAR（角度标注）

DCE，*DIMCENTER（中心标注）

DOR，*DIMORDINATE（点标注）

TOL，*TOLERANCE（标注形位公差）

LE，*QLEADER（快速引出标注）

DBA，*DIMBASELINE（基线标注）

DCO，*DIMCONTINUE（连续标注）

D，*DIMSTYLE（标注样式）

DED，*DIMEDIT（编辑标注）

DOV，*DIMOVERRIDE（替换标注系统变量）

2. 常用 <Ctrl>+ 快捷键

<Ctrl + 1> *PROPERTIES（修改特性）

<Ctrl + 2> *ADCENTER（设计中心）

<Ctrl + O> *OPEN（打开文件）

<Ctrl + N、M> *NEW（新建文件）

<Ctrl + P> *PRINT（打印文件）

<Ctrl + S> *SAVE（保存文件）

<Ctrl + Z> *UNDO（放弃）

<Ctrl + X> *CUTCLIP（剪切）

<Ctrl + C> *COPYCLIP（复制）

<Ctrl + V> *PASTECLIP（粘贴）

<Ctrl + B> *SNAP（栅格捕捉）

<Ctrl + F> *OSNAP（对象捕捉）

<Ctrl + G> *GRID（栅格）

<Ctrl + L> *ORTHO（正交）

<Ctrl + W> *（对象追踪）

<Ctrl + U> *（极轴）

3. 常用顶部功能键

<F1> *HELP（帮助）

<F2> *（文本窗口）

<F3> *OSNAP（对象捕捉）

<F7> *GRIP（栅格）

<F8> *ORTHO（正交）

参 考 文 献

［1］夏路易，石宗义.电路原理图与电路板设计教程 Protel 99 SE[M].北京：北京希望电子出版社，2002.

［2］郭兵.电子设计自动化（EDA）技术及应用 [M].北京：机械工业出版社，2003.

［3］及力.Protel 99 SE 原理图与 PCB 设计教程 [M].北京：电子工业出版社，2004.

［4］郭勇，董志刚.Protel 99 SE 印制电路板设计教程 [M].3 版.北京：机械工业出版社，2017.

［5］叶建波，于志强.EDA 技术：Protel 99 SE&EWB 5.0[M].北京：北京交通大学出版社，2005.

［6］黄明亮.电子 CAD 项目式教学 Protel 99 SE 电路原理图与印制电路板设计 [M].北京：机械工业出版社，2008.

［7］叶建波.Protel 99 SE 电路设计与制板技术 [M].北京：北京交通大学出版社，2011.